控制阀设计及先进制造技术

马玉山 著

机械工业出版社

控制阀是过程自动化装置中极为重要的设备之一，是流程工业自动控制系统的执行器，流程控制成千上万的控制点完全要靠各种控制阀来控制。控制阀工作得好坏，直接关系到控制系统的投运和工艺装置的运行，一旦控制阀出现故障，整套控制系统就会失灵。控制阀种类繁多，不同阀门的结构和材料千差万别，用户的需求也各不相同，对控制阀的可靠性、适应性和先进性要求极高。

本书对控制阀的工作原理、特性分析及重要性，控制阀设计技术，控制阀先进制造技术，控制阀关键材料及应用技术研究，控制阀的典型失效形式及其诊断和检测，控制阀智能制造质量工程，控制阀再制造关键技术等做了详细论述。

本书是一本控制阀行业非常专业的书籍，适合控制阀产品设计人员、泵阀类生产制造技术人员、流程工业自动控制专业等相关专业的学者研究和学习。

图书在版编目（CIP）数据

控制阀设计及先进制造技术／马玉山著 . —北京：机械工业出版社，2021.1（2024.8 重印）

ISBN 978-7-111-67469-6

Ⅰ.①控…　Ⅱ.①马…　Ⅲ.①控制阀-设计②控制阀-制造　Ⅳ.①TH134

中国版本图书馆 CIP 数据核字（2021）第 012541 号

机械工业出版社（北京市百万庄大街 22 号　邮政编码 100037）
策划编辑：王玉鑫　责任编辑：王玉鑫　王海霞
责任校对：陈　越　封面设计：鞠　杨
责任印制：单爱军
北京虎彩文化传播有限公司印刷
2024 年 8 月第 1 版第 5 次印刷
170mm×230mm · 24.5 印张 · 339 千字
标准书号：ISBN 978-7-111-67469-6
定价：89.00 元

电话服务　　　　　　　　网络服务
客服电话：010-88361066　机 工 官 网：www.cmpbook.com
　　　　　010-88379833　机 工 官 博：weibo.com/cmp1952
　　　　　010-68326294　金 书 网：www.golden-book.com
封底无防伪标均为盗版　机工教育服务网：www.cmpedu.com

控制阀是过程自动化装置中极为重要的设备之一，是流程工业自动控制系统的执行器。现代工业生产过程需要控制的温度、压力、流量等参数成千上万，人工控制难以满足现代工业生产过程的要求，存在劳动强度大、控制精度低、响应时间长等缺点。各种自动控制系统模拟人工控制的方法，用仪表、计算机等装置代替操作人员的眼、大脑、手等的功能，实现对生产过程的自动控制。控制阀种类繁多，不同阀门的结构和材料千差万别，用户的需求也各不相同，对控制阀的可靠性、适应性和先进性要求极高。在过程控制中，控制阀直接控制流体，其质量的稳定性与可靠性将直接影响整个系统，一旦控制阀发生故障，后果将不堪设想。

近年来，我国的控制阀技术虽已有了长足发展，但在高温、高压、强腐蚀、强冲刷等场合应用的高端控制阀仍大量依赖进口，一些关键产品、关键技术基本上都掌握在欧美国家手中，成为"卡脖子"产品，自主可控的控制阀研究和高质量制造成为行业发展的痛点。吴忠仪表有限责任公司是我国控制阀行业的龙头企业，有 60 多年的控制阀设计和制造经验，其生产的各类控制阀被应用于国内外多种流程工业自动控制装置上，产品线覆盖面极广。

本书详细论述了控制阀的原理、应用和性能，揭示了各类控制阀的运行机理和典型产品的设计技术，重点研究了先进制造技术在控制阀生产上的具体应用，进而对控制阀关键材料及加工进行应用研究，同时就控制阀智能制造、再制造、失效形式和评估诊断做了详细论述，是一本控制阀行业非常专业的书籍。

本人从事控制阀开发设计、制造、管理工作已超过30年，具有丰富的控制阀设计制造和管理经验，并且在长期从事控制阀学习研究中不断思考、不断总结、不断提升，同时从与很多业内专家、同事以及朋友的讨论中获益匪浅，有了写作本书的动机，力求与大家分享控制阀理论研究和制造的经验，从而更好地为实现我国流程工业自动控制装备的自主可控做出贡献。

感谢吴忠仪表团队成员在日常工作中的知识积累及提出的建议和意见！尤其感谢大连理工大学邓德伟教授！我与邓教授通过多年产学研项目的合作，共同解决了很多生产制造过程中的技术难题。同时，也感谢我的博士生导师傅卫平教授，是他的精心培养和指导成就了我在控制阀行业的事业！

作　者

|目 录| | CONTENTS |

前 言

3 第3章 控制阀先进制造技术 / 154

4 第4章　控制阀关键材料及应用技术研究／229

5 第5章 控制阀的典型失效形式及其诊断和检测 / 301

第1章

控制阀的工作原理、特性分析及重要性

1.1 控制阀的工作原理

1.1.1 概述

控制阀是自动化仪表中的执行器，是过程控制中的终端元件，随着自动化程度的不断提高，被广泛应用于冶金、电力、化工、石油、轻纺、建筑等工业部门中。控制阀作为流体机械（包括电力机械、化工机械、流体动力机械等）中控制通流能力的关键部件，其工作性能、安全性与整个装置的工作性能、效率、可靠性密切相关。在过程控制中，控制阀直接控制流体，其质量的稳定性与可靠性将直接影响整个系统，一旦发生故障，后果不堪设想。在石油天然气工业中，从油田到炼油厂，各种生产装置都采用大规模集中监测和控制，大部分操作都是在高温或高压下进行的，介质大都是易燃、易爆的油、气，因此，保证控制阀的质量与可靠性被提到了首位。在化学工业中，过程的多样性及工艺条件的变化，在温度、压力、流量、液位四大热工变量的控制中，都有很多特殊问题要求控制阀能够适应。在电力工业中，要对发电厂锅炉进行有效控制，保持锅炉调节系统中的水位正常非常关键，避免控制阀的误开、误关、失灵等故障发生非常重要。现阶段，工业企业竞争很激烈，节能、环保、成本控制等是企业经营中迫切需要解决的问题，要求控制阀在保证质量和可靠性的基础上，必须有很低的泄漏率和最小的驱动力。

控制阀产品是流程工业企业自动控制系统中的关键执行器。因为现代工业生产过程需要控制的温度、压力、流量等参数有成百上千个，人工控制已难以满足现代工业生产过程的要求，存在劳动强度大、控制精度低、响应时间长等缺点。各种自动控制系统模拟人工控制的方法，用仪表、计算机等装置代替操作人员的眼睛、大脑、手等的功能，实现对生产过程的自动控制。简单控制系统包含检测元件和变送器、控制器、执行器和被控对象等。

检测元件和变送器（sensor and transmitter）用于检测被控变量，将检测信号转换为标准信号。例如，热电阻将温度变化转换为电阻变化，温度变送器将电阻或热电势信号转换为标准的气压或电流、电压信号等。

控制器（controller）将检测变送环节输出的标准信号与设定值信号进行比较，获得偏差信号（error signal），并按一定控制规律对偏差信号进行运算，将运算结果输出给执行器。控制器可用模拟仪表实现，也可用由微处理器组成的数字控制器实现，如 DCS（分布控制系统）和 FCS（现场总线控制系统）中采用的 PID 控制功能模块等。

如图 1-1 所示，控制阀作为过程控制系统中的执行器（actuator），处于控制环路的最终位置，故也称为最终元件（final control element）。执行器用于接收控制器的输出信号，并控制操作变量变化。在大多数工业生产过程控制应用中，执行器采用控制阀，其他执行器有计量泵、调节挡板等。近年来，随着变频调速技术的应用，一些控制系统已采用变频器和相应的电动机（泵）等设备组成执行器。

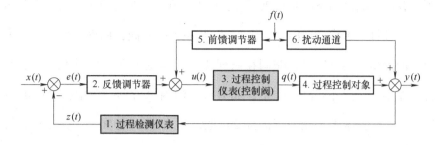

图 1-1　过程控制系统原理图

$x(t)$—测量变量　$e(t)$—偏差值　$u(t)$—控制变量　$q(t)$—操作变量

$f(t)$—扰动量　$y(t)$—被控量　$z(t)$—测量值

其中，测量变量 $x(t)$、控制变量 $u(t)$ 和操作变量 $q(t)$ 是与过程仪表直接相关的重要变量，它们指向了过程仪表制造服务的目标方向。

过程控制控制阀的历史可以追溯到最早的自力式控制阀，其最原始的结构是一种带重锤的球形阀，这种控制阀后来演变成利用阀后压力进行调节的自力式调节阀。20 世纪 30 年代，控制阀的类型已经出现很多种，其中以球形阀为代表性产品；到了 20 世纪 40 年代，角型阀、蝶阀、隔膜阀和球阀相继出现，先后在市场上占据一定的地位。20 世纪 60 年代后出现的套筒阀以其较大的优势成为球形阀的主流产品。20 世纪 70 年代推出的产品是凸轮挠曲阀，它具有容量大、流阻小、密封性能好等优点，使其成为角行程阀门中的佼佼者。从 20 世纪 80 年代开始，又推出了具有划时代意义的多弹簧气动薄膜控制阀，该产品的特点是体积小、重量轻、流通能力大，深受市场的青睐。到了 20 世纪 90 年代，随着智能式电动执行机构及智能式定位器的成功研制，智能调节阀也随之出现，为控制阀的发展翻开了崭新的一页。

我国的控制阀生产行业起步较晚，国内于 20 世纪 70 年代自行设计和生产的直通单座阀、直通双座阀、三通控制阀、高压控制阀、蝶阀、长行程执行机构和阀门定位器等传统产品直至 20 世纪 90 年代仍在生产与使用。我国控制阀的飞跃是从 20 世纪 80 年代开始，吴忠仪表有限责任公司率先引进日本山武公司的新一代 CV3000 系列控制阀，使得产品性能有了较大的提高，同时使得控制阀在系列化、标准化等方面得到了进一步完善，缩小了与国外产品的差距，成为目前国内执行器行业中控制阀的主流产品。其技术水平相当于国际 20 世纪 80 年代末或 90 年代初的水平，依然落后于国际先进水平，已经不能满足国内及国际市场的需求。从技术上分析，主要表现在以下几个方面：

（1）性能 直动阀分为单座阀和笼式双座阀。其中，单座阀的密封性较好，可达 ANSI 标准Ⅳ级、Ⅴ级甚至Ⅵ级。但由于结构上的特点，其允许压差比较小，要满足较大的允许压差，则其推力比较大，需要的执行机构（动力源）较大，使成本增加、能耗增加，而且还有一定的局限性。而笼式双座阀则相反，由于结构上的原因，其密封性较差，一般为 ANSI 标准Ⅱ级，在最理想的情况下，也只能达到 ANSI 标准Ⅳ级，在阀门关闭的时候，仍然有不同程度的泄漏，造成了物料的浪费，使成本增加。但由于具有压力平衡的结构，允许压差较大，因此所配的执行机构较小。

（2）节约能源 经济的高速增长必然会引起能源的极大损耗，然而地球的资源是有限的。原材料供不应求，石油、煤、水资源的消耗和短缺已成为目前及今后相当长时期内人们所面临的问题。因此，用于流体控制的阀门，在其设计、使用过程中要与节能问题相联系。所以不但要求控制阀应满足恶劣工况的调节需求，更要求在阀门关闭的情况下，将其泄漏率控制在最低，甚至是不漏的。

（3）可靠性 国内控制阀产品不论内在质量还是外观质量，在可靠性方面考虑得比较少，在产品性能可靠性设计上更是少有研究。

（4）专有技术 国外控制阀企业在特殊材料和特殊工艺手段上都有自

已多年的积累，能够满足耐高温、耐高压差、低泄漏率、抗冲刷、强耐磨、耐强腐蚀的极端要求，已形成其专有技术，占据了高端市场。而我国在这方面投入的技术攻关和研究经费远远不够，还处于拼价格的阶段。

（5）保护环境　随着工业的快速发展，环境污染问题日趋严重，人们的健康及生态环境面临着极大的威胁，各个国家都在积极地制定相应的法律、法规来减少环境污染，以保护公众的健康和生态平衡，因此，环保已成为企业产品设计所要考虑的关键问题之一。控制阀对环境造成的危害主要表现为大气污染（由于密封不可靠和阀门振动而引起外漏）和噪声（振动、流体压差等），公众和社会对环境保护都有强烈的要求，而作为控制阀制造厂就必须做出响应。

（6）适用于新领域　随着新技术、新工艺的突破，传统的工业生产过程也将向着更深、更新的领域发展，如超超临界高温、高压差、低温、强烈摩擦、汽蚀或固体颗粒冲刷磨损等，而与之相适应的控制阀则有待我们去研究、去开发。

先进的现代化工业是以生产自动化为标志的。从自动化系统的发展历史和进步来看，技术工具的变革起着极为重要的作用。虽然各种先进的控制手段不断出现，但基本的控制规律没有改变，而技术工具的变化则是日新月异的。人们已经不再满足于传统的生产方式，开始利用数字化、微机化等先进技术进行革新。智能仪表的研制和使用更为工业自动化开创了美好的未来。另外，随着现代化工业的大规模发展，人们对工业品的要求越来越高，范围也越来越广。作为工业自动化控制系统的手脚，控制阀也将面临新的课题，有待创新和提高。

1.1.2　控制阀分类

控制阀结构种类繁多，各有特点，在工程设计中，应根据现场条件

（温度、压力、流量、压差、安装位置等）、流体性质（黏度、腐蚀性、饱和温度等）、调节系统的要求（可调比、泄漏量、流量特性等）以及环境要求（噪声、防护要求等）等因素综合考虑来确定。一般情况下，应优先选用价格较低的普通型控制阀，如单、双座控制阀和套筒控制阀等，当这些阀不能满足需要时，再选择其他合适的控制阀。

1. 单座控制阀

单座控制阀（简称单座阀）（图1-2）的泄漏量小，容易保证密封性，但其不平衡力较大，尤其是在高压差、大口径时，所以它适用于低压差、小口径的场合。另外，DN≥25时阀杆为双导向结构，可倒装，只要配用正作用执行机构，就可以实现气开气关的转换。

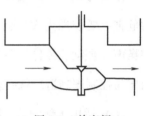

图1-2　单座阀

2. 双座控制阀

双座控制阀（简称双座阀）（图1-3）有两个阀芯，流体作用在上、下阀芯上的推力方向相反，而大小基本相等，所以不平衡力较小，允许使用的压差较大。但在关闭时，双座阀的两个阀芯很难保证同时关闭，因而泄漏量较大，尤其是用于高温场合时，因阀芯、阀体材料的热膨胀不同，更易泄漏。由于阀内流路较复杂，故不适用于高黏度介质。不平衡力的方向随阀开度的变化而变化，当开度为60%～70%时，将出现不稳定区，阀芯有振荡倾向，如图1-4所示。

3. 套筒式控制阀

套筒式控制阀（简称套筒阀）是在阀体内安装一个圆筒形套筒，并以套筒为导向装配一个能在轴向滑动的阀塞，套筒上开有具有一定流量特性的窗孔。

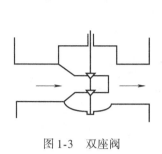

图 1-3 双座阀

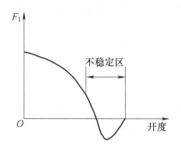

图 1-4 双座阀阀杆不平衡力与开度的关系

通过改变阀塞与套筒窗孔所形成的流通面积，就能达到调节流量的目的，如图 1-5 所示。这种阀的特点是稳定性好，属于平衡式结构，不平衡力小（图 1-6），导向长，工作平稳，结构简单，拆装方便，通用性强；只需更换套筒，即可改变流通能力和流量特性；改变阀内组件可成为单座阀，热膨胀影响小——套筒和阀芯用同一材质且形状相似，可以消除温度变化的影响，因此寿命长。套筒阀的密封面与节流面分开，节流口处的高速流体相互对冲，能量消耗在流体内部，而没有像单、双座阀那样，直接冲刷阀的密封面，因此，在高压差的场合下，套筒阀的寿命往往比单、双座阀长得多。这种阀还有一定的抗汽蚀能力，由于阀芯底部为介质，在发生汽蚀的情况下，气泡破裂，产生的冲击力作用在阀芯下面的空间内，冲击能量没有作用在阀芯上，而是被介质自身吸收，而单、双座阀的冲击能量是直接作用在阀芯上的，因此，套筒阀的抗汽蚀性比单、双座阀好。由于套筒阀的能量多消耗于套筒中，动压能在相互冲击中消耗，故噪声通常比单、双座阀低约 10dB；通过改变套筒形式，还可进一步降低噪声水平。

4. 双座平衡阀芯式结构

双座平衡阀芯式套筒阀如图 1-7 所示，它有两组阀芯密封面，芯上开有平衡孔，其不平衡力小，但泄漏量较大，一般可以达到 0.5%（ANSI

标准Ⅱ级），可用于对泄漏没有特殊要求的场合。

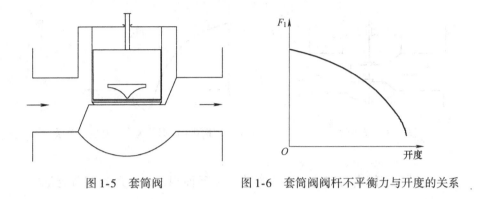

图 1-5　套筒阀　　　　　　图 1-6　套筒阀阀杆不平衡力与开度的关系

5. 单密封面不平衡式阀芯结构

单密封面不平衡笼式控制阀阀芯结构如图 1-8 所示，这种结构只有一个密封面，没有平衡孔，泄漏量较小，可达 0.01%（ANSI 标准Ⅳ级），但这种结构的不平衡力大。

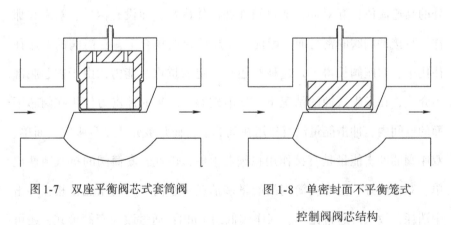

图 1-7　双座平衡阀芯式套筒阀　　　　图 1-8　单密封面不平衡笼式
控制阀阀芯结构

6. 带预启阀的阀芯结构

带预启阀式套筒阀如图 1-9 所示，这种阀芯结构在单密封面的阀塞上设置一个带预启阀的平衡孔，阀门关闭时，预启阀关闭，阀门只有一个主密封面，泄漏量较小（可达 0.01%）；而阀门开启时，平衡孔贯通，阀门成为平衡式结构，不平衡力小。故这种阀兼有前两种阀的优点。需要注意的是，这种阀只有用于流闭流向时，才有上述特点，用于流开流向时，则没有不平衡力小的特点。

7. 带密封环的平衡式阀芯结构

带密封环的平衡式控制阀阀芯结构如图 1-10 所示，它利用密封环代替了平衡式阀芯上的一个密封面，保持了平衡式结构，不平衡力小。其泄漏量主要取决于密封环的性能，以德国 Masoneilan 公司的产品为例，41500 型阀用金属密封环，泄漏量为 0.5%（ANSI 标准 Ⅱ 级）；41600（41900）型阀用软密封环，泄漏量为 0.01%（ANSI 标准 Ⅳ 级）。可见，这种阀保持了平衡结构，且有可能将泄漏等级提高。

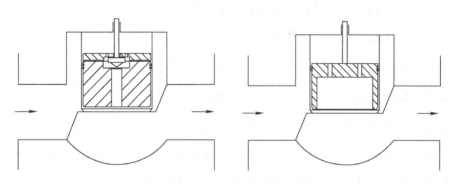

图 1-9　带预启阀式套筒阀　　　　图 1-10　带密封环的平衡式控制阀阀芯结构

8. 三通控制阀

如图 1-11 所示，三通控制阀有三个接口与管道相连。这种阀按作用方式可分为合流和分流两种，可用于混温调节、减温减压器温水配比调节、换热器调节以及两种介质的混合与切换等。可用一个三通阀代替两个二通阀来简化调节系统。

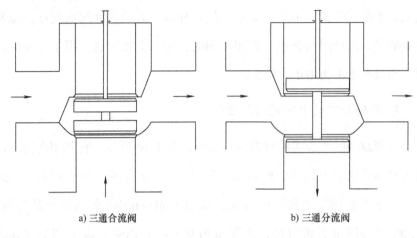

a) 三通合流阀   b) 三通分流阀

图 1-11   三通合流阀及三通分流阀

9. 蝶阀

如图 1-12 所示，蝶阀具有结构简单、体积小、重量轻、流路畅通、有自清洗作用、流阻小、流通能力大、流量特性近似等百分比等优点。低负载中线蝶阀泄漏量较大，一般适用于低压差、大流量、含颗粒介质的调节。在电厂中低负载蝶阀主要用于风道（圆风门）流量调节，这是由于百叶窗式方风门具有快开流量特性，不易调节，故在风道中用蝶阀风门更有利。

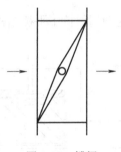

图 1-12   蝶阀

10. 球阀

球阀的最大特点是损失极小、流路简单，适用于有固体杂质的场合；具有快开流量特性，多用作切断阀。按阀芯形式不同，球阀可分为 O 形球阀和 V 形球阀，如图 1-13 所示。V 形球阀的流量特性接近等百分比，其调节范围宽（$R = 200 \sim 300$）、密封性好，但多采用软座密封，使用温度受到限制（低于 180℃），在温度不高、调节范围大、希望阻力较小的系统中，可以考虑选用 V 形球阀。另外，在有些引进工程中，也有将球阀用作自动控制阀的旁路阀，在检修自动控制阀时，旁路阀可提供一定的调节性。

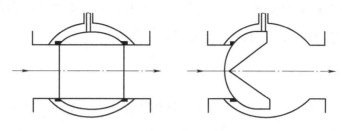

图 1-13　O 形球阀及 V 形球阀

11. 偏心旋转阀

偏心旋转阀如图 1-14 所示，它通过偏心阀芯的旋转来调节和切断介质，综合了球阀和蝶阀的优点。泄漏量小（0.01%）（ANSI 标准 IV 级）、可兼作切断阀、可调比（$R =$ 100）大、体积小、重量轻；流量系

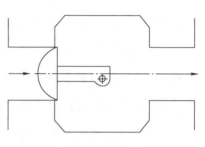

图 1-14　偏心旋转阀

数大、动态稳定性好、阀效应不明显（一般阀门在临界点处，其流量特性曲线将发生畸变，这种现象称为阀效应）、阀芯不平衡力较小（约为单座阀的 1/2）、适用温度广、通用性好；同一规格的阀门要想改变流通能力，只需换阀座即可，不必换阀芯；阀内很容易衬上各种衬里，以适应不同需要等优点。该阀的综合性能优越，可以代替普通控制阀，国外使用很广，特别适用于要求调节范围宽（此时可代替一大一小两个并联的可调比较小的阀，从而使系统和控制得到简化）、泄漏量小、流通能力大、阻力小的场合，如火力发电厂中的除氧器加热蒸汽控制阀、主凝水控制阀等。另外，该阀因为流道简单，还适用于高黏度介质（如重油）。

12. 高压差控制阀

适用于高压差场合的控制阀称为高压差控制阀。因为这种控制阀是在高压差下使用，如果流过阀门的介质是液体，则易发生汽蚀，引起阀门节流元件的早期破坏；如果是气（汽）体，则可能产生强烈的噪声。故这类阀门大多采用了抗气蚀、低噪声设计。

13. 可控压力恢复系数控制阀

工艺系统对控制阀的压力恢复特性的要求是矛盾的。在小流量时，由于管道阻力较小，作用于控制阀上的压降较大，因此这时希望控制阀具有较小的压力恢复，以提高其防汽蚀能力。在大流量时，由于管道阻力较大，作用于控制阀上的压降较小，因此这时发生汽蚀的可能性大为降低，对控制阀防汽蚀能力的要求降低，不一定要求其压力恢复很小；相反，为了提高阀门的通流能力、减小阻力，较大的压力恢复在这时更为有利。现在常用的控制阀往往不能同时满足这两方面的要求。为此，南京宁航科技有限公司开发了 MQ 型可控压力恢复系数控制阀，这种阀在设计时就按工艺系统的要求，对阀的压力恢复系数进行了调控，使其能与工艺系统良好匹配，使用这种阀的最大好处是能节约大量的能源。

1.2　控制阀特性分析

1.2.1　调节阀特性分析

1. 调节阀的典型固有流量特性

现有调节阀的固有流量特性主要有直线、等百分比、抛物线及快开等，常用的是前两种。

（1）直线流量特性　直线流量特性是指调节阀的流量与开度成比例关系。

$$d\left(\frac{K_V}{K_{V额}}\right)\bigg/ d\left(\frac{l}{L}\right)=常数 \tag{1-1}$$

$$\frac{K_V}{K_{V额}} = \frac{1}{R}\left[1 + (R-1)\frac{l}{L}\right] \tag{1-2}$$

式中　l——调节阀某开度下的行程（mm）；

　　K_V——对应开度下的流量系数；

　　L——调节阀最大行程（mm）；

　　$K_{V额}$——调节阀额定流量系数；

　　R——可调比、固有可调比。

（2）等百分比流量特性　等百分比流量特性是指调节阀的流量变化百分比在全行程内是相等的。

$$d\left(\frac{K_V}{K_{V额}}\right)\Big/ d\left(\frac{l}{L}\right) = \frac{K_V}{K_{V额}} \times 常数 \tag{1-3}$$

$$\frac{K_V}{K_{V额}} = R^{\left(\frac{l}{L}-1\right)} \tag{1-4}$$

直线流量特性在小开度时，相对流量变化大，调节作用强，易于产生超调而引起振荡；而在大开度时，相对流量变化小，调节作用弱，不够敏感。等百分比流量特性的流量变化百分比在全行程内相等，在较大开度范围内，相对流量变化大，调节灵敏有效。由图 1-15 可知，等百分比特性曲线始终在直线特性曲线的下方，在同一开度下，其流量比直线特性的小，而且由于等百分比特性

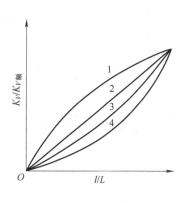

图 1-15　理想流量特性

1—快开　2—直线

3—抛物线　4—等百分比

的流量多集中在大开度区，在考虑同样的开度偏差余量时，所需的流量系数余量就较大。因此，等百分比流量特性阀的容量较直线流量特性阀要小些。

2. 工作流量特性

在实际运行中，调节阀的前后压差总是变化的，这时所呈现的流量特性称为工作流量特性。

（1）串联于管道上的调节阀的工作流量特性　由于阀门开度的变化会引起流量变化，而流动阻力与流速大致成二次方关系，故调节阀一旦动作，流量随之改变，管道阻力降相应改变，调节阀压降也相应发生变化。因此，工作流量特性与压降分配比 S 值和工艺系统的阻力特性 $[\Delta p_{\text{管道}} = f(Q)]$ 有关。压降分配比小时，调节阀流量曲线将向下移，呈拱形，使理想的直线特性畸变为快开特性，理想的等百分比特性趋向于直线特性。可见，S 值越小，流量畸变越大，如图 1-16 所示。故为了保证较理想的调节性能，一般要求 $S \geqslant 0.3 \sim 0.6$。

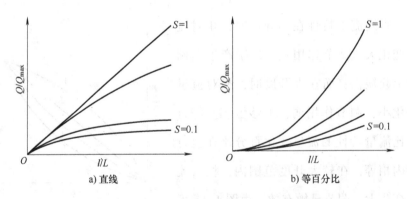

a) 直线　　　　　b) 等百分比

图 1-16　串联于管道上的调节阀的工作流量特性

工作流量特性是阀门固有流量特性和系统阻力特性共同作用的结果。因此，已知系统阻力特性，就可推导出工作流量特性。

对于不可压缩性流体，阻力损失与流量的二次方成正比，据此阻力特性关系，可推导出作用在调节阀上的压差 Δp_i（在 i 开度）的计算公式为

$$\Delta p_i = \frac{\Delta p}{\left(\dfrac{1}{S} - 1\right) f^2 \left(\dfrac{l}{L}\right) + 1} \tag{1-5}$$

进一步推导，可得工作流量特性方程为

$$\frac{Q}{Q_{100}} = f\left(\frac{l}{L}\right) \sqrt{\frac{1}{(1-S)f^2\left(\dfrac{l}{L}\right) + S}} \tag{1-6}$$

式中，Q_{100} 是考虑了管道阻力以后，调节阀的全开流量；$f\left(\dfrac{l}{L}\right)$ 是调节阀的固有流量特性。

式(1-5)、式(1-6) 是利用不可压缩性流体的流量与流速呈线性关系和基本液体调节阀计算公式导出的，故主要适用于不可压缩性流体。但在要求不高的情况下，也可用于管道终端与始端的介质比容比变化不大的可压缩性流体。适用于各种流体介质的通用式可用下列函数式表达，从第 2 章 K 值的计算中可以归纳出

$$Q = K_V^n F(\Delta p, p_1, p_2, \cdots) \tag{1-7}$$

由式(1-7) 可知，Q 等于阀的流量系数 K_V 的 n 次方乘以一个关于阀门工作压差、进出口压力等参数的函数。式中，Δp、p_1、p_2 等参数又都是 Q 的函数，可表示为

$$\Delta p = g(Q) \tag{1-7-1}$$

$$p_1 = h(Q) \tag{1-7-2}$$

$$p_2 = i(Q) \tag{1-7-3}$$

将式(1-7-1) ~式(1-7-3) 代入式(1-7)，可得到 K_V 与 Q 的函数关系式为

$$Q = K_V^n F(Q) \tag{1-8}$$

当阀门开度为 100% 时，有

$$Q_{100} = K_{V额}^n F(Q_{100}) \tag{1-9}$$

将两式相除，得

$$\frac{Q}{Q_{100}} = \left(\frac{K_V}{K_{V额}}\right)^n \frac{F(Q)}{F(Q_{100})} \qquad (1\text{-}10)$$

其中，$\dfrac{K_V}{K_{V额}} = f\left(\dfrac{l}{L}\right)$，将其代入式(1-10)，得

$$\frac{Q}{Q_{100}} = f^n\left(\frac{l}{L}\right)\frac{F(Q)}{F(Q_{100})} \qquad (1\text{-}11)$$

式(1-11) 就是工作流量特性的一般表达式，它实际上是很复杂的，如果用于手工计算，则其实用价值不大，但适合编入计算机程序进行调节阀的计算。

(2) 并联于管道上的调节阀的工作流量特性　并联时，总管最小流量为旁通阀流量 $Q_{旁}$，如图 1-17 所示。因此，旁通阀流量越大，整个曲线越上移，将

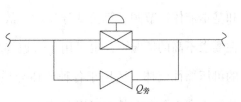

图 1-17　并联于管道上的调节阀

畸变成图 1-18 所示的情况。其中，$x=$ 调节阀全开的最大流量/总管最大流量，一般 x 值应大于 0.8。否则，可调性将下降得太多，并联管道的可调比为

$$R \approx \frac{1}{1-x} \qquad (1\text{-}12)$$

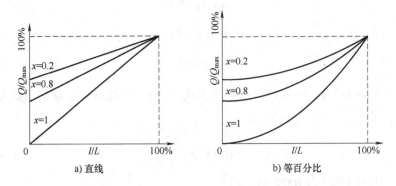

a) 直线　　　　　　　　b) 等百分比

图 1-18　并联于管道上的调节阀的工作流量特性

3. 调节阀流量特性畸变的补偿

调节阀的固有流量特性是在阀两端压降不变（即 $\Delta p =$ 常数）的情况下获得的。但实际工作中，由于管道存在阻力，阀门上的压降随着流量的增加而减小，$\Delta p \neq$ 常数，工作流量特性偏离固有流量特性，即发生畸变。为了限制畸变，保证较好的调节品质，一般要求 $S \geqslant 0.3 \sim 0.6$，但这是以增加能耗为代价的（即系统阻力损失增加 30% 甚至 60% 以上）。这种方法的思路是，先按不考虑实际存在的畸变来选择所需的流量特性，然后防止出现过大的偏差，再把畸变限制在一定范围内。另一种思路是，在选择流量特性时考虑将要发生的畸变，按发生畸变后的特性曲线，即系统所要求的工作流量特性曲线，来确定阀门的固有流量特性。这样，就从限制畸变改变为正确地预计畸变（阀门固有流量特性与工作特性的关系），提高了调节品质，放宽了对畸变的限制，降低了对 S 值的要求，可构成以低 S 值运行的系统，达到节能的目的，称这种方法为调节阀流量特性畸变补偿技术。

1.2.2　蝶阀特性分析

1. 控制方程

将蝶阀内部的流动工质设定为水，则流动模型为不可压缩三维黏性流动，可以用不可压缩性流体的雷诺时均方程组与 $k - \varepsilon$ 湍流模型构成封闭的方程组来求解。

连续性方程

$$\frac{\partial \boldsymbol{\mu}_i}{\partial x_i} = 0 \qquad (1\text{-}13)$$

式中　$\boldsymbol{\mu}_i$——时均流速。

动量方程组

$$\frac{\partial \boldsymbol{\mu}_j}{\partial t} + u_j \frac{\partial \boldsymbol{\mu}_i}{\partial x_j} = -\frac{1}{\rho} \frac{\partial P}{\partial x_i} + (\nu + \nu_t) \frac{\partial^2 \boldsymbol{\mu}_i}{\partial x_j \partial x_j} \qquad (1\text{-}14)$$

式中　P——时均压强；

$\quad\quad\quad\nu$——流体的运动黏度系数；

$\quad\quad\quad\nu_t$——流体的湍流运动黏度系数。

湍流动能 k 的输运方程

$$\frac{\partial k}{\partial t} + \frac{\partial \boldsymbol{u}_j k}{\partial x_j} = \frac{\nu_t}{\sigma_k} \frac{\partial^2 k}{\partial x_j \partial x_j} + \frac{G_k}{\rho} \varepsilon \qquad (1\text{-}15)$$

式中　$\dfrac{G_k}{\rho}$——由平均速度梯度引起的湍流动能；

$\quad\quad\quad\sigma_k$——湍流动能 k 的湍流普朗特数。

湍流耗散率 ε 的输运方程

$$\frac{\partial \varepsilon}{\partial t} + \frac{\partial \boldsymbol{u}_j \varepsilon}{\partial x_j} = \frac{\nu_t}{\sigma_\varepsilon} \frac{\partial^2 \varepsilon}{\partial x_j \partial x_j} + \frac{\varepsilon}{k}\left(c_1 \frac{G\varepsilon}{\rho} - c_2 \varepsilon\right) \qquad (1\text{-}16)$$

式中　ν_t——湍流运动黏度系数，$\nu_t = c_\mu k^2 / \varepsilon$；

$\quad\quad\quad\sigma_\varepsilon$——耗散率 ε 的湍流普朗特数；

c_1、c_2、c_μ——常数。

$$G_k = G_\varepsilon = \rho \nu_t \left(\frac{\partial \boldsymbol{\mu}_i}{\partial x_j} + \frac{\partial \boldsymbol{u}_j}{\partial x_i}\right) \frac{\partial \boldsymbol{\mu}_i}{\partial x_j} \qquad (1\text{-}17)$$

各常数为：$\sigma_k = 1.0$，$\sigma_\varepsilon = 1.3$，$c_1 = 1.44$，$c_2 = 1.92$，$c_\mu = 0.09$。

2. 流量特性曲线

图 1-19 所示为普通蝶阀的流量特性曲线，正方形标记的为运用 Fluent 软件计算的普通蝶阀（轴位不偏移）的流量特性曲线，三角形标记的为参考文献提供的普通蝶阀的流量特性曲线。两条曲线非常接近，说明计算结果是可信的。图中，$1\mathrm{kgf/cm}^2 = 0.098\mathrm{MPa}$。

图 1-20 所示为偏心蝶阀的流量特性曲线，正方形标记的为运用 FLU-ENT 软件计算的流量特性曲线，三角形标记的为参考文献提供的偏心蝶

阀的流量特性曲线。

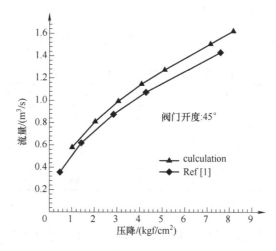

图 1-19 普通蝶阀的流量特性曲线

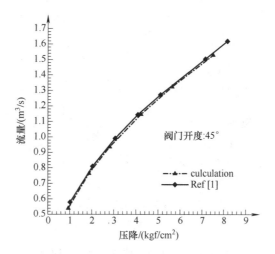

图 1-20 偏心蝶阀的流量特性曲线

3. 单偏心蝶阀的水动力特性

（1）各种开度下蝶阀的动力特性

1）10°开度。其边界条件为：

① 进口总压：50662.5Pa；出口压力：0。

② 进口总压：151987.5Pa；出口压力：0。

③ 进口总压：303975Pa；出口压力：0。

④ 进口总压：405300Pa；出口压力：0。

开度为10°时，四种工况下的水动力特性见表1-1。

表1-1　四种工况下的水动力特性（开度：10°）

序　号	压降/(kgf/cm²)	流量/(m³/s)	水动力矩/kgf·m
1	0.5165	0.08864	2.847
2	1.549	0.1538	7.820
3	3.099	0.2175	14.68
4	4.132	0.2508	18.81

注：$1kgf/cm^2 = 0.98 \times 10^5 Pa$。

开度为10°时的流量特性曲线如图1-21所示，水动力矩曲线如图1-22所示。

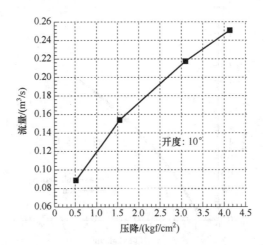

图1-21　流量特性曲线（开度：10°）

2）30°开度。其边界条件为：

① 进口总压：50662.5Pa；出口压力：0。

② 进口总压：151987.5Pa；出口压力：0。

③ 进口总压：303975Pa；出口压力：0。

④ 进口总压：405300Pa；出口压力：0。

开度为30°时，四种工况下的水动力特性见表1-2。

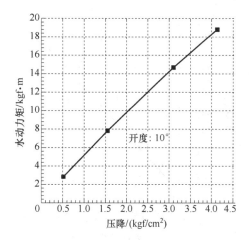

图 1-22　水动力矩曲线（开度：10°）

表 1-2　四种工况下的水动力特性（开度：30°）

序　　号	压降/(kgf/cm²)	流量/(m³/s)	水动力矩/kgf·m
1	0.5071	0.3918	13.33
2	1.521	0.6793	40.15
3	3.042	0.9611	80.33
4	4.056	1.11	107.2

开度为 30°时的流量特性曲线如图 1-23 所示，水动力矩曲线如图 1-24 所示。

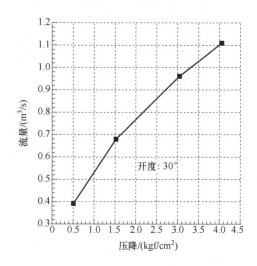

图 1-23　流量特性曲线（开度：30°）

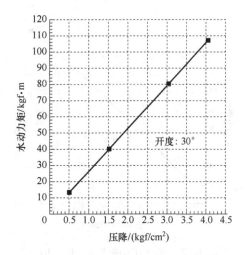

图 1-24　水动力矩曲线（开度：30°）

3）45°开度。其边界条件为：

① 进口总压：20265Pa；出口压力：0。

② 进口总压：50662.5Pa；出口压力：0。

③ 进口总压：81060Pa；出口压力：0。

④ 进口总压：151987.5Pa；出口压力：0。

⑤ 进口总压：405300Pa；出口压力：0。

开度为 45°时，五种工况下的水动力特性见表 1-3。

表 1-3　五种工况下的水动力特性（开度：45°）

序　号	压降/（kgf/cm²）	流量/（m³/s）	水动力矩/kgf·m
1	0.1906	0.5003	12.47
2	0.4763	0.7919	31.28
3	0.762	1.002	50.1
4	1.429	1.373	94.07
5	3.807	2.243	250.6

开度为 45°时的流量特性曲线如图 1-25 所示，水动力矩曲线如图 1-26 所示。

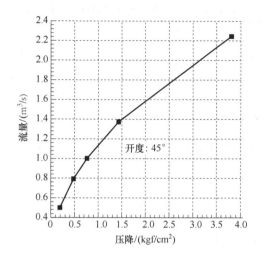

图 1-25　流量特性曲线（开度：45°）

4）55°开度。其边界条件为：

① 进口总压：20265Pa；出口压力：0。

② 进口总压：50662.5Pa；出口压力：0。

③ 进口总压：151987.5Pa；出口压力：0。

④ 进口总压：303975Pa；出口压力：0。

开度为55°时，四种工况下的水动力特性见表1-4。

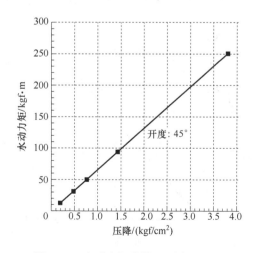

图 1-26　水动力矩曲线（开度：45°）

表 1-4　四种工况下的水动力特性（开度：55°）

序　号	压降/(kgf/cm²)	流量/(m³/s)	水动力矩/kgf · m
1	0.1713	0.7413	21.76
2	0.428	1.173	54.26
3	1.268	2.012	161.42
4	2.559	2.894	335.2

开度为 55°时的流量特性曲线如图 1-27 所示，水动力矩曲线如图 1-28 所示。

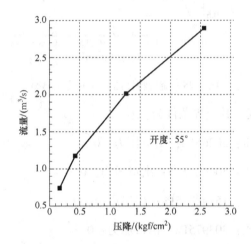

图 1-27　流量特性曲线（开度：55°）

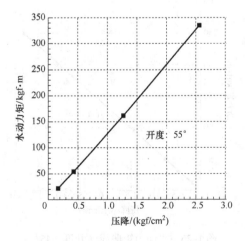

图 1-28　水动力矩曲线（开度：55°）

5）65°开度。其边界条件为：

① 进口总压：20265Pa；出口压力：0。

② 进口总压：50662.5Pa；出口压力：0。

③ 进口总压：151987.5Pa；出口压力：0。

④ 进口总压：303975Pa；出口压力：0。

开度为65°时，四种工况下的水动力特性见表1-5。

表1-5 四种工况下的水动力特性（开度：65°）

序　号	压降/（kgf/cm²）	流量/（m³/s）	水动力矩/kgf·m
1	0.1385	1.024	30.04
2	0.3456	1.622	75.97
3	1.032	2.83	233.9
4	2.059	4.008	463.4

开度为65°时的流量特性曲线如图1-29所示，水动力矩曲线如图1-30所示。

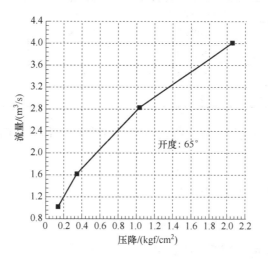

图1-29 流量特性曲线（开度：65°）

6）70°开度。其边界条件为：

① 进口总压：10132.5Pa；出口压力：0。

② 进口总压：30397.5Pa；出口压力：0。

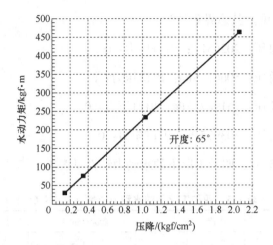

图 1-30 水动力矩曲线（开度：65°）

③ 进口总压：101325Pa；出口压力：0。

④ 进口总压：202650Pa；出口压力：0。

开度为 70°时，四种工况下的水动力特性见表 1-6。

表 1-6 四种工况下的水动力特性（开度：70°）

序　号	压降/（kgf/cm²）	流量/（m³/s）	水动力矩/kgf·m
1	0.05942	0.8239	15.86
2	0.1773	1.428	47.76
3	0.5894	2.618	161.3
4	1.174	3.713	325.2

开度为 70°时的流量特性曲线如图 1-31 所示，水动力矩曲线如图 1-32 所示。

7）90°开度。其边界条件为：

① 进口总压：10132.5Pa；出口压力：0。

② 进口总压：30397.5Pa；出口压力：0。

③ 进口总压：101325Pa；出口压力：0。

④ 进口总压：202650Pa；出口压力：0。

开度为 90°时，四种工况下的水动力特性见表 1-7。

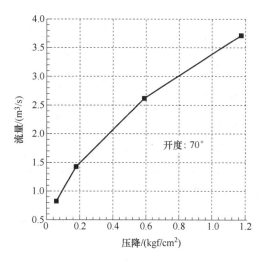

图 1-31　流量特性曲线（开度：70°）

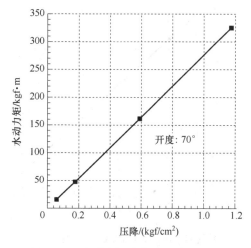

图 1-32　水动力矩曲线（开度：70°）

表 1-7　四种工况下的水动力特性（开度：90°）

序　　号	压降/（kgf/cm²）	流量/（m³/s）	水动力矩/kgf·m
1	0.03161	1.062	−11.43
2	0.09212	1.85	−34.16
3	0.2993	3.395	−113.6
4	0.586	4.821	−226.6

　　开度为 90°时的流量特性曲线如图 1-33 所示，水动力矩曲线如图 1-34 所示。

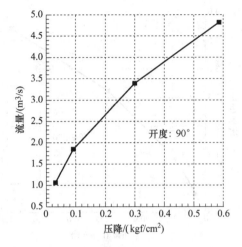

图 1-33 流量特性曲线（开度：90°）

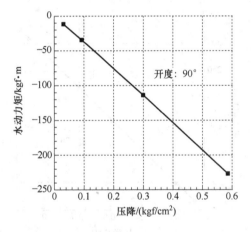

图 1-34 水动力矩曲线（开度：90°）

（2）各种开度下的特性曲线综合图

1）七种开度下的水动力特性（见表 1-8）。

表 1-8 七种开度下的水动力特性

开度（°）	入口总压/atm[①]	压降/（kgf/cm²）	流量/（m³/s）	水动力矩/kgf·m
	0.5	0.5165	0.08864	2.847
	1.5	1.549	0.1538	7.820
10	3.0	3.099	0.2175	14.68
	4.0	4.132	0.2508	18.81

（续）

开度（°）	入口总压/atm[①]	压降/（kgf/cm²）	流量/（m³/s）	水动力矩/kgf·m
30	0.5	0.5071	0.3918	13.33
	1.5	1.521	0.6793	40.15
	3.0	3.042	0.9611	80.33
	4.0	4.056	1.11	107.2
45	0.2	0.1906	0.5003	12.47
	0.5	0.4763	0.7919	31.28
	0.8	0.762	1.002	50.1
	1.5	1.429	1.373	94.07
	4.0	3.807	2.243	250.6
55	0.2	0.1713	0.7413	21.76
	0.5	0.428	1.173	54.26
	1.5	1.268	2.012	161.42
	3.0	2.559	2.894	335.2
65	0.2	0.1385	1.024	30.04
	0.5	0.3456	1.622	75.97
	1.5	1.032	2.83	233.9
	3.0	2.059	4.008	463.4
70	0.1	0.05942	0.8239	15.86
	0.3	0.1773	1.428	47.76
	1.0	0.5894	2.618	161.3
	2.0	1.174	3.713	325.2
90	0.1	0.0316	1.062	−11.43
	0.3	0.0921	1.85	−34.16
	1.0	0.2993	3.395	−113.6
	2.0	0.586	4.821	−226.6

① 1atm = 101325Pa。

2）流量特性曲线综合图。

① 普通坐标下的流量特性曲线总图如图 1-35 所示。

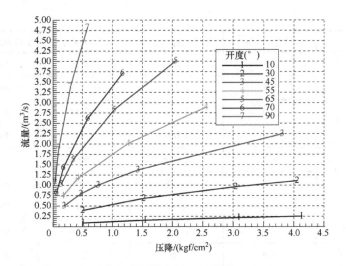

图1-35 普通坐标下的流量特性曲线总图

② 对数坐标下的流量特性曲线总图如图1-36所示。

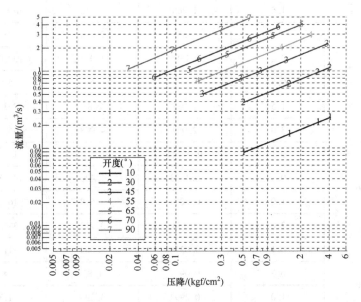

图1-36 对数坐标下的流量特性曲线总图

③ C_v 特性曲线如图1-37所示。

C_v 的计算公式为

$$C_V = 1.17Q \sqrt{\frac{G}{p_1 - p_2}} = 1.17Q \sqrt{\frac{G}{\Delta p}} \tag{1-18}$$

式中　Q——最大流量（m^3/h）；

　　　G——比重（水 = 1）；

　　　p_1——进口压力（kgf/cm^2）；

　　　p_2——出口压力（kgf/cm^2）。

开度为 90° 时，C_V 达到最大值，$C_{V\max} = 25874$。

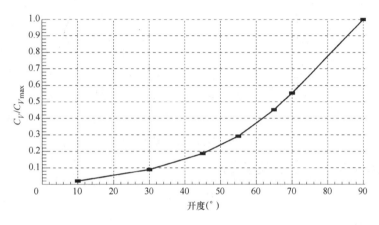

图 1-37　水流 C_V 特性曲线

3）水动力矩特性总图。

① 水动力矩曲线总图如图 1-38 所示。

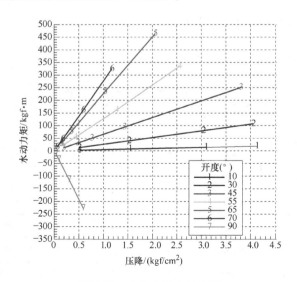

图 1-38　水动力矩曲线总图

② C_m 特性曲线如图 1-39 所示。

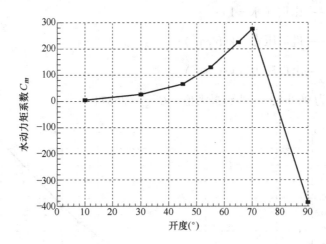

图 1-39　水动力矩系数 C_m 曲线

水动力矩与压降的关系式为

$$M = C_m \Delta p \qquad (1-19)$$

式中　M——水动力矩（kgf · m）；

　　　Δp——压降（kgf/cm²）；

　　　C_m——与开度相关的系数。

4. 单偏心蝶阀的气动力特性

七种开度下的气动力特性见表 1-9。

表 1-9　七种开度下的气动力特性

开度（°）	入口总压 /atm	压降 /（kgf/cm²）	流量 /（m³/s）	气动力矩 /kgf · m	p_1 /（kgf/cm²）	p_2 /（kgf/cm²）	C_V
10	1.8	0.825	3.65	2.11	1.859	1.033	419
	1.4	0.413	2.60	1.71	1.446	1.033	455
30	1.8	0.818	16.7	10.7	1.851	1.033	1927
	1.4	0.408	11.7	6.84	1.441	1.033	2064
45	1.4	0.392	23.4	17.1	1.425	1.033	4224
	1.2	0.184	16.4	10.1	1.217	1.033	4517

（续）

开度（°）	入口总压 /atm	压降 /（kgf/cm²）	流量 /（m³/s）	气动力矩 /kgf·m	p_1 /（kgf/cm²）	p_2 /（kgf/cm²）	C_V
55	1.4	0.368	33.5	26.7	1.401	1.033	6272
	1.2	0.179	24.3	17.7	1.212	1.033	6793
65	1.4	0.328	45.2	28.4	1.361	1.033	9039
	1.2	0.155	32.9	22.5	1.188	1.033	9936
70	1.4	0.308	50.0	20.1	1.341	1.033	10361
	1.05	0.0318	19.4	7.24	1.065	1.033	13309
90	1.2	0.0868	48.7	−27.9	1.120	1.033	19962
	1.05	0.0175	25.2	−5.90	1.050	1.033	23388

1）流量特性如图 1-40 ~ 图 1-42 所示。

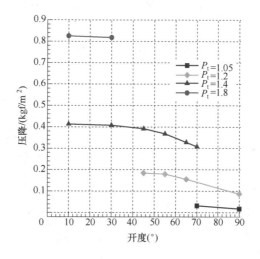

图 1-40　进出口压降图

空气流 C_V 的计算公式：

$$p < p_1/2 \qquad\qquad C_V = \frac{Q}{287}\sqrt{\frac{G(273+T)}{\Delta p(p_1+p_2)}} \qquad\qquad (1\text{-}20)$$

$$p \geqslant p_1/2 \qquad\qquad C_V = \frac{Q\sqrt{G(273+T)}}{249 p_1} \qquad\qquad (1\text{-}21)$$

式中　p_1——阀前压力；

Q——流量；

G——气体比重；

Δp——阀前后压差。

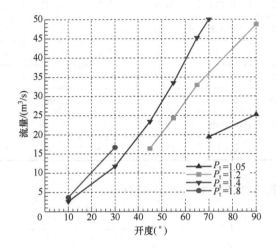

图 1-41　流量特性曲线图

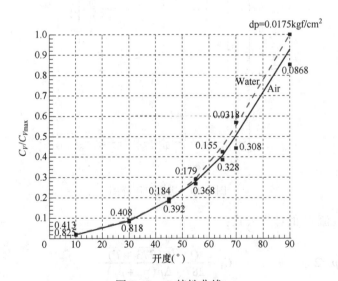

图 1-42　C_V 特性曲线

本计算中，取温度 $T = 27℃$。空气流的 $C_{V\max} = 23388$。

2) 气动力矩特性曲线如图 1-43 和图 1-44 所示。

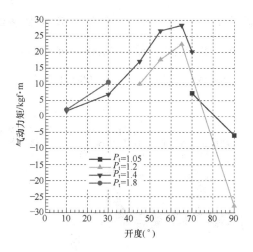

图 1-43　气动力矩特性曲线（1）

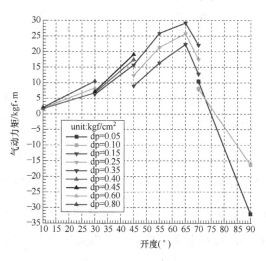

图 1-44　气动力矩特性曲线（2）

1.3　控制阀在流程工业自动控制系统中的作用

1.3.1　流程工业控制系统的演进过程

1. 流程控制工业系统的发展

在流程工业的发展过程中，过程控制技术经历了五个主要发展阶段，即气动仪表控制系统（1950 年前）、模拟仪表控制系统（1950—1959 年）、计算机集中监督控制系统（1960—1969 年）、分散控制系统（1970—1989 年）和现场总线控制系统（1990 年至今），如图 1-45 所示。

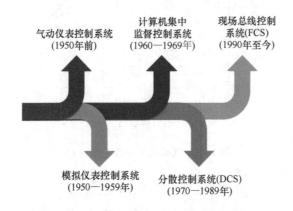

图 1-45　流体工程控制系统的发展过程

（1）基地式气动仪表控制系统（人工控制阶段）　第一阶段是机械化时代。1940—1950 年，工业生产过程的操作管理还没有单元操作控制室，所有测量仪表都分散在生产单元的各个部分，操作人员围绕着生产过程现场查看生产设备和仪表，过程物流直接用管子与仪表相连接，因此，不用复杂的变送器，压力、温度、流量和液面的控制都采用单回路控制系统，工业生产过程也比较简单，操作人员最多只能照看 10～20 个信号和回路。随着工业生产过程变得越来越复杂，需要众多的控制回路和单元生产控制过程集中化。相应的过程变量变送器的开发显得十分必要，许多生产工艺管路不可能绕着弯汇总到控制室，这样既不经济也不安全。因此，原来的控制阀就变成用气动来驱动，控制系统的信号也用气动信号。这个时期的控制方式主要是就地、人工的方式，可以称其为"目力所及，臂力所及"。

（2）电动单元组合式模拟仪表控制系统　随着生产规模的扩大，操作人员需要综合掌握多点的运行参数与信息，需要同时按多点的信息实行操作控制，于是出现了气动、电动系列的单元组合式仪表，出现了集中控制室。生产现场各处的参数通过统一的模拟信号，如 0.02 ~ 0.1MPa 的气压信号、0 ~ 10mA 或 4 ~ 20mA 的直流电流信号、1 ~ 5V 的直流电压信号等，送往集中控制室。电动单元组合式模拟仪表控制系统处理随着时间连续变化的控制信号，形成闭环控制系统，但其控制性能只能实现单参数的 PID 调节和简单的串级、前馈控制，无法实现复杂的控制形式。三大控制理论的确立，奠定了现代控制的基础，集中控制室的设立及控制功能分离的模式一直沿用至今。

（3）计算机集中监督控制系统　这是自动控制领域的一次革命，由于模拟信号的传递需要一对一的物理连接，信号变化缓慢，提高计算速度与精度的开销、难度都很大，信号传输的抗干扰能力也较差。于是，人们便开始寻求用数字信号取代模拟信号的方法，出现了直接数字控制（DDC），即用一台计算机取代控制室的几乎所有仪表盘，从而出现了计算机集中监督控制系统，它充分发挥了计算机的特长，是一种多目的、多任务的控制系统。计算机通过 A/D 或 D/A 通道控制生产过程，不但能实现简单的 PID 控制，还能实现复杂的控制运算，如最优控制、自适应控制等。

（4）分散控制系统（distributed control system，DCS）　DCS 是目前使用普遍的一种控制结构，它采用了 4C 技术，即计算机技术、控制技术、通信技术、CRT 显示技术。

分散控制系统集中了连续控制、批量控制、逻辑顺序控制、数据采集等功能。它的特点是整个控制系统不再只有一台计算机，而是由几台计算机和一些智能仪表、智能部件构成，这样就具有了分散控制、集中操作、综合管理和分而自治的功能。并且设备之间的信号传递也不仅仅依赖于 4 ~ 20mA 的模拟信号，而逐步以数字信号来取代模拟信号。集散控制系统的优点是系统安全可靠、通用灵活，具备优良的控制性能和综合管理能力，为工业过程的计算机控制开创了新方法。

（5）现场总线控制系统（fieldbus control system，FCS）　FCS 是继 DCS 之后又一种全新的控制体系，是一次质的飞跃。1983 年，霍尼韦尔（Honeywell）公司推出了智能化仪表——Smar 变送器，这些带有微处理芯片的仪表除了在原有模拟仪表的基础上增加了复杂的计算功能之外，还在输出的 4~20mA 直流信号上叠加了数字信号，使现场与控制室之间的连接由模拟信号过渡到数字信号，为现场总线的出现奠定了基础。现场总线控制系统把"分散控制"发展为"现场控制"，数据的传输方式从"点到点"变为"总线"，从而建立了过程控制系统中大系统的概念，大大推进了控制系统的发展。

2. 控制理论的发展

控制技术的发展有两条相辅相成的主线：一条是上述控制系统的发展，另一条是控制理论的发展。控制理论的发展经历了以下三个时期。

（1）经典控制理论时期（1930—1950 年）　经典控制理论主要解决单输入单输出（SISO）线性定常系统的分析与控制问题。它以拉普拉斯变换为数学工具，采用以传递函数、频率特性、根轨迹等为基础的经典频域方法研究系统。对于非线性系统，除了线性化及渐近展开计算以外，主要采用相平面分析和谐波平衡法（即描述函数法）进行研究。伯德于 1945 年提出了频率响应分析方法，即简便而实用的伯德图法。埃文斯于 1948 年提出了直观而简便的图解分析法，即根轨迹法，在控制工程上得到了广泛应用。经典控制理论能够较好地解决 SISO 反馈控制系统的问题。但是，它具有明显的局限性，较为突出的是难以有效地应用于时变系统和多变量系统，也难以揭示系统更为深刻的特性。同时，当时主要依靠手工计算和作图方式进行分析与设计，因此很难处理高阶系统问题。

（2）现代控制理论时期（1960—1980 年）　这一时期由于计算机技术、航空航天技术的迅速发展，控制理论有了重大的突破和创新。现代控制理论主要解决多输入多输出（MIMO）线性定常系统的分析与控制问题。现代控制理论以状态空间法为基础，以线性代数和微分方程为主要数学工具，来分析和设计控制系统。所谓状态空间法，本质上是一种时域分析方法，它不仅描述了系统的外部特性，还揭示了系统的内部状态和性能。现代控制理论分析和综合系统的目标，是在揭示其内在规律的基础上，实现系统在某种意义上的最优化，同时使控制系统的结构不再局限于单纯的闭环形式。美国的贝尔曼于 1956 年提出了寻求最优控制的动态规划法。美国的卡尔曼于 1958 年提出递推估计的自动优化控制原理，奠定了自校正控制器的基础，并于 1960 年引入状态空间法分析系统，提出能控性、能观测性、最优调节器和卡尔曼滤波等概念。1961 年，苏联的庞特里亚金证明了极大值原理，使最优控制理论得到了极大发展。瑞典学者阿斯特勒姆于 1967 年提出最小二乘辨识，解决了线性定常系统的参数估计和定阶方法问题。1970 年，英国学者罗森布罗克等人提出多变量频域控制理论，丰富了现代控制理论领域。

（3）智能控制理论时期（1990 年至今）　智能控制的发展始于 20 世纪 60 年代，它是一种能更好地模仿人类智能的非传统控制方法。它突破了传统的控制中对象有明确的数学描述和控制目标可以数量化的限制，主要解决复杂系统和非线性系统的控制问题。它所采用的理论方法主要来自于人工智能理论、神经网络、模糊推理和专家系统等。

1.3.2　控制阀的应用

控制阀是过程自动化装置中极为重要的元件之一，其工作性能的好坏直接关系到控制系统的投运和工艺装置的运行，一旦控制阀出现故障，整套控制系统就会失灵。控制阀种类繁多，不同阀门的结构和材料各不相同，用户的需求也千差万别。控制阀被用于各种工业工况，下面以其在石化工业中的应用为例做简要描述。

1. 控制阀在常减压蒸馏装置中的应用

在常减压蒸馏装置中，控制阀主要控制介质，包括原油、脱盐水、高压燃料气、燃料油、蒸汽、除氧水、净化水等的压力及流量等。在蒸汽管线中，最高使用温度达到了 400℃，常一、常二线，减二、减三线及部分燃料油、闪底油的温度都达到了 250℃ 左右。常减压蒸馏装置流程图如图 1-46 所示。

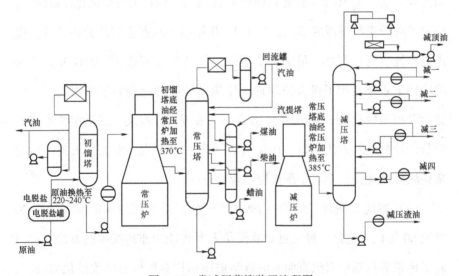

图 1-46　常减压蒸馏装置流程图

（1）工艺流程　常减压蒸馏装置的主要工艺流程：原油罐区→电脱盐→初馏塔→常压炉→常压塔→减压炉→减压塔→产品罐区→中间罐区。

（2）介质特点　黏度大、易凝结、流量大、温度高、高硫原油居多。

（3）对控制阀的要求　口径大、流通性好、常压高温及常温较多。

（4）主要应用的阀门类型　常减压装置中的主要阀门类型见表 1-10。

表 1-10　常减压装置中的主要阀门类型

单　元	主要系统、环境、介质	主要应用阀门类型
常减压炉单元	常压炉加热原油分路入常压塔（370℃原油、油气）	4″~10″调节阀、凸轮挠曲阀
	高压瓦斯入常、减压炉流路（高压瓦斯）	2″~6″调节阀
	燃料油流路流量控制（燃料油）	1″~4″调节阀、硬密封球阀
	燃料气、高压燃料气流路流量控制（燃料气）	2″~8″调节阀、硬密封球阀
	分路入减压塔	1″~4″调节阀、硬密封球阀
常压蒸馏单元	常底油入减压炉流路（常底油、常渣）	（大口径）调节阀、凸轮挠曲阀
	常顶循流路（常顶循油及其他液体）	三通系列调节阀、（大口径）调节阀、凸轮挠曲阀、三通调节阀
	常顶气、常顶回流流路（常顶气、常顶水）	1½″~6″调节阀
	常顶油出装置（主要为汽油）	6″左右调节阀
	常顶含硫污水流路（含硫污水）	（大口径）调节阀、凸轮挠曲阀
	常一线、常二线、常三线，出装置（油品及其他液体）	（大口径）调节阀、凸轮挠曲阀
	常一中油、常二中油及常一中、常二中回流流路	（大口径）调节阀、凸轮挠曲阀、三通调节阀
减压蒸馏单元	减顶油流路（减顶油出装置）	V 系列偏心旋转阀、1″~2″小口径调节阀
	减顶循（一、二段减顶循）	3″~8″调节阀
	减顶含硫污水流路（含硫污水）	1″~4″调节阀（抗 H_2S）
	减顶瓦斯流路（瓦斯、其他气体）	G 系列球阀、2″~4″调节阀
	减一线、减二线、减三线、减四线、减五线出装置（油品及其他液体）	3″~18″调节阀、凸轮挠曲阀、三通阀
	减一中、减二中流路	3″~18″调节阀、凸轮挠曲阀、三通阀
	减渣（一、二段）、冷渣油、热渣油出装置	3″~8″调节阀、16″大口径三通调节阀
其他供给循环单元	给水、净化水、排污水流路	1″~8″调节阀
	蒸汽流路（汽提、过热、饱和、低压和中压蒸汽）	1″~12″调节阀
	除氧水、贫胺液、富胺液流路	1″~12″调节阀
	封油管路液位、压力控制（封油）	1½″~6″调节阀

2. 控制阀在加氢裂化装置中的应用

加氢裂化实质上是加氢和催化裂化过程的有机结合，它一方面能使重质油品通过裂化反应转化为汽油、煤油和柴油等轻质油品，另一方面又可防止像催化裂化那样生成大量焦炭，还可通过加氢除去原料中的硫、氯、氧化合物杂质，使烯烃饱和。加氢裂化装置流程如图 1-47 和图 1-48 所示。

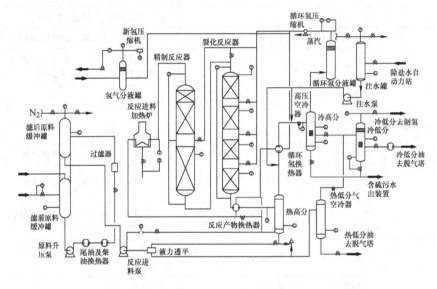

图 1-47　加氢裂化反应系统

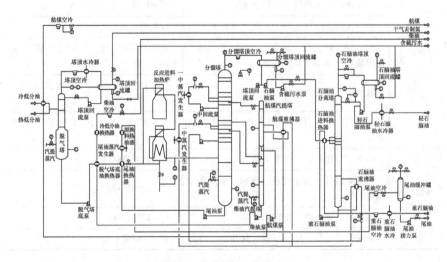

图 1-48　加氢裂化分馏系统

（1）工艺分类　按反应器中催化剂所处的状态不同，可分为固定床、沸腾床和悬浮床等形式。

（2）装置特点

1）处于高温、高压、临氢环境，要求仪表的压力等级及材料严格满足工艺条件要求。

2）加氢装置中进行的是耗氢极强的强放热反应，必须及时补充氢气，否则压力会下降。同时要求及时排热，否则会因反应速度加快、热量剧增，而导致反应失控，造成"飞温"，使反应器内部及催化剂损坏。所以温度和压力是两个重要的控制参数。

3）由高压和低压部分组成，两部分的分界面是高低压分离器（简称高分器）。为避免高压混入低压引起爆炸，高分器的液位及界位是极其重要的控制参数。

（3）工艺流程　原料油罐区→原料油预处理→加热炉→精制反应→裂化反应→热、冷/高、低压分离→氢循环、压缩系统→分馏塔系统→产品罐区。

（4）介质特点

1）除渣油外，基本为中质油，介质的物理性能好、压力高、压差大、耐氢气腐蚀、耐硫化氢腐蚀。

2）原料：重质油等（炼油厂常减压装置的常三、常四、减一、减二、减三线油或者制蜡装置的发汗蜡和蜡脱油装置的溶剂脱油蜡等）。

3）产品：轻质油等（液态烃、液化天然气、液化石油气、轻石脑油、重石脑油、汽油、煤油、低凝柴油、轻柴油以及尾油等）。

（5）对控制阀的要求　耐高压、耐高压差、耐氢气腐蚀、耐颗粒，抗硫处理。

（6）主要应用阀门类型　加氢裂化装置中的主要阀门类型见表1-11。

表1-11 加氢裂化装置中的主要阀门类型

单 元	主要系统、环境、介质	主要应用阀门类型
精制、裂化反应单元	原料油、滤后原料油	4″~10″常温、高温调节阀，凸轮挠曲阀，球阀
	混合原料油	4″~10″常温、高温调节阀，凸轮挠曲阀
	冷低分油	2″~8″调节阀，凸轮挠曲阀
	干气、脱硫干气	4″调节阀
	冷低分气	2″~4″调节阀
	热低分油、热低分液	2″~8″高温调节阀，凸轮挠曲阀
	精制柴油、柴油	2″~10″常温、高温调节阀，凸轮挠曲阀，球阀
	汽提塔底油	4″~10″常温、高温调节阀，凸轮挠曲阀
	汽提塔顶油、回流液	1″~4″调节阀
	汽提塔顶气	1″~4″调节阀
	分馏塔底油	4″~10″常温、高温高压调节阀，凸轮挠曲阀
	分馏塔顶油、回流液	1″~4″调节阀
	稳定塔顶气	1″~4″调节阀
	尾油	3″~10″高温调节阀，凸轮挠曲阀，三通调节阀
	轻、重、精制石脑油	2″~8″常温、高温调节阀，三通调节阀
	新氢	三通系列调节阀，1″~4″常压、高压调节阀
	循环氢	1″~4″常压、高压调节阀
	燃料气	2″~10″调节阀
	燃料油	1″~6″调节阀
	除氧水	4″~6″常压、高压调节阀
	除盐水	V系列偏心旋转阀，4″~8″调节阀
脱气分馏单元	水、循环冷水、净化水、反应注水	1″~4″调节阀
	含油污水、含硫污水	1″~6″调节阀
	贫胺液、富胺液	1″~6″调节阀
	凝缩油	1″~4″调节阀
	低、中蒸汽，（饱和蒸汽），汽提蒸汽	1″~6″高温调节阀
	酸性水、酸性气	2″~6″调节阀
	二中循环油	4″~10″高温调节阀，凸轮挠曲阀，三通调节阀
	一中油	G系列球阀，4″~10″高温调节阀，凸轮挠曲阀
	二中油	4″~10″高温调节阀，凸轮挠曲阀
	稳压燃料气	1″~3″调节阀

（续）

单　元	主要系统、环境、介质	主要应用阀门类型
脱气分馏单元	氨气	1″~3″调节阀
	氮气、放空气	1″~3″调节阀
	含硫液化气、脱硫液化气	2″~4″调节阀
	解析气、不凝气	2″~4″调节阀
	富吸收油	1″~6″调节阀
	脱 H_2S 塔底油	4″~10″调节阀，三通调节阀
	新氢/氮气	12″大口径高压球阀
	分馏塔底油	12″大口径高温高压球阀
	柴油	12″大口径高温球阀

1.4　国内外控制阀研究现状

1.4.1　技术发展趋势

从目前国内外研究现状来看，对控制阀系统进行动态分析时，主要采用理论分析方法、数值计算方法和试验研究方法。理论分析具有普遍性，为试验研究和数值计算提供必要的理论依据；试验研究得到的结果最直观、最可靠，是理论分析和数值计算的基础；数值计算方法具有成本低及能模拟较复杂或较理想的工况等优点，它既可以拓宽试验研究的范围，又可以减少试验研究的工作量。

1. 理论分析

控制阀动态特性［是指当输入信号（阀门开度）为单位阶跃响应函数时，输出信号（介质流量）的响应曲线］的研究，大多是在某个指定开度下，进行控制阀内不稳定流动的数值模拟，探寻阀内的流动特性、振动、漩涡等流场信息。很难见到关于调节阀开度变化过程中（从一个开度跳到另一个开度），其内流体流动特性的研究。另一方面，很少有人研究调节阀工作时的振动，特别是阀芯、阀体的轴向振动。

Miller 用解析和试验对比的方法研究了管道和滑阀系统的振动情况。研究表明：控制阀阀芯的运动会在管道内产生声和振动并反作用到调节阀上。

Hayashi 等利用理论分析的方法研究了锥阀自激振动的不稳定性、混沌及分岔现象。Ye 研究了一个气动系统中，先导式两级电磁阀的主阀芯振动系统的动态响应和稳定性，仿真结果表明：在不同运行条件和参数下，系统可以表现出软、硬自激振动（周期 1 振动）以及周期 2、周期 4 振动。Misra 和 Behdinanb 从理论和试验两方面研究了控制阀自激振动产生的原因。

Naudascher 研究了由结构之间的耦合（调节阀和管道）引起的自激振动，提出控制阀系统的动力学模型有三类：控制阀-液体振动模型、有弹性支承的控制阀振动模型和管道系统中的流体振动模型。并将控制阀系统的振动分为自激振动、流体诱发振动、流体共振和流体弹性激励。

Weaver 分析了两个水库之间管道系统中止回阀的自激振动情况，分析中仅考虑了流体惯性的影响，而忽略了流体可压缩性的影响。

Kolkman 推导并分析了闸阀的振动模型。研究表明：当阀芯运动时，有流体力作用在阀上。当产生的一部分流体力作用在阀的位移上时，就为控制阀-弹簧质量系统提供了附加刚度；当产生的一部分流体力作用在阀的速度上时，就产生了附加阻尼。阀芯运动时，有三种流体效应作用在阀芯上：当阀芯运动速度低时，有阻尼效应产生；当阀芯运动速度高时，有刚度效应产生；当阀芯在高黏度的流体中运动时，会产生黏滞力。

屠珊对汽轮机控制阀的不稳定性机理，包括由漩涡和湍流诱发的振动以及由阀箱、阀蝶和阀座结构诱发的振动进行了定性的理论分析，指出阀门的振动在很大程度是由于流动不稳定造成的。汽轮机控制阀内的流动时刻都有扰动在产生、发展或消亡，从而为流动的不稳定性提供了必要条件。

徐升茂通过对直通单座控制阀的流量特性进行分析，建立了不平衡力与阀芯位移量之间的近似关系，进而建立了控制阀的数学模型；在对模型线性化的基础上，利用李雅普诺夫函数和渐近稳定条件，给出了满足渐近稳定条件的参数范围。

朱丹书针对 310MW 核电汽轮机控制阀建立了其简化动态模型，并采用迭代方法求解了动态方程。

陈金娥研究了由阀门开度变化等外界条件改变引起的管道内部瞬变流动，但是仅进行了管道内部的流体分析，没有涉及阀内的流动。

施海华定性分析了先导式套筒控制阀产生流体激振的各种原因，并提出了相应的处理方法。

张玉润认为控制阀是非良好的绕流体。当湍流体通过它时，漩涡主导脱落频率与其固有频率接近并锁定发生共振，湍流体波动的压力场致使调节阀产生振动，并伴随有噪声，即流体诱发了（控制阀）振动。克服流体诱发调节阀振动的根本方法，是使漩涡主导脱落频率的形成概率以及湍流体波动所形成的压力场中各波动分量在方向和频率上一致的概率等均极低或根本不可能发生。

在石油、化工、电站等工矿企业中广泛使用管道输送流体，管道及其支架和与之相连的各种设备及装置构成了一个复杂的机械结构系统，不稳定的管流会引起管道振动。对于工程上的管道系统，其动力学分析非常复杂，不同的流体与结构物理模型的组合可派生出不同的动力学问题。对于输送流体的工业管道系统，控制系统的操作（控制系统操作控制控制阀开度的变化）会诱发水力暂态（hydraulic transient）过程，严重时会产生称作水击或水锤（waterhammer）的极端水力现象，当水击压力以波的形式在刚性管道中运动时，又称其为压力涌浪，由水力暂态诱发的管道振动在振动力学中也可以称为喘振。作为一种极端的非定常流动问题，水击产生的压力升高以波的形式在管道系统中运动，对于弱约束的管道系统，会诱发管道系统的自激振动甚至大幅振荡，振动又会引起新的水力暂态过程，造成在管道系统中，同时存在液体流动、压力振荡及管道振动等多种运动形式。这些具有不同特性的运动形式之间的耦合作用称为流固耦合。

Lamb 将流固相互影响分为三种情况：①管道的运动对压力波动的影响；②管内流体对管道轴向振动的影响；③管内流体对管道径向振动的影响。

对管道系统的耦合作用可分为流固耦合、波流耦合和波波耦合三类。在管道内部，水体的压缩性在分析过程中一般可忽略，研究较多的是流固耦合作用，关于需要考虑水体压缩性的波流耦合及波波耦合的研究则很少。

输送流体管道的固有频率随着流速的提高而降低，如果流速提高到一定数值，则管道将变成不稳定的。流体会激发管道振动，管道动力学研究分为两大领域：一个是流激励引起的管道振动及稳定性，另一个是源激励引起的管道振动，可简称为流激振动与源激振动。因此，整个管道系统的稳定是很关键的，而不是仅保证控制阀本身的稳定，这就涉及管道和流体、流体和调节阀、管道和控制阀的流固耦合问题。

Walker 和 Phillips 考虑管道中的液体压力波以及由液体与管道之间的泊松耦合所带来的管道应力波，提出了管道的四方程模型，并使用该模型计算了水箱-直管-阀门系统中，阀门端液体压力对阀门突然关闭的响应。

杨超等以铁木辛柯梁模型为基础，利用连续方程和动量方程建立了非稳定流体输送管道的耦合振动非线性偏微分方程组，这些偏微分方程通过管壁-液体接触面的力平衡、法向速度协调方程以及流体质量守恒和动量守恒而完全耦合。耦合包括管道与液体之间的摩擦耦合、系统轴向振动与横向振动之间的耦合、管道径向与轴向的泊松耦合。

杨晓东利用 N 阶伽辽金方法研究了两端铰支的输流管道在不同流速下固有频率的变化情况，发现当伽辽金方法截断到某一阶次时，对其相应较低阶固有频率的分析有相当好的精确性。

张立翔等将弱约束输流管道非定常流液固耦合运动按波-流-振动系统建模成由四个非线性微分方程组成的分析模型，按模态进行分解，研究系统在多种耦合状态下所具有的运动稳定特性。他们以悬臂梁管道为例分析了耦合系统奇点的属性，得到了前四阶模态运动的相图。结果表明，多种耦合条件下输流管道的稳定性变得更为复杂，各阶模态运动具有不同的稳定特性。

2. 数值计算

刘刚等由控制阀阻力特性和流量特性的定义，推导出了二者之间的数值关系方程，并基于管道瞬变流理论提出了控制阀动态特性的数值分析方法，还分别对控制阀固有流量特性近似为直线和等百分比特性的平板闸阀及球阀在管路系统中的动态特性进行了数值模拟。

屠珊针对控制阀内的复杂流动，引入 $k-\varepsilon$ 方程湍流模型，给出了控制方程及边界条件，并通过有限差分 SIMPLEST 算法求解，对汽轮机控制阀内部三维可压缩湍流流场进行了数值模拟，计算流场结果与试验数据吻合良好，表明其数值模拟能够反映阀门内部的真实流动。通过分析各种工况下阀内的流动特性，并与试验结果相互印证，探讨和解释了流动引起的调节阀不稳定现象。

　　一般来说，控制阀动态问题的研究基本都是在给定开度条件下进行的，没有涉及开度调节变化过程对控制阀振动的影响。马玉山和相海军利用 ANSYS 软件建立了可变压差下，自动控制阀阀门内部的流场模型以及阀芯模型，对流场和阀芯进行了耦合力学分析，用任意拉格朗日-欧拉（ALE）有限元计算方法分析了流场。在阀芯和流场有大位移运动的共同边界采用流固耦合约束，并在计算中采用预测-多步校正算法，避免了反复迭代所导致的过大计算量。通过理论研究和试验发现，当由气动执行机构控制的调节阀开度改变时，阀芯有一个振动的过程，且阀芯的振动是一种有规律的衰减振动。

　　李广望、陈文曲对基于任意拉格朗日-欧拉（ALE）描述的不可压缩流体的 N－S 方程进行数值求解，通过分别模拟单柱体及双柱体与流体之间的非线性耦合作用，成功地捕捉到"锁定""拍"和"相位开关"等涡致振动现象。任安禄用推广的 ALE 分块耦合方法，结合标准 $k-\varepsilon$ 湍流模型及 RNG $k-\varepsilon$ 湍流模型，进行了二维圆柱绕流湍流涡致振动数值模拟。

　　郭正等采用非结构网格有限体积格式求解三维欧拉流体控制方程，采用纽马克方法求解拉格朗日固体运动方程，计算模拟了安溢活门/气罐系统开阀和关阀过程中弹性元件的动态响应特性。

　　徐枫等利用计算流体动力学（CFD）方法数值模拟了当 $Re=200$ 时，不同截面形状弹性支承柱体的流致振动现象。将柱体运动简化为质量-弹簧-阻尼系统。柱体周围流场采用 Fluent 求解，将纽马克-β 法代码写入用户自定义函数（UDF）求解振动方程，柱体与流场间的非线性耦合作用通过动网格技术来实现。

　　陶正良、徐克鹏、王冬梅从寻求流体激发振动机理和改进流场分布的角度，用试验与数值计算相结合的手段，分别研究了电站、汽轮机控制阀的内部流场。

对于流固动力耦合系统的求解，比较简单的问题可以采用解析法和半解析法，而具有复杂边界条件的实际工程问题，则很难给出其解析解。毛庆等根据孔板诱发流体脉动压力的试验测量结果，利用 ANSYS 软件的随机振动分析功能对孔板扰流诱发的管道振动响应进行了计算，分析了脉动压力的相关性对管道振动响应的影响。罗宏瀚利用 ANSYS 软件建立了波纹管-流体耦合系统的模型，探讨分析了流致波纹管振动的机理，提出了抑制流致波纹管振动的可行办法。冯卫民等建立了直管压力管道流固耦合的有限元数学模型，运用有限元软件 ADINA 模拟了阀门开关引起的过渡过程，对直管压力管道在不同约束条件下的流固耦合现象进行了数值模拟计算，并进行了模态分析。杨超等采用14 -方程模型和特征线法对输液管道流固耦合振动问题进行了数值分析研究，并对传统特征线法进行了改进。李松利用 ANSYS/LS - DYNA 程序，对该管道系统在水锤冲击力作用下，在空气和水中的响应情况进行了数值模拟。徐合力针对一段两端约束弯曲输流管道建立了流体动力学模型及固体运动模型，利用 ANSYS 软件对该管道系统的流固耦合振动特性及弯管内的流体流动特性进行了模拟计算和分析。

Palau-Salvador 用 CFD（computational fluid dynamics）软件 FLUENT 建立了滑阀的三维几何模型，研究了精确模型对阀内的流型和气穴形成等引发振动因素的影响。

为了研究蒸汽控制阀的不稳定导致电站管道系统偶然经历的大幅振动，Morita 等对蒸汽阀进行了详细的试验和 CFD 计算，结果表明，在半开度条件下，在阀内产生了复杂的三维流结构，导致阀体的某一部分形成高压区。

石娟等运用 CFD 对控制阀的定常流与非定常流水力特性进行了数值

模拟。定常流模拟得到了在各种开度下的三维流场分布以及压降与流量的特性曲线，特性曲线与试验结果相吻合。非定常流计算模拟了阀门在开启和关闭过程中流动特性的变化，得到了流量和阀芯轴向力随时间变化的曲线，并对启闭速度的影响进行了分析。

刘华坪等基于 FLUENT 软件提供的计算方法和物理模型，利用动网格及 UDF（用户自定义函数）技术，对管路系统中常见的四种阀门的流动进行了动态数值模拟。该数值模拟方法打破了以往静态研究的局限，更真实地模拟了阀门开关动态过程中的流动状态和阀体受力情况。动态仿真结果表明：随着阀门开度减小，流场变得复杂，出现复杂涡系，损失增加，同时阀门受力变化较大，会导致冲击与振动，对阀体工作精度与结构强度都非常不利；阀门开启过程与关闭过程并非简单的反过程，尤其是对于球阀，启闭过程中其流场特性与受力特点差别很大。

李哲等建立了固体燃气发生器控制阀内流场三维模型，采用动态网格技术，在控制阀不同入口压力和弹性元件的情况下，模拟阀芯移动过程中的瞬态流场，并分析了不同条件下阀芯运动的动态特性。研究表明：阀芯的周期性振动导致流场以相同频率变化，较高入口压力和较小弹性系数能使阀门较快地稳定，但会导致流量、阀芯位移等物理量峰值增大。

袁新明等用孔隙率定义流场空间，并采用二维 $k-\varepsilon$ 湍流模式和有限体积法对 WCB 型阀门阀道流场进行了模拟。通过阀门阀道的体型优化，寻求到阻力系数和过水断面较小、合理的阀道体型。

沈新荣等针对一种安装配流板的新型调节蝶阀产品模型，采用 RNG $k-\varepsilon$ 三维湍流模型和非结构化网格的 SIMPLE 方法，对阀门在各个开度下的内流进行了详细的数值模拟。计算和试验研究结果表明：利用 CFD 对阀门模型进行数值模拟是可行的。

3. 试验研究

控制阀动态试验研究存在着两个问题：①阀门内部流动异常复杂，

由于采用安装压力测点、流场显形等研究手段需要改变部分流场形状，因此使用时会造成流场失真；②由于试验经费的限制，不可能进行所有工况下的试验。

屠珊等采用将多个微型动态压力传感器直接插入真实阀体内部各关键部位进行全工况范围测量的方法，进行了三种具有不同固有频率的阀杆-阀碟系统的控制阀动态压力测试，获得了多种工况的动态压力参数和气流的压力脉动特性。测试分析结果表明：控制阀是否处于不稳定工作状态（即阀杆振动工况）取决于脉动压力与阀杆固有频率是否同频，并非由其脉动压力值大小决定；调整阀杆固有频率是消除调节阀振动最简便和有效的方法。

马玉山和相海军利用信号采集系统同步采集控制阀气室压力信号、阀芯接触面上的流体压力信号及阀杆上的加速度信号，并对不同工况下在控制阀定开度和变开度过程中采集的信号分别进行时域和频域分析。测试分析结果表明：定开度过程中的振动特征是压差大的时候振动激烈，高频成分多；压差小的时候振动平缓，低频成分多。定开度振动相对变开度振动频率成分更规律，定开度压差是大范围变化，振动持续时间短，而且有起振和停止振动的过程；变开度压差变化范围小，无间断振动。

Chern 从研究导致控制阀振动的流动模式和气穴的角度，通过试验对球阀内部流场进行了可视化观测，分析了球阀性能与流动模式的相关性。

Habing 提出了一种证实在非定常流下，传统压气机气门（阀）振动理论的试验方法，传统理论模型包括单自由度的阀板振动系统和准稳态气动力，扩展模型考虑了流体惯性和阀板速度的作用。

Morita 和 Inada 用 CFD 计算和试验的方法分析了蒸汽控制阀管道在调节阀半开度下振动的原因，进行了控制阀在弱约束条件下的流体诱发振动试验研究，分析了振动模型在半开度情况下的特点。

Bagchi 等通过试验研究了通气金属管道振动对压力场和流速的作用。结果表明：非振动管道中压力振荡的频率与管道固有结构模态一致；如果管道受到强迫周期激励，则管道中的气体压力将产生与管道振动具有谐波关系的时空振荡。

综上所述，尽管已对过程控制控制阀的动态问题开展了一些理论和试验研究，取得了一些重要而宝贵的研究成果，但由于问题本身的研究难度很大，且研究手段和方法满足不了研究的需要，因而有关该领域的研究文献相对较少，研究的系统性和深入性显得相对薄弱，特别是对控制阀变开度过程中以及控制阀与管道耦合系统中的动态问题几乎尚未涉及。到目前为止，人们还未从理论和实践上完全掌握控制阀系统的动态特性和规律。

1.4.2 关键技术

1. 高温、高压差下控制阀内流体相变控制与能量耗散机理

研究内容：揭示高温、高压差下控制阀内流体相变控制与能量耗散机理，进行高温高压流体的多级流阻和介质对冲能量耗散复合降压机理研究，开展高温、高压差条件下控制阀流场仿真与试验、控制阀控压机理与控制阀振动及噪声分析研究，突破超临界状态下的高精度多相瞬态流场流固耦合仿真技术。

（1）高温、高压差条件下复杂流道多介质流场特性仿真研究 建立控制阀内复杂流道及流体介质对冲结构的气-液-固多相耦合精确仿真模型，进行控制阀全流场内区域细化分块，完成基于网格预变形、动网格技术的网格划分与划分区域的边界条件设置，编写基于 OpenFOAM 的多相流求解器，并在 Fluent 中通过 UDF 编译接口调用求解器来完成有限元计算。对高温、高压下的控制阀进行多相流的瞬态流场仿真，定性分析

不同介质流态与能量损耗及降压控制之间的关系，结合试验结果修正 LES 湍流模型和气-液-固多相耦合模型，利用 Fluent 和 OpenFOAM 联合仿真技术量化研究多级流阻降压控速规律。搭建控制阀试验系统，采用示踪粒子图像测速法（PIV）实时观测记录流体在阀内复杂流道里的流动状态，同时在阀内流道上布置高性能压力传感器组及温度传感器组，实时采集阀内流体的压力及温度值，来获得瞬态压力场及温度场的分布，以验证仿真结果的准确性，最终获得高精度多相瞬态流场流固耦合仿真技术，揭示高温、高压差条件下流体控制阀的多级流阻和介质对冲能量耗散复合降压原理与流动耗散机理。

（2）高温、高压差条件下控制阀控压机理研究　研究高温、高压差流体在不同复杂流道中的流动特性及压力损耗机制，分析流道形状结构参数与流体压降及流速的关系，获得不同控压特性的复杂流道参数和级间结构设计方法及具有均匀控压特性的复杂流道级间结构参数；研究多级流阻复杂流道与介质对冲能量耗散的复合降压流动特性，分析两种结构流动的相互作用机理，建立不同组合结构和组合级数下复合降压结构的降压控速模型，获得降压与控速相结合的多级流阻和介质对冲组合结构设计方法及相应结构参数。

（3）高温、高压差条件下控制阀振动及噪声分析研究　构建控制阀门结构的系统模型、流体模型，分析脉动力信号频谱/时频、控制阀的模态，获得该系统的固有频率、激振的频率特性、模态振型。对阀门结构系统进行振动响应仿真，获得振动响应频率及其演变特性，研究阀门结构参数对控制阀振动特性的作用机理。通过相干分析，获得脉动力、阀芯与阀座接触碰撞等振源与振动响应的关联性，研究控制阀在大流量、高压差条件下的振动规律。搭建高温、高压差条件下控制阀振动及噪声试验测试系统，通过试验研究不同工况下控制阀噪声的频率特性、传播特性等，分析控制阀振动对控制阀噪声的影响规律，研究控制阀在不同工况下的噪声特性。

2. 基于失效模式预测并校核控制阀可靠性技术

针对流程工业多场耦合复杂工况条件下特种控制阀关键部件易失效或性能劣化的主要问题，如何确定特种控制阀的节流元件、密封面等核心部件的腐蚀-汽蚀-高速冲蚀联合耦合失效行为与机理是本课题要解决的关键科学问题。通过理论分析、数值模拟及试验研究，构建节流元件及密封面的高速冲蚀特性数据库，形成基于多场耦合分析的节流元件高速冲蚀失效表征预测方法；构建基于高温、高压差、腐蚀耦合工况的波纹管动态模拟模型，建立波纹管阀杆腐蚀-疲劳失效的预测方法；构建基于多因素综合分析的填料密封性能试验平台，建立低泄漏填料密封系统失效的预测方法；基于关键部件的失效风险，建立特种控制阀复杂失效模式的综合评价体系，并提出性能劣化的防控策略。

（1）多场耦合条件下高性能控制阀节流元件失效机理及预测 研究典型工况下高温、高压差控制阀内的流体动力学特性，分析局部冲蚀高风险区域与密封面失效位置的对应关系，确定冲蚀风险区域与几何结构、多相流、温度、压力等参数之间的关系，建立高风险区域量化表征方法；研究不同介质浓度、材质、结构对高压差冲蚀特性的影响规律，构建多相流冲蚀试验数据库，建立冲蚀失效预测模型。

（2）高性能控制阀波纹管密封失效机理及预测 研究高性能控制阀波纹管的失效机理，给出预测方案；应用水压强度检验装置对波纹管组件进行强度试验，并进行性能评价；应用氦质谱检漏仪对波纹管组件进行密封性检验，并进行性能评价；应用液压伺服疲劳试验机进行波纹管疲劳寿命试验。

（3）高性能控制阀低泄漏填料系统失效机理及预测 研究不同材质、

组合方式匹配的填料系统密封失效机理；研究阀杆加工质量、润滑方式、填料预加载荷的相互影响规律；研究介质在温度、压力等条件下不同填料结构方案的性能表征；建立失效预测模型，研制阀门阀杆低泄漏填料密封性能测试试验装置。

（4）基于失效风险的高性能控制阀性能劣化防控技术　分析高性能控制阀关键零部件失效风险的演化进程，研究各风险因素对控制阀性能劣化的贡献，针对阀内件、波纹管及阀杆填料系统等的失效风险提出材料表面强化、结构优化或重构、密封性能优化等风险防控技术。

3. 大通量、高精度、高可调比、低振动特种控制阀整体构造设计

针对高温、高压差、大流量工况，提出高性能特种控制阀的总体构造方案，研制控制阀的控压件，攻克高温、高压差、大流量阀内件的关键设计技术，完成高性能控制阀的整机设计并分析动态特性，形成具有自主知识产权的系列化特种控制阀设计体系。

依照流体流场分析，设计出合理的流道，在获得大流通能力的同时克服流体激振，同时开展控压件关键部件设计、高精度控制系统动态特性与高性能特种控制阀整机系列化设计研究，减小流阻，提高阀门的流通能力，攻克大通量、高精度、高可调比、低振动特种控制阀整体构造设计与长寿命特种控制阀多级减压结构设计关键技术。

4. 长寿命特种控制阀多级减压结构设计

按照 ISA-12 将液体流速控制在23m/s 的设计控制原则，首先针对高性能特种阀具有的多级、多转角空间拓扑流道的控压结构展开设计工作，分别以多级轴向串式凹口阀芯、WZTP 迷宫块和空间转角蚁穴式降压结构为例进行 CFD 建模和结构优化；按照模拟噪声控制理论，设计布局流道及降噪结构，拟进行全系列不同压差下的标准化、参数化设计。

(1) 多级轴向串式凹口阀芯的阻力特性及优化设计　综合考虑壁面摩擦因子、入口流速和入口损失系数的影响，基于收缩和膨胀耗能的原理，提出多级轴向串式凹口阀芯结构，分析流道内部流动能量分布规律，提出阀芯上凹口优化分布设计方法；进行超声波振动空蚀试验，研究金属材料和涂层材料的抗空蚀性能，分析材料硬度、抗疲劳性能等对其抗空蚀性能的影响，比较各影响因素所占的比重，指导样机试制中涂层材料的选择和制备，提高多级轴向串式凹口阀芯结构的设计寿命。

(2) WZTP迷宫块空间拓扑流道的流动分析及优化设计　提出逐级降压、多级渐扩的WZTP迷宫块流阻结构，开展迷宫块内大动能流体流场的数值分析，研究不同转角排布、不同扩张角度下的阻力特性，分析迷宫块内的压力分布特性，通过优化流道来减弱空化及汽蚀现象，提高迷宫块寿命；研究迷宫块底部的节流环槽对介质流动状态的影响，分析不同环槽结构参数下的流场分布，采用线性规划理论进行多参数优化，提升防堵与抗冲蚀性能。

(3) 空间转角蚁穴式降压元件的空间拓扑流道的优化设计　提出采用空间转角蚁穴式结构的降压元件，建立数值仿真模型，并通过采集阀门前后的压力和流速等数据进行对比验证，分析空间拓扑流道处的介质流速和压力分布，重点研究开孔孔径、开孔率、孔的空间分布结构以及对流角度等关键参数对高性能特种阀的流通能力、控压能力和耗能降压能力的影响，建立空间转角蚁穴式降压元件的设计准则；针对不同入口流速对阀门进行压力场分析，研究空化与汽蚀发生情况，指导空间转角蚁穴式降压元件的结构优化，提高阀门的防堵、降噪与降压能力。

5. CL2500高承压铸件制造技术

根据承压2500lb（1lb＝0.454kg）的DN350～500系列大型控制阀阀体结构尺寸与性能设计参数，开展铬钼低合金耐热钢铸件精确成形技术优化研究，采用新型发热保温冒口，实现铸件局部的定向、定时补缩，保证铸件整体的顺序凝固；针对铬钼钢钢液流动性差、阀体型腔结构复杂等问题，开展铸件充型凝固过程以及温度场、应力场分布特性模拟仿真研究；开展铸模结构与矩阵式分布底注浇注系统研究，引入"矩阵"设计思路，控制钢液进入砂型的速度、流量、充型时间、充型位置等参数，实现钢液平稳流动，达到在砂型中平稳上升的工艺目的，优化矩阵两列入流口分布比例，实现对钢液底部充型流动的定向控制。

针对因整芯填砂困难、砂芯的紧实度差而导致的阀体型腔变形难以控制的问题，开展整体型芯精确成形制造技术研究，改变传统的制芯方式，通过芯盒模具活块的有效排列组合，实现直动式调节阀阀体的整体型芯制造，解决传统分体式型芯尺寸精度低的制造难题；针对 CL2500 大口径阀体壁厚大（大于 100mm），热容量大，铸件内腔散热差，容易形成热粘砂的问题，合理选择高蓄热、高熔点的砂芯材料及配合涂料并进行工艺性能对比，同时增加砂芯涂层厚度，提高砂芯的抗粘砂性能；针对 CL2500 铬钼钢阀体铸造时易产生裂纹的问题，通过降低钢液中 S、P、H 等不利元素的含量，并在造型过程中增强砂芯的高温退让性，来优化组织形式；控制清砂温度，优化切割浇冒口等后处理工艺，采用保温棉对铸件进行保温，避免铸件冷却速度过快，以控制铸造过程中铬钼钢的二次相变，从而有效降低铸件形成裂纹的倾向；完善控制阀阀体铸件缺陷检测、主动防控与补焊修复技术，完成阀体整体耐压强度试验。

6. 高性能控制阀关键部件材料处理技术

流动介质冲蚀与腐蚀联合作用下的材料表面损伤是控制阀内件重要的失效形式。控制阀内流体呈湍流流态，流体在阀体内相互剪切、碰撞，形成不规则湍流涡旋。固体颗粒在做直线运动的同时还存在旋转运动，其实际运动方向存在极大的不确定性，冲击角在 0° ~ 90° 之间随机变化。

传统的耐蚀性良好的陶瓷、金属-陶瓷硬质涂层韧性差，在大冲击角下，其抗冲蚀性能严重下降。

高性能控制阀关键部件材料处理技术的研究，是针对轴向凹口结构、空间转角蚁穴结构等关键降压元件在冲蚀、腐蚀等联合作用下的表面损伤失效问题，开展新型感应渗硼处理技术、金属-陶瓷连续渐变式结构多功能一体化防护涂层技术、内孔原子层（ALD）沉积防护技术等新型表面强化防护技术研究；以及开展涂层成分与制备工艺优化、涂层结构与性能精确控制研究。

（1）轴向凹口结构阀芯新型感应渗硼处理技术　针对轴向凹口结构 H13（4Cr5MoSiV1）空淬硬化热作模具钢，开展新型感应渗硼处理技术研究，以提高渗硼件的表面清洁性；优化稀土助渗复合渗硼剂，利用致密硼化二铁形成嵌入式锯齿状结构来增强涂层/基体结合强度。

（2）预启式阀芯金属-陶瓷连续渐变式结构多功能一体化防护涂层技术　针对 A182－F11 铬钼钢预启式阀芯表面强化要求，开展超音速高能等离子喷涂"同步异位双送粉"技术、沉积金属-陶瓷连续渐变式结构多功能一体化防护涂层技术的优化研究；将陶瓷材料的高硬度、低热导率、高耐蚀性与金属材料的高韧性相配合，在利用连续渐变式结构来缓解金属与陶瓷材料之间热失配的同时，实现最佳的强-韧-耐蚀性配合，形成控制阀内件表面专用化新型防护技术；针对高温、高压差工况，开展涂层后热处理技术研究，研究后热处理工艺对涂层/基体结合强度、涂层抗冲蚀性能的影响，从而优化涂层结构。

（3）空间转角蚁穴结构降压元件内外表面原子层沉积防护技术　开展转角蚁穴结构降压元件内外表面原子层沉积（ALD）防护技术研究，解决传统技术无法在复杂型腔降压元件内外表面同时镀膜或沉积涂层的技术难题；开展 ALD 多层 Al_2O_3/TiO_2 纳米调质结构优化研究，通过气路脉冲式调节，精确控制前驱体之间的反应顺序与时间，交替通入反应器的前驱体在基体表面发生化学吸附与气相反应，在形成具有冶金结合特性的多层纳米调质结构以提高 Al_2O_3/TiO_2 陶瓷涂层抗冲蚀性能的同时，对基体进行有效的热防护，使降压元件在高温、高压差、高流速等极端工况下仍能稳定工作。

7. 高性能控制阀密封可靠性与结构完整性技术

通过优化删选，对密封垫的失效方式、填料结构及材料选择进行工装模拟下的性能验证，针对波纹管的可能失效形式，进行承压、寿命、刚度等特性的功能性验证，然后基于液氮气化的超高压差、大流量工况模拟试验方法，搭建模拟实际运行工况样机性能综合试验测试平台，进行特种控制阀模拟工况的试验验证；分别在煤化工蒸汽放空、石化高压加氢装置、核电等领域开展示范应用，验证密封可靠性与结构完整性技术。

（1）高参数可靠密封结构及特性研究　设计在高温条件下操作灵活、摩擦力小、密封可靠的新型金属密封结构，提出预负载楔形结构，以实现阀芯的自密封；建立密封结构的有限元模型，对比分析在不同空化数、冲角和流速的冲击载荷作用下，密封面承受空化载荷冲击和抗磨损的能力，为金属密封材料副的选择和工艺设计提供理论指导；针对核电领域的高密封性要求，进行高温高压金属波纹管的结构设计，应用 Marc、Fatigue 等软件分析波纹管的极限承压能力及复杂工况下的疲劳寿命，以改善产品性能；应用 ModelCenter 软件进行波纹管结构优化设计，保证波纹管在200℃、32MPa 的苛刻工况下具有可靠的密封性。

（2）高性能控制阀波纹管密封失效机理及预测　研究高性能控制阀波纹管的失效机理，给出预测方案；应用水压强度检验装置对波纹管组件进行强度试验，并进行性能评价；应用氦质谱检漏仪对波纹管组件进行密封性检验，并进行性能评价；应用液压伺服疲劳试验机进行波纹管疲劳寿命试验。

（3）特种控制阀材料选择与结构安全性研究　本课题以碳素钢、不锈钢、铬钼钢等为备选方案，考虑材料的比强度、比刚度、制造工艺要求、耐蚀性、与材料相适应的结构形式、经济性等特点，开展控制阀材料选型论证，确定控制阀的结构形式和关键参数；基于多种耐压阀门设计理论和相关经验公式，集合国内外控制阀规范等相关要求，定量分析阀门的屈服强度、结构稳定性和结构极限承载能力；开展结构安全性分析，计及特种阀的初始制造缺陷（如整体几何偏差、局部尺寸偏差、厚度不均匀性等因素），结合有限元软件分析验证在复杂工况下特种阀的结构安全性；开展阀门耐压试验研究，综合考虑 GB/T 4213—2008、IEC 60534—4（GB/T 17213.4—2015）和 ASME B16.34 的试验要求，对阀门结构强度进行验证，确保结构具有足够的强度储备。

（4）模拟实际运行工况样机性能综合试验平台的搭建　基于液氮气化的超高压差（32MPa）、大流量工况模拟试验方法，搭建超高压差试验测试平台，验证石化领域、核电领域超高压差工况下降压元件的性能，对高压差条件下的流体激振机理进行验证。

平台参数：介质为氮气，温度150℃，压力35MPa，最大出口流量3m³/h（测试点压力32MPa）。

（5）模拟煤化工、石化及核电工业装置平台的运行及评估　针对石化典型工况下热高压分离器液位调节阀的介质中含有固体颗粒的问题，采用高压差试验装置增加固体颗粒的改造方案，完成高压差下含固体颗粒介质对阀内件的冲刷模拟试验；完成阀口小开度情况下调节性能、振动、堵塞等特性的工厂试验验证的策划与模拟。

平台参数：高压气泵压力为20MPa，流量为 1.5 ~ 10m³/min，供粉系统中粉颗粒大小为 0.05 ~4mm，携粉率体积比为 15%。

（6）构建基于多因素综合分析的填料密封性能试验平台　建立低泄漏填料密封系统失效的预测方法，所需设备包括高温试验箱（600℃）、高压试验箱（63MPa）、试验介质（惰性气体）、泄漏检测仪、典型执行机构、典型密封机构、典型失效预警设备。

第2章

控制阀设计技术

2.1 控制阀设计标准及调节阀分析计算

2.1.1 调节阀设计标准

调节阀相关标准见表 2-1 和表 2-2。

表 2-1 调节阀设计标准

标准编号	标准名称	备　注
ANSI/ASME B16.10—2017	阀门结构长度	国外标准
ANSI/ISA 75.08.01—2016	整体式带凸缘的球形控制阀阀体的端面尺寸	
ANSI/ASME B16.5—2017	管法兰和法兰管件	
ANSI/ASME B16.34—2017	法兰、螺纹和焊连接的阀门	
ANSI/ASME B16.47—2017	大口径钢制管法兰	
GB/T 12220—2015	工业阀门　标志	国内标准
GB/T 12221—2005	金属阀门　结构长度	
GB/T 10869—2008	电站调节阀	
HG/T 20592—2009	钢制管法兰（PN 系列）	
HG/T 20615—2009	钢制管法兰（Class 系列）	
JB/T 5300—2008	工业用阀门材料　选用导则	

表 2-2 调节阀检验试验标准

标准编号	标准名称	备 注
ISO 23277—2015	焊缝无损检测 渗透检测 验收等级	国外标准
ANSI/FCI 70-2—2013	调节阀阀座泄漏量标准	
ANSI/ISA 75.02.01—2008	调节阀流量试验方法	
ISO 5208—2008	工业阀门 金属阀门的压力试验	
API 598—2016	阀门的检查与试验	
API 607—2016	转 1/4 周阀门和非金属阀座阀门的耐火试验	
GB/T 13927—2008	工业阀门 压力试验	国内标准
GB/T 17213.4—2015	工业过程控制阀 第4部分 检验和例行试验	
GB/T 4213—2008	气动调节阀	
JB/T 7928—2014	工业阀门 供货要求	
JB/T 7927—2014	阀门铸钢件外观质量要求	
JB/T 6439—2008	阀门受压件磁粉探伤检验	
JB/T 6440—2008	阀门受压铸钢件射线照相检验	
JB/T 6902—2008	阀门液体渗透检测	
JB/T 6903—2008	阀门锻钢件超声波检查方法	
JB/T 7248—2008	阀门用低温钢铸件技术条件	

2.1.2 球阀设计标准

球阀相关标准见表 2-3 和表 2-4。

表 2-3 球阀设计标准

标准编号	标准名称	备 注
ANSI/ASME B16.10—2017	阀门结构长度	国外标准
API 6D—2016	管道和管道阀门规范（23版）	
ANSI/ASME B16.5—2017	管法兰和法兰管件标准	
ANSI/ASME B16.34—2017	法兰、螺纹和焊连接的阀门	
ANSI/ASME B16.47—2017	大口径钢制管法兰	
GB/T 12220—2015	工业阀门 标志	国内标准
GB/T 12222—2005	多回转阀门驱动装置的连接	
GB/T 12223—2005	部分回转阀门驱动装置的连接	
GB/T 12237-2007	石油、石化及相关工业用的钢制球阀	

（续）

标准编号	标准名称	备　注
HG/T 20592—2009	钢制管法兰（PN 系列）	
GB/T 13402—2019	大直径钢制管法兰	国内标准
HG/T 20615—2009	钢制管法兰（Class 系列）	
JB/T 5300—2008	工业用阀门材料　选用导则	

表 2-4　球阀检验试验标准

标准编号	标准名称	备　注
ISO 10497—2010	阀门试验　耐火试验要求	
ISO 5208—2008	工业阀门　金属阀门的压力试验	
ANSI/FCI 70‐2—2013	调节阀阀座泄漏量标准	国外标准
ANSI/IS 75.02.01—2008	调节阀流量试验方法	
API 598—2016	阀门的检查与试验	
API 607—2016	转 1/4 周阀门和非金属阀座阀门的耐火试验	
GB/T 13927—2008	工业阀门　压力试验	
JB/T 8861—2017	球阀　静压寿命试验规程	
JB/T 7928—2014	工业阀门　供货要求	
JB/T 7927—2014	阀门铸钢件外观质量要求	
JB/T 6439—2008	阀门受压件磁粉探伤检验	国内标准
JB/T 6440—2008	阀门受压铸钢件射线照相检验	
JB/T 6902—2008	阀门液体渗透检测	
JB/T 6903—2008	阀门锻钢件超声波检查方法	
JB/T 7248—2008	阀门用低温钢铸件技术条件	

2.1.3　蝶阀设计标准

蝶阀相关标准见表 2-5 和表 2-6。

表 2-5　蝶阀设计标准

标准编号	标准名称	备　注
ANSI/ASME B16.5—2017	管法兰和法兰管件	
ANSI/ASME B16.47—2017	大口径钢制管法兰	国外标准
API 609—2016	双法兰式、凸耳式和对夹式蝶阀	

（续）

标准编号	标准名称	备　注
GB/T 12220—2015	工业阀门　标志	国内标准
GB/T 12221—2005	金属阀门　结构长度	
GB/T 12238–2008	法兰和对夹连接弹性密封蝶阀	
GB/T 13402—2010	大直径钢制管法兰	
JB/T 5300—2008	工业用阀门材料　选用导则	
JB/T 8527—2015	金属密封蝶阀	
HG/T 20592—2009	钢制管法兰（PN 系列）	
HG/T 20615—2009	钢制管法兰（Class 系列）	

表 2-6　蝶阀检验试验标准

标准编号	标准名称	备　注
ISO 23277—2015	焊缝无损检测　渗透检测　验收等级	国外标准
ISO 5208—2008	工业阀门　金属阀门的压力试验	
API 598—2016	阀门的检查和试验	
GB/T 13927—2008	工业阀门　压力试验	国内标准
JB/T 8863—2017	蝶阀　静压寿命试验规程	
JB/T 7928—2014	工业阀门　供货要求	
JB/T 7927—2014	阀门铸钢件外观质量要求	
JB/T 6439—2008	阀门受压件磁粉探伤检验	
JB/T 6440—2008	阀门受压铸钢件射线照相检验	
JB/T 6902—2008	阀门液体渗透检测	
JB/T 6903—2008	阀门锻钢件超声波检查方法	
JB/T 7248—2008	阀门用低温钢铸件技术条件	

2.1.4　调节阀流体动力学分析

建立的阀芯-阀杆振动系统的动力学模型中的流体不平衡力，是流体与阀芯-阀杆系统之间的相互作用力，很难给出其显式解析表达式，需要通过数值计算来获得。以往关于流体不平衡力的数值计算一般都是在定开度且无流体扰动条件下进行的，只考虑静态流场分布，由此计算出的流体不平衡力也是静态的。然而，调节阀的阀芯-阀杆系统不仅在定开度时，在调节过程中（变开度）也会由于流体扰动而产生振动。因此，需要研究阀芯-阀杆系统在运动状态下，调节阀内部的动态流场分布及动态流体不平衡力。本章所述调节阀流场建模和分析计算的目的，就是获得动态流场分布及动态流体不平衡力。

调节阀流场建模和分析计算，可以利用 ANSYS 软件的流体动力学模块 CFD 来完成。首先建立调节阀内部流场的几何模型，然后针对不同情况下的调节阀流场，采用不同的分析计算方法求解流体不平衡力。调节阀内部流场的几何模型可以采用三维建模软件和 ANSYS 软件的 CFD 模块建立。调节阀在一个稳态开度下流体力的计算比较容易，这个分析模型可以归纳到固定壁面类型分析，直接按 CFD 模块中的固定边界处理。调节阀开度调整过程中流体力的计算则比较困难，而且计算量远远大于稳态开度情况。如果调节阀阀芯的运动规律已经给出，这个分析模型应该归纳到移动壁面类型分析，可以利用 CFD 模块中的任意拉格朗日-欧拉（ALE）方法；如果阀芯的运动规律没有给出，只给出了控制力模型或者阀芯受力情况，则这个分析模型就应该归纳到流固耦合类型分析，但需要对 ANSYS 软件的 CFD 模块中的流固耦合解法进行扩展。

综上所述，阀芯-阀杆系统在定开度且无扰动情况下的流场计算属于固定壁面类型分析模型；在变开度且无扰动情况（给定运动规律）下的流场计算属于移动壁面类型分析模型；在定开度和变开度并有扰动情况下（未给定运动规律）的流场计算属于流固耦合类型分析模型。对于调节阀动态问题，主要研究定开度和变开度并有扰动情况下阀芯-阀杆振动系统动力学模型的分析求解问题。为此，本章将在应用上述分析模型计算各种情况流场的基础上，重点讨论流固耦合类型的分析计算问题，并提出适合分析调节阀动态问题的预测-校正流固耦合解法。

1. 计算流体动力学分析方法

具有计算流体动力学（CFD）数值分析功能的软件主要有 ANSYS 中的 FLOTRAN、FLUENT、FLDAP 等。ANSYS 中的 FLOTRAN CFD 分析功能是一种用于分析二维及三维流体流场的先进工具。尽管 ANSYS 软件中 FLOTRAN CFD 的某些功能不如 FLUENT，但是可以充分利用 ANSYS 优秀的结构有限元分析功能，将 FLOTRAN CFD 模块功能与结构有限元分析功能结合起来求解流固耦合问题。

（1）用 FLOTRAN CFD 分析的调节阀流场原理、功能和过程　CFD 控制方程包括连续方程（质量守恒方程）、动量方程（纳维叶-斯托克斯方程）和能量方程（动能方程），保证了流体在流动过程中物理量（速度、压力及温度分布）的守恒。另外，在 CFD 计算过程中为了封闭方程组，对湍流流动采用标准 $k-\varepsilon$ 湍流模型来描述。控制方程的通用形式为

$$\frac{\partial(\rho\phi)}{\partial t}+\frac{\partial(\rho u\phi)}{\partial x}+\frac{\partial(\rho v\phi)}{\partial y}+\frac{\partial(\rho w\phi)}{\partial z}=\frac{\partial}{\partial x}\left(\Gamma\frac{\partial\phi}{\partial x}\right)+\frac{\partial}{\partial y}\left(\Gamma\frac{\partial\phi}{\partial y}\right)+\frac{\partial}{\partial z}\left(\Gamma\frac{\partial\phi}{\partial z}\right)+S$$

$$(2-1)$$

式中　ϕ——通用变量；

　　　Γ——相应的扩散系数；

　　　S——源项。

连续方程为

$$\phi=1,\ \Gamma=0,\ S=0 \qquad (2-2)$$

动量方程为

$$x \text{ 向：} \phi = u, \ \Gamma = \mu_{eff} = \mu + \mu_t, \ S = -\frac{\partial p}{\partial x} + \frac{\partial}{\partial x}\left(\mu_{eff}\frac{\partial u}{\partial x}\right) +$$

$$\frac{\partial}{\partial y}\left(\mu_{eff}\frac{\partial v}{\partial x}\right) + \frac{\partial}{\partial z}\left(\mu_{eff}\frac{\partial w}{\partial x}\right)$$

$$y \text{ 向：} \phi = v, \ \Gamma = \mu_{eff} = \mu + \mu_t, \ S = -\frac{\partial p}{\partial y} + \frac{\partial}{\partial x}\left(\mu_{eff}\frac{\partial u}{\partial y}\right) + \tag{2-3}$$

$$\frac{\partial}{\partial y}\left(\mu_{eff}\frac{\partial v}{\partial y}\right) + \frac{\partial}{\partial z}\left(\mu_{eff}\frac{\partial w}{\partial y}\right)$$

$$z \text{ 向：} \phi = w, \ \Gamma = \mu_{eff} = \mu + \mu_t, \ S = -\frac{\partial p}{\partial z} + \frac{\partial}{\partial x}\left(\mu_{eff}\frac{\partial u}{\partial z}\right) +$$

$$\frac{\partial}{\partial y}\left(\mu_{eff}\frac{\partial v}{\partial z}\right) + \frac{\partial}{\partial z}\left(\mu_{eff}\frac{\partial w}{\partial z}\right)$$

能量方程为

$$\phi = T, \Gamma = \mu/P_r + \mu_t/\sigma_T \tag{2-4}$$

k 方程为

$$\phi = k, \Gamma = \mu + \mu_t/\sigma_k, S = G_k - \rho\varepsilon \tag{2-5}$$

ε 方程为

$$\phi = \varepsilon, \Gamma = \mu + \mu_t/\sigma_\varepsilon, S = \frac{\varepsilon}{k}(C_{1\varepsilon}G_k - C_{2\varepsilon}\rho\varepsilon) \tag{2-6}$$

式中　μ——流体动力黏度；

$$\mu_t \text{——湍流黏度，} \mu_t = \rho \, C_\mu \frac{k^2}{\varepsilon}; \tag{2-7}$$

μ_{eff}——有效湍流黏度。

G_k 是流体平均速度梯度引起的湍动能 k 的产生项。其计算公式为

$$G_k = \mu_t \left\{ 2\left[\left(\frac{\partial u}{\partial x}\right)^2 + \left(\frac{\partial v}{\partial y}\right)^2 + \left(\frac{\partial w}{\partial z}\right)^2\right] + \left(\frac{\partial u}{\partial y} + \frac{\partial v}{\partial x}\right)^2 + \left(\frac{\partial u}{\partial z} + \frac{\partial w}{\partial x}\right)^2 + \left(\frac{\partial v}{\partial z} + \frac{\partial w}{\partial y}\right)^2 \right\}$$

$$\tag{2-8}$$

在标准 $k-\varepsilon$ 模型中，$C_{1\varepsilon}$、$C_{2\varepsilon}$、C_μ、σ_k、σ_ε 和 σ_T 的值分别为：$C_{1\varepsilon} = 1.44$，$C_{2\varepsilon} = 1.92$，$C_\mu = 0.09$，$\sigma_k = 1.0$，$\sigma_\varepsilon = 1.3$，$\sigma_T = 0.85$。

（2）FLOTRAN CFD 功能　FLOTRAN CFD 模块分析功能是一种用于分析二维及三维流体流场的先进工具，它可以用于层流或湍流、传热或绝热、可压缩或不可压缩、牛顿流或非牛顿流等分析。这些分析类型并不相互排斥，例如，一个层流分析可以是传热的或者是绝热的，一个湍流分析可以是可压缩的或者是不可压缩的。

（3）FLOTRAN CFD 中的 FLUID141 和 FLUID142 单元　FLUID141 和 FLUID142 单元用于计算单相黏性流体的二维和三维流动、压力和温度分布，可解决以下问题：

1）作用于气动翼（叶）型上的升力和阻力。

2）超音速喷管中的流场。

3）弯管中流体的复杂三维流动。

4）计算发动机排气系统中气体的压力及温度分布。

5）研究管路系统中热的层化及分离。

6）使用混合流研究来估计出现热冲击的可能性。

7）用自然对流分析估计电子封装芯片的热性能。

8）对含有多种流体的（由固体隔开）热交换器进行研究。

计算三维模型时，采用 FLUID142 单元，图 2-1 所示为这种单元的模型。FLUID142 单元具有以下特征：

1）形状。三维八节点六面体、棱形体、锥形五面体、四面体。

2）自由度。速度、压力、温度、湍流功能、湍流能量耗散等，多达六种流体的各自质量所占的份额。

3）用于模拟湍流的两方程湍流模式。

4）有很多推导结果，如流场分析中的马赫数、压力系数、总压、剪应力、壁面处的 y-plus 以及流线函数；热分析中的热流、热交换（膜）系数等。

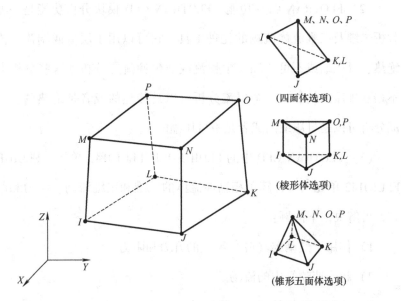

图 2-1　FLUID142 单元模型

5）流体边界条件，包括速度、压力、湍流动能以及湍流能量耗散率。用户无须提供流场进口处湍流项的边界条件，这是因为 FLOTRAN 为此提供的默认值适用于绝大多数分析。

FLUID142 单元具有以下局限性：

1）在同一次分析中不能改变求解的区域。

2）单元不支持自由流面边界条件。

3）ANSYS 程序的某些特征不能同 FLOTRAN 单元一起使用。

4）使用 FLOTRAN 单元时不能使用某些命令或菜单；使用 ANSYS 的图形用户界面时，程序只能显示那些在菜单和对话框中的 FLOTRAN Setup 部分要求了的特征和选项。

（4）FLOTRAN CFD 计算的主要步骤

1）定义单元。

2）确定问题的区域，建立几何模型。

3）划分网格。

4）确定流体流动状态，设置流体性质。

5）施加载荷、固定边界条件、移动边界条件（用于 ALE 分析）。

6）设置迭代次数、精度并求解。

7）结果处理。

对于任意拉格朗日-欧拉（ALE）法分析有移动边界条件的问题，需要定义移动边界的移动方式，在 ANSYS 中可以通过命令流或 GUI 格式定义边界移动函数。

2. 调节阀流场有限元建模与求解

（1）几何模型创建　调节阀流场的三维几何模型比较复杂，有许多复杂曲面，考虑到 ANSYS 建模功能的不足，没有用 ANSYS 本身的建模功能创建几何模型，而是用三维建模功能比较强大且使用比较方便的 Solid-Works 软件进行创建，并另存为 .x_t 格式的文件，再利用 ANSYS 和其他软件的接口功能，把 .x_t 格式的模型文件导入 ANSYS 中。

调节阀的流场就是阀内流体充满后所占的空间，如图 2-2 所示。流场的边界就是管道、阀体与流体的耦合面。但在实际工况中，耦合面是不动的，而阀芯和流场之间的耦合面是移动的，称为流场中的移动面。由于阀杆相对阀芯前端比较细，且其对流场的影响甚微，因此流场模型中可以忽略阀杆。

a) 单座式调节阀三维造型　　　　b) 预启式调节阀三维造型

图 2-2　SolidWorks 创建的流场几何模型

（2）有限元网格划分　有限元分析的优势之一是它能分析一些形状十分复杂的问题，这对于一些传统技术来说是很困难的，甚至是不可能的。本文中的模型采用的是 FLOTRAN CFD 中的 FLUID 142 单元。ANSYS 提供了各种网格划分工具，如自由网格划分、映射网格划分、扫略网格划分和过渡网格划分等，使得网格划分这项工作变得十分容易。这里采用自由网格划分方法，其依据是：流体和阀芯接触的地方，尤其是阀芯底部流场变化梯度较大，这些部位的网格要细化，以便更精确地进行计算及后处理；其他部位网格可以适当划分得粗一些，以便减小分析规模，提高计算效率。

由于所研究的两种调节阀的流场形状较为复杂，有大量的非规则面存在，所以采用的是自由网格划分方法。流体和阀芯部分的耦合面用 0.002 的网格划分，而其他部位用 0.004 的网格划分，共有 222733 个单元、42313 个节点。流场网格划分结果如图 2-3a 和图 2-4a 所示，图 2-3b 和图 2-4b 所示流场从对称中心面剖开后的造型。

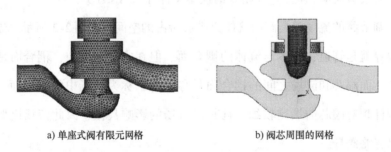

a) 单座式阀有限元网格　　　　　　b) 阀芯周围的网格

图 2-3　单座式调节阀流场单元

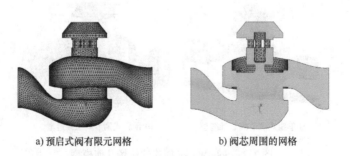

a) 预启式阀有限元网格　　　　　　b) 阀芯周围的网格

图 2-4　预启式调节阀流场单元

（3）载荷施加及边界条件处理　可在划分网格之前或之后对模型施加边界条件，此时要将模型所有的边界条件都考虑进去，具体的载荷及边界条件如下：

1）进口。定义所有的速度分量或压力。

2）出口。定义压力（通常为零），在调节阀中，出口压力定义为 0.1MPa。

3）固定壁面边界条件。根据壁面无滑移的原理，假设所有与阀体边界接触面上的网格流体速度为 0、位移为 0，即除了进口端面、出口端面和阀芯周围的面以外，其余所有边界的流体速度为 0、位移为 0。

4）阀芯和流场接触面（移动壁面）的边界条件。流场在阀芯周围的固体接触面上的流体速度应该和阀芯的运动速度一致，即当阀芯不动时，这些接触面上的流体速度、位移为 0；当阀芯运动时，这些接触面上每个节点每时每刻的流体速度、位移大小和阀芯上与此节点相对应坐标位置的速度、位移大小相同。由于本文主要考虑阀芯的轴向运动，而且其径向运动本来就是受限制的，幅度非常小，可作为刚性考虑，因此，上述阀芯接触面流场边界条件在调节阀芯开度时有轴向速度、位移，其余方向的速度、位移全为零，如果阀芯稳定在某个开度，则此接触面上所有的速度、位移全为零，并将湍流动能设为 -1。

5）重力加速度载荷。所有流场中的节点加上重力加速度 9.8m/s²。

6）温度约束。这里分析的调节阀都是在常温下工作，基本不涉及传热分析。

（4）材料和介质属性　计算流场时，主要是计算阀芯静止或者运动时，不同压差对流场的影响，而不考虑其他因素（如介质密度、黏度、温度等）的变化对流场的影响，只选一组参数用于分析即可。分析的介质都是常温水，其密度为 $1000kg/m^3$，黏度为 $10 \sim 3Pa \cdot s$。

用雷诺数来判别流体是层流还是湍流。这里研究的调节阀的雷诺数计算公式为

$$Re = 70000 \frac{Q}{\sqrt{C\nu}} \qquad (2-9)$$

式中　Q——调节阀的流量（m^3/h）；

　　　ν——流体在流动温度下的运动黏度（mm^2/s）；

　　　C——调节阀流通能力。

这里研究的调节阀属于小口径阀，$0.08m/s$ 以上的管流基本上都是湍流。马赫数用来判别流体是否可压缩，这里使用的介质是水，一般情况下都近似为不可压缩处理。

（5）模型求解控制

1）设置迭代次数和松弛系数。FLOTRAN CFD 分析是一个非线性的序列求解过程，故每次分析首先要确定程序需要多少次迭代。一次总体迭代就是对所有相关控制方程序列进行求解。在一个总体迭代中，程序首先获得动量方程的近似解，再在质量守恒的基础上将动量方程的解作为强迫函数来求解压力方程，然后用压力解来更新速度，以使速度场保持质量守恒。这里利用 ANSYS 的 APDL 语言求解流体控制方程，设置迭代次数，求解湍流方程。

松弛系数是一个与收敛相关的系数，其值介于 0 和 1 之间，表示旧结果与附加在旧结果上以形成新结果的最近一次计算量之间的变化量。设置松弛系数需要相当的经验，适当的松弛系数可以避免在迭代求解过程中系数矩阵的主元为零或负值。为了保证充分收敛，这里设置松弛系数为 0.5。

2）收敛监测。在 FLOTRAN CFD 求解过程中，程序在每一个总体迭代里对每一个自由度计算出一个收敛监测量，这些自由度包括速度（VX、

VY、VZ)、压力（PRES）、温度（TEMP）、湍流动能（ENKE）、动能耗散率（ENDS），以及激活了的多组份传输方程（SP0 ~ SP6）。收敛监测量就是两次迭代之间结果改变量的归一化值，若用 Φ 表示任一自由度，则该自由度的收敛监测量可表示为

$$收敛监测量 = \frac{\sum\limits_{i=1}^{N} |\Phi_i^k - \Phi_i^{k-1}|}{\sum\limits_{i=1}^{N} \Phi_i^k} \tag{2-10}$$

式(2-10) 可以表达为：收敛监测量等于变量在当前迭代的结果和上一次迭代结果之间插值的总和除以当前值的总和。这种求和是在所有节点上进行的，并且使用的是插值的绝对值。

3）求解时间、步长。每次计算前设置每一时间步步长、总步数或者总时间。

（6）计算阀芯不平衡力　阀芯不平衡力，即阀芯上的流体力，理论上可以通过阀芯与流场接触面上每个节点的压力与每个节点平均所占面积的积分得到。在 FLOTRAN CFD 中，将阀芯受力面的所有节点上的压力求和，算出平均压力；然后将平均压力与相应的阀芯受力面的有效面积相乘，便可得出阀芯上的流体不平衡力。

3. 调节阀阀芯运动的流固耦合分析计算方法

以往对调节阀流场的分析计算大多局限于固定开度，即阀芯静止，阀芯与流体之间的共同边界属于固定壁面。对于调节阀在固定开度下阀芯振动，或者在调节过程中阀芯变开度大位移运动，或者在阀芯变开度大位移运动的同时伴随振动的情况，阀芯与流体之间的共同边界均属于移动边界。在这些情况下，需要采用流固耦合分析计算方法来处理。

（1）流固耦合分析方法分类　耦合问题与单纯的流场计算相比要复

杂许多，大多数流固耦合问题很难获得解析解，只能用数值解法。目前，在这一方面常用的数值解法有两种，在有限元方法中分别称为序贯耦合解法和直接耦合解法。序贯耦合解法是按照顺序进行两次或更多次的相关场分析，通过把第一次场分析的结果作为第二次场分析的载荷来实现两种场的耦合。即对耦合边界的压力分布进行假定，先对其中一个区域 a 进行求解，得出耦合边界上的压力、温度梯度，然后将其作为边界条件求解另一个区域 b，得到耦合区域上新的压力、温度分布；再以此压力分布为区域 a 的边界条件输入，重复上述计算直到收敛。直接耦合解法又称为正常离散、整场耦合法，是计算耦合问题的一种主导方法，它利用包含所有必须自由度的耦合单元类型，仅仅通过一次求解，就能得出耦合场分析结果。在这种情况下，耦合是通过计算包含所有必须项的单元矩阵或单元载荷向量来实现的。

（2）ALE 有限元法 流固耦合是流体力学和固体力学交叉衍生的一门分支学科。流固耦合的重要特征是两种介质之间的相互作用，变形的固体在流体载荷的作用下会发生形变或运动，固体形变或运动又反过来改变流体载荷的分布和大小。一般来说，与流体发生关系的结构界面都不是由平面组成的，特别是在流体中运动的结构与流体的接触面形状绝大部分是曲面，许多是圆柱面或椭圆柱面，以减小运动的阻力。两种不同介质的相对运动位移较大，有时相对运动速度也较大。处理大位移曲面界面上两种介质的相互作用是解决流固耦合动力学问题的关键。由于流体流动的特点会造成计算网格的大变形，在流体力学领域，侧重于使用有限差分法及扩展起来的有限体积法，此方法有利于处理大变形和运动的问题。而在固体力学领域，大多数问题是小变形，精度要求高，有限元方法的应用相当广泛。很多人使用有限元方法来处理流固耦合问题的固体域和流体域，这对于小位移的流体是很有效的；但对于大位移的流体，网格的变形很大，用有限元方法处理比较困难。

目前，拉格朗日和欧拉型有限元被广泛用于流体、固体力学问题的数值分析，这两种方法都具有各自的优势，但也存在一定的缺陷，而 ALE 有限元是将两者有机地结合起来，充分吸收了它们的长处，而克服了各自的不足。因此，ALE 可以解决许多只用拉格朗日或欧拉有限元法所解决不了的问题。ALE 有限元法的一个重要特征是其计算网格独立于变形体和空间运动，可以根据需要自由选择其运动状态。这给数值分析物体的变形过程，特别是大变形过程带来了便利。

（3）ANSYS 流固耦合算法　ANSYS 软件的流固耦合算法属于序贯耦合解法，它是对流体控制方程、固体控制方程分别求解，其算法框图如图 2-5 所示，当满足收敛系数（或者达到最大迭代数目）时才进行下一时间步分析。收敛系数的大小取决于流固耦合界面上交换的自由度计算结果好坏程度。流固耦合界面可以交换流体力、实体位移、速度、温度，这些交换的量在界面定速度运动，或者知道每时每刻界面位移的情况下，流固耦合求解不成问题。但是，如果固体场已知的只有约束和载荷，并没有速度、位移，则 ANSYS 流固耦合将无法分析下去。

（4）预测-校正流固耦合算法　鉴于 ANSYS 流固耦合算法在某些场合下软件的功能无法或者很难满足要求，提出了与序贯耦合算法类似的预测-校正流固耦合算法（简称预测-校正算法），用来解决特殊情况下的 ANSYS 流固耦合问题，以弥补 ANSYS 软件的不足。

根据调节阀的动力学模型，如果仅知道执行器的控制力规律，而且流体不平衡力不能忽略，则无法通过动力学模型直接得到阀芯的运动规律。针对这一问题，预测-校正算法是一种切实可行的解决办法。预测-

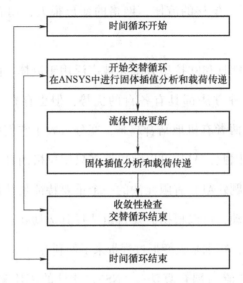

图 2-5 ANSYS 流固耦合算法框图

校正流固耦合算法的思路：流场计算还是依靠 ANSYS 软件，固体场分两种情况：如果是弹性体，则直接用 ANSYS 流固耦合分析计算每一时间步里面的预测步、校正步的流场与固体场；如果是刚体，则直接用 ANSYS FLOTRAN CFD 移动壁面类型的 ALE 分析方法，求解每一时间步里的预测步、校正步的流场。单座式和预启式调节阀预测-校正算法的具体框图分别如图 2-6、图 2-7 所示。

1）单座式调节阀预测-校正流固耦合分析。根据预测-多步校正法和单座式调节阀阀芯-阀杆系统的动力学方程 $M\ddot{X}(t) + C\dot{X}(t) + KX(t) = F_c(t) - F_l(t)$，单座式调节阀预测-校正流固耦合分析的计算步骤如下。

① 预测步：

$$X_{n+1}^0(t) = X_n(t) + \Delta t\dot{X}_n(t) + \left(\frac{1}{2} - \beta\right)\Delta t^2\ddot{X}_n(t) \tag{2-11}$$

$$\dot{X}_{n+1}^0(t) = \dot{X}_n(t) + (1 - \gamma)\Delta t\ddot{X}_n(t) \tag{2-12}$$

$$M\ddot{X}_{n+1}^0(t) + C\dot{X}_{n+1}^0(t) + KX_{n+1}^0(t) = F_{l_{n+1}}^0(t) - F_{c_{n+1}}^0(t) \tag{2-13}$$

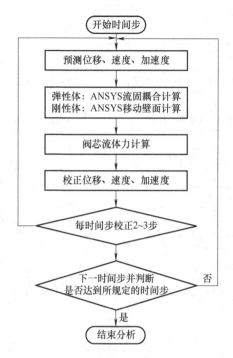

图 2-6 单座式调节阀预测-校正算法的具体框图

式中　M——阀芯-阀杆的总质量（kg）；

　　　　C——等效黏性阻尼系数（N/m·s）；

　　　　K——弹簧刚度系数（N/m）；

　　$F_l(t)$——流体力（N）；

　　$F_c(t)$——执行机构作用在阀芯上的控制力（N）；

　　β、γ——系数。

② 第 r 校正步：

$$X_{n+1}^r(t) = X_n(t) + \Delta t \dot{X}_n(t) + \left(\frac{1}{2} - \beta\right)\Delta t^2 \ddot{X}_n(t) + \beta\Delta t^2 \ddot{X}_{n+1}^{r-1}(t) \quad (2\text{-}14)$$

$$\dot{X}_{n+1}^r(t) = \dot{X}_n(t) + (1-\gamma)\Delta t \ddot{X}_n(t) + \gamma\Delta t \ddot{X}_{n+1}^{r-1}(t) \quad (2\text{-}15)$$

$$M\ddot{X}_{n+1}^r(t) + C\dot{X}_{n+1}^r(t) + KX_{n+1}^r(t) = F_{l_{n+1}}^r(t) - F_{c_{n+1}}^r(t) \quad (2\text{-}16)$$

其中，$\beta = 0.25$，$\gamma = 0.5$，$r = 3$。阀芯-阀杆的总质量 $M = 1.5\text{kg}$，等

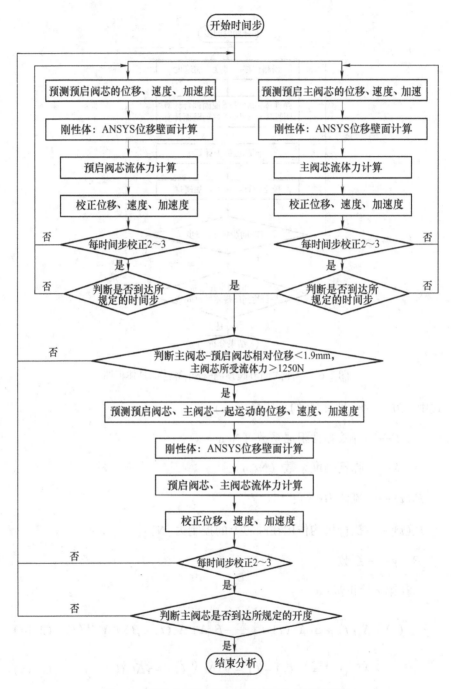

图 2-7 预启式调节阀预测–校正算法的具体框图

效黏性阻尼系数 $C = 20\mathrm{N/m \cdot s}$，弹簧刚度系数 $K = 1.0 \times 10^5 \mathrm{N/m}$，$F_1(t)$

为流体力，$F_c(t)$ 为执行机构作用在阀芯上的控制力。

2）预启式调节阀预测-校正流固耦合分析。根据预测-多步校正法和预启式调节阀阀芯-阀杆系统的动力学方程，预启式调节阀预测-校正流固耦合分析的计算步骤如下。

① 预启阀芯。

预测步：

$$X_{1_{n+1}}^0 = X_{1_n}(t) + \Delta t\, \dot{X}_{1_{n+1}} + \left(\frac{1}{2} - \beta\right)\Delta t^2 \ddot{X}_{1_n}(t) \tag{2-17}$$

$$\dot{X}_{1_{n+1}}^0 = \dot{X}_{1_n}(t) + (1-\gamma)\Delta t^2 \ddot{X}_{1_n}(t) \tag{2-18}$$

$$M_1 \ddot{X}_{1_{n+1}}^0 + C_1 \dot{X}_{1_{n+1}}^0 + K_1(X_{1_{n+1}}^0 - X_{2_{n+1}}^0) = F_{l_{1_{n+1}}}^0(t) + F_{c_{n+1}}^0(t) \tag{2-19}$$

第 r 校正步：

$$X_{1_{n+1}}^r(t) = X_{1_n}(t) + \Delta t\, \dot{X}_{1_n}(t) + \left(\frac{1}{2} - \beta\right)\Delta t^2 \ddot{X}_{1_n}(t) + \beta\Delta t^2 \ddot{X}_{1_{n+1}}^{r+1}(t)$$

$$\tag{2-20}$$

$$\dot{X}_{1_{n+1}}^r = \dot{X}_{1_n}(t) + (1-\gamma)\Delta t^2 \ddot{X}_{1_n}(t) + \gamma\Delta t\, X_{1_{n+1}}^{r+1}(t) \tag{2-21}$$

$$M_1 \ddot{X}_{1_{n+1}}^r + C_1 \dot{X}_{1_{n+1}}^r + K_1(X_{1_{n+1}}^r - X_{2_{n+1}}^r) = F_{l_{1_{n+1}}}^r(t) + F_{c_{n+1}}^r(t) \tag{2-22}$$

② 主阀芯。

预测步：

$$X_{2_{n+1}}^0(t) = X_{2_n}(t) + \Delta t\, \dot{X}_{2_n}(t) + \left(\frac{1}{2} - \beta\right)\Delta t^2 \ddot{X}_{2_n}(t) \tag{2-23}$$

$$\dot{X}_{2_{n+1}}^0 = \dot{X}_{2_n}(t) + (1-\gamma)\Delta t^2 \ddot{X}_{2_n}(t) \tag{2-24}$$

$$M_2 \ddot{X}_{2_{n+1}}^0 + C_2 \dot{X}_{2_{n+1}}^0 + K_2(X_{2_{n+1}}^0 - X_{1_{n+1}}^0) = F_{l_{2_{n+1}}}^0(t) \tag{2-25}$$

第 r 校正步：

$$X_{2_{n+1}}^r(t) = X_{2_n}(t) + \Delta t\, \dot{X}_{2_n}(t) + \left(\frac{1}{2} - \beta\right)\Delta t^2 \ddot{X}_{2_n}(t) + \beta\Delta t^2 \ddot{X}_{2_{n+1}}^{r+1}(t)$$

$$\tag{2-26}$$

$$\dot{X}_{2_{n+1}}^{0} = \dot{X}_{2_{n}}(t) + (1-\gamma)\Delta t^{2}\ddot{X}_{2_{n}}(t) \tag{2-27}$$

$$M_{2}\ddot{X}_{2_{n+1}}^{r} + C_{2}\dot{X}_{2_{n+1}}^{r} + K_{2}(X_{2_{n+1}}^{r} - X_{1_{n+1}}^{r}) = F_{l_{2_{n+1}}}^{r}(t) \tag{2-28}$$

其中，$\beta = 0.25$，$\gamma = 0.5$，$r = 2 \sim 3$。预启阀芯-阀杆的总质量 $M_{1} = 4.5\text{kg}$，主阀芯的质量 $M_{2} = 6\text{kg}$，等效黏性阻尼系数 $C_{1} = 20\text{N/m} \cdot \text{s}$、$C_{2} = 15\text{N/m} \cdot \text{s}$，弹簧刚度系数 $K_{1} = 1.0 \times 10^{5}\text{N/m}$、$K_{2} = 6.5 \times 10^{4}\text{N/m}$。$F_{l_{1}}(t)$ 和 $F_{l_{2}}(t)$ 为流体力，$F_{c}(t)$ 为执行机构作用在阀芯上的控制力，重力加速度 $g = 9.8\text{m/s}^{2}$。

通过归类分析，对于阀芯稳定开度下的问题，用一般的 CFD 分析即可；对于刚性体且为给定运动规律的问题，用 ALE 法分析；对于弹性体且给定运动规律的问题，用 ANSYS 的流固耦合解法处理；对于没有给定运动规律且只给出固体外力规律的问题，可以用预测-校正法分析。针对单座式调节阀和预启式调节阀，利用 ANSYS 宏程序编程，建立了调节阀预测-校正流固耦合分析方法。

2.1.5　调节阀阀芯不平衡力分析计算

在调节阀阀内流体压力高、压差大、流速快的情况下，由于不平衡力的作用，调节阀普遍存在控制不稳定、受压力波动影响大、喘振严重、寿命短等重大问题，使用情况不理想，对于一些高压调节阀，此类问题尤为突出。本节将根据调节阀阀芯的结构建模，利用 CFD 模块和流场有限元方法对阀芯在定流和定压条件下的不平衡力进行分析，为减小不平衡力、提高调节阀的可靠性、延长调节阀的使用寿命提供数据依据。

1. 调节阀阀芯不平衡力

当流体通过调节阀时，阀芯在静压和动压的作用下产生两种力：

切向力和轴向力。所谓调节阀的不平衡力，是指直行程的阀芯所受到的轴向合力。本节以单向阀为例进行说明，其阀芯受力简图如图 2-8 所示。

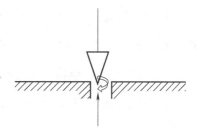

图 2-8　单向阀阀芯受力简图

2. 流场有限元计算

（1）几何模型创建　利用建模功能比较强大的 SolidWorks 软件创建调节阀的模型，再将其导入 ANSYS 中进行分析。

（2）有限元网格划分　ANSYS 软件提供了各种网格划分工具，图 2-9 所示模型采用的是自由网格划分，共有 120336 个单元、24016 个节点，图 2-10 所示为流场从对称中心面剖开后的造型。

图 2-9　流场有限元网格

图 2-10　阀芯周围的网格

（3）载荷施加及边界条件处理　可在划分网格之前或之后对模型施加边界条件，此时要将模型所有的边界条件都考虑进去，具体的载荷及边界条件如下：

1）进口。定义流速条件或者压力条件，其值在后面具体计算时给出。进口边界不能移动，即位移为 0。

2）出口。只定义压力条件，一个大气压，本节计算时采用 0.1MPa。出口边界不能移动，即位移为 0。

3）固定壁面边界条件。除了进口端面和阀芯周围的面以外，其余所有边界的流体速度为 0、位移为 0。

4）阀芯和流场接触面（移动壁面）的边界条件。流场在阀芯周围固体接触面上的流体速度应该和阀芯的运动速度一致。

5）重力加速度载荷。所有流场里面的节点加上重力加速度$9.8m/s^2$。

6）温度约束。本节分析的调节阀都是在常温下工作，基本不涉及传热分析。

3. 计算结果及其分析

（1）做定流速分析　在阀门进口以$1m/s$和$2m/s$定流速冲水、阀芯分别以$0.1m/s$和$0.05m/s$定速度运动的条件下，动态过程瞬态不平衡力如图2-11所示。

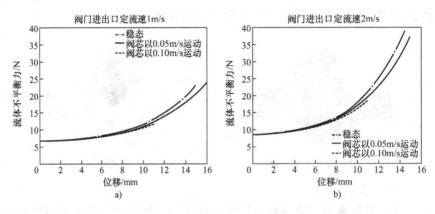

图2-11　定流速条件下的流体不平衡力

图2-11a、b所示分别为阀门进口以$1m/s$、$2m/s$定流速冲水的情况。横坐标是位移，因为阀门的全行程是25mm，计算时阀芯零位移的模型对应于阀门88%开度的模型，所以15mm位移对应阀门的28%开度，依此类推，见表2-7和表2-8。

表2-7　阀门进口以$1m/s$定流速冲水的不平衡力结果

开度或位移/mm	88%（0.0）	78%（2.5）	68%（5.0）	58%（7.5）	48%（10.0）
稳态时的不平衡力/N	6.45	7.08	7.75	9.05	11.53
0.05m/s时的不平衡力/N	6.75	7.09	7.74	8.90	11.04
0.1m/s时的不平衡力/N	6.76	7.09	7.73	8.81	10.71

表 2-8　阀门进口以 2m/s 定流速冲水的不平衡力结果

开度或位移/mm	88%(0.0)	78%(2.5)	68%(5.0)	58%(7.5)	48%(10.0)
稳态时的不平衡力/N	8.45	9.03	10.27	12.76	17.86
0.05m/s 时的不平衡力/N	8.45	9.03	10.22	12.51	16.90
0.1m/s 时的不平衡力/N	8.45	9.04	10.21	12.33	16.26

图 2-12 所示为利用云图方式直观显示的典型开度的 ANSYS 稳态计算结果。从图 2-11 中可以看出，在阀门进口流速恒定的条件下，无论是稳态还是动态，随着阀芯位移增大，即开度减小，阀芯的不平衡力均增大，而且变化曲线的斜率也在增加。三种情况相比较，稳态阀芯所受的不平衡力最大，随着阀芯运动速度的提高，在同一位置，即同一开度的不平衡力在减小。在阀芯位移小于 10mm，即开度大于 40% 的过程中，流体不平衡力的相对误差都小于 5%。

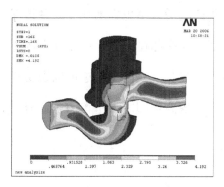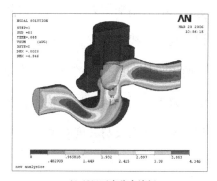

a) 78%开度稳态流场　　　　　　　　　b) 48%开度稳态流场

图 2-12　不同开度的流场计算结果

因此，由图 2-11 中以 0.05m/s 的速度运动的阀芯可以推断出，当开度大于 40% 且是定流量的调节过程时，阀芯不平衡力都可以使用稳态不平衡力。

（2）做定压差分析　在阀门进出口压差恒为 2MPa 和 4MPa（出口压力恒定为大气压）、阀芯以 0.1m/s 和 0.05m/s 定速度运动的条件下，动态过程瞬态不平衡力如图 2-13 所示。

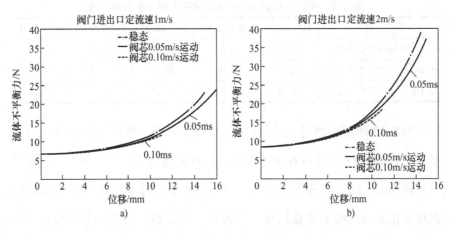

图 2-13　定压差条件下的流体不平衡力

从图 2-14、图 2-15 和表 2-9、表 2-10 中可以看出，在阀门进出口压差恒定的条件下，无论是稳态还是动态，随着阀芯位移增大，即开度减小，阀芯的不平衡力均增大，而且变化曲线的斜率也在增加。三种情况相比较，曲线基本重合，几乎没有区别，即阀芯在不同运动速度下的不平衡力与其在稳态时的不平衡力基本没有差异。实际上，这可以说明在定压差下，无论阀芯运动快慢，都不会出现附加阀芯不平衡力，此时的阀芯不平衡力仅与开度有关。

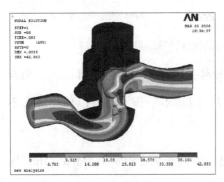

a) 78%开度稳态流场

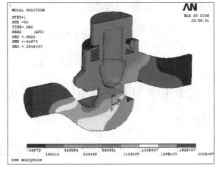

b) 78%开度稳态压力场

图 2-14　2MPa 压差条件下的计算结果

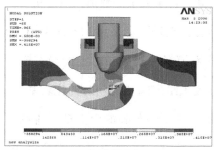

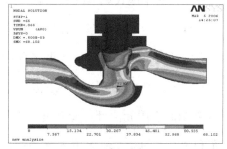

| a) 压力场分布 | b) 流场分布 |

图 2-15 流场计算结果

表 2-9 阀门定压差 2MPa 的不平衡力结果

开度或位移/mm	88%(0.0)	78%(2.5)	68%(5.0)	58%(7.5)	48%(10.0)
稳态时的不平衡力/N	8.86	9.67	11.97	33.04	120.35
0.05m/s 时的不平衡力/N	9.46	11.15	16.71	39.94	116.09
0.1m/s 时的不平衡力/N	10.47	12.54	18.26	41.38	116.88

表 2-10 阀门定压差 4MPa 的不平衡力结果

开度或位移/mm	88%(0.0)	78%(2.5)	68%(5.0)	58%(7.5)	48%(10.0)
稳态时的不平衡力/N	-25.12	-32.40	-18.65	14.15	143.75
0.05m/s 时的不平衡力/N	-26.71	-28.25	-22.63	14.14	147.23
0.1m/s 时的不平衡力/N	-25.02	-24.50	-18.38	18.05	152.31

利用动边界模型（ANSYS）计算正常工作时阀芯的运动速度对不平衡力的影响。根据以上方法，分别进行了各种定压差和定流速条件下的数值模拟，发现开度是影响不平衡力的主要因素，而阀芯运动速度的影响最小，在粗略计算和设计中可以忽略。

2.1.6 仿真分析

为了研究不同条件下调节阀的内部流场（压力、流速）分布、阀芯所受的流体不平衡力以及阀芯-阀杆系统的运动规律，在一般 CFD 分析的基础上，建立了调节阀阀芯-阀杆系统的动力学方程和预测-校正流固耦合算法，对单座式调节阀和预启式调节阀进行了大量的数值仿真分析。

首先，为了给动态仿真分析提供静态比较基准，采用 FLOTRAN CFD 计算定开度、无扰动条件下调节阀的内部流场分布和阀芯上的稳态流体不平衡力；其次，为了给动态仿真分析提供给定阀芯运动时的比较基准，采用 ALE 有限元法计算变开度、无扰动条件下调节阀的内部动态流场分布和阀芯上的动态流体不平衡力；最后，采用预测-校正流固耦合算法，计算未给定运动规律时（包括定开度且有流体压力强迫扰动、变开度且有流体压力强迫扰动、变开度且无流体压力强迫扰动但伴随阀芯振动三种情况）调节阀的内部动态流场分布、阀芯上的动态流体不平衡力以及阀芯-阀杆系统的动力学响应。上述动态仿真计算都是在调节阀进出口压差恒定的条件下进行的。通过分析不同条件下调节阀的内部动态流场分布、阀芯所受的动态流体不平衡力以及阀芯-阀杆振动系统的动力学响应，研究并揭示了调节阀振动问题的机理和规律。

1. 单座式调节阀动态仿真分析

调节阀开度大小和进出口压差（进口压力）是影响调节阀内部流场（压力、速度）分布、阀芯所受不平衡力以及阀芯-阀杆系统动力学响应的两个基本因素，它们决定了流场的边界条件。假设单座式调节阀阀芯位移变化范围为 $0 \sim 25\text{mm}$（对应开度为 $100\% \sim 0\%$），压差变化范围为 $0.5 \sim 4\text{MPa}$。本节将在重点分析这两个因素影响规律的基础上，考察其他因素的作用。

（1）定开度时的稳态流场和流体不平衡力　调节阀的阀芯-阀杆系统在气动执行机构输出力（气动控制力与平衡弹簧力之差）和流体力的作用下，从某个初始开度向指定目标开度运动，当两个作用力达到平衡时，阀芯-阀杆系统达到并保持在目标开度下工作。如果不考虑阀芯-阀杆系统的运动过程（从初始开度向目标开度运动以及在目标开度平衡位置附近的振动）和其他扰动，则阀芯-阀杆系统在目标开度下保持静止，此时的调节阀内部流场和阀芯流体不平衡力也相应处于稳态而不随时间变化。以往的研究基本上都是针对这种稳态流场和稳态不平衡力。研究在定开度下的稳态流场和稳态不平衡力不但对调节阀的设计有理论指导意义，而且可以为研究动态流场、动态不平衡力和动态运动规律提供稳态参照基准。

（2）不同目标开度和不同进出口压差下的稳态流场和稳态不平衡力

1）稳态不平衡力与开度和压差的关系。表 2-11 列出了在不同位移（开度）和压差下稳态流体不平衡力的计算结果，根据这些结果绘出的稳态流体不平衡力与位移（开度）和压差的关系如图 2-16 所示。

表 2-11 不同位移（开度）和压差下稳态流体不平衡力的计算结果（单位：N）

位移/mm		0.0	2.5	5.0	7.5	10.0	12.5	15.0	17.5	20.0	22.5
压差/MPa	0.5	35.73	43.52	47.46	34.63	53.45	83.45	128.81	159.11	188.52	196.54
	1.0	67.70	81.74	91.64	63.90	100.90	158.72	248.41	309.60	369.14	385.80
	2.0	136.50	165.50	179.90	126.50	188.79	316.76	378.90	608.88	729.17	763.03
	2.5	165.16	191.79	223.61	160.18	243.40	381.76	602.61	757.07	908.86	951.48
	3.0	197.08	229.35	251.75	192.56	294.16	455.92	718.78	905.48	1088.29	1139.60
	3.5	228.99	265.03	313.10	223.45	344.32	529.33	837.30	1052.53	1267.76	1327.80
	4.0	268.98	312.30	355.82	254.43	381.48	536.76	804.51	1120.86	1447.31	1516.00

由图 2-16 可以看出：

① 无论进出口压差大小，阀芯上的流体不平衡力除在阀芯位移 7.5mm 处有局部减小外，总体趋势是随着阀芯位移增加（开度减小）而非线性地增大。

② 无论进出口压差大小，在位移大于 7.5mm 之后，不平衡力增加的幅度较明显地增大，而压差越大，这种幅度增大的现象越明显。

③ 无论位移大小，除了位移 12.5mm、15.0mm 和 17.5mm 外，流体不平衡力的总体趋势是随着压差的增加而几乎线性地增大，而且除了位移 7.5mm 以外，位移越大（开度越小），不平衡力线性增大的斜率也越大。

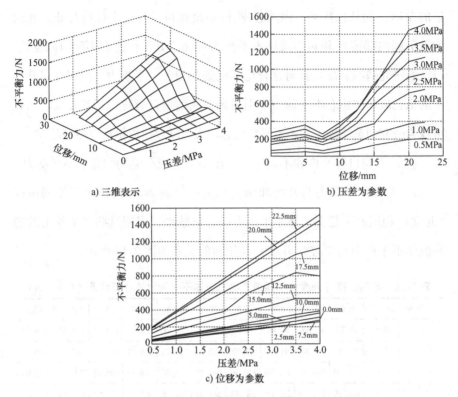

图 2-16   稳态流体不平衡力与位移（开度）和压差的关系

2）阀芯位移（开度）对稳态流场的影响。开度和压差作为流场的边界条件，直接作用于调节阀内部流场（压力场和速度场），并通过流场间接影响稳态不平衡力。图 2-17 给出了压差为 1.0MPa 时，表 2-11 中不同阀芯位移（开度）下的稳态流场云图，其中左图为各个位移下的压力场，右图为对应的速度场。

由图 2-17 可以看出：

① 随着阀芯位移增加（开度减小），作用在阀芯上方有效面积上的流场压力值逐渐减小（即向下的流体力逐渐减小），而作用在阀芯下方有效面积上的流场压力值逐渐增大（即向上的流体力逐渐增大），从而导致作用在阀芯上的总的流体不平衡力（向上的流体力减去向下的流体力）逐渐增大，这与图 2-17b 所示的规律一致。

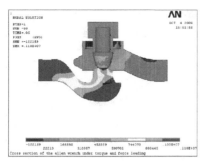 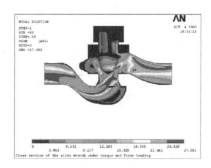

a) 位移为0.0mm时的稳态压力场和稳态速度场

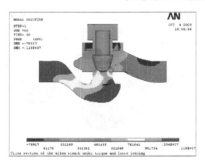 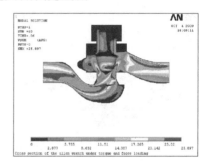

b) 位移为2.5mm时的稳态压力场和稳态速度场

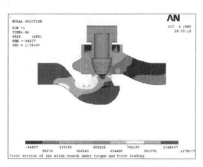 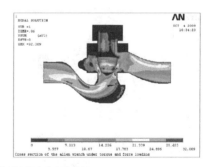

c) 位移为5.0mm时的稳态压力场和稳态速度场

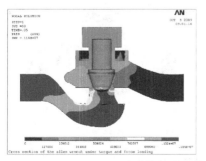 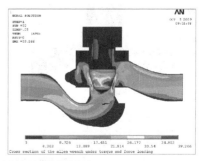

d) 位移为7.5mm时的稳态压力场和稳态速度场

图 2-17　压差为 1.0MPa 时不同阀芯位移（开度）下的稳态流场云图

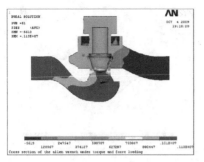
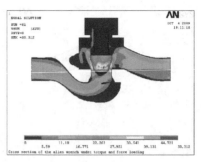

e) 位移为10.0mm时的稳态压力场和稳态速度场

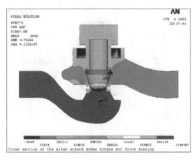
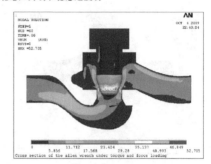

f) 位移为12.5mm时的稳态压力场和稳态速度场

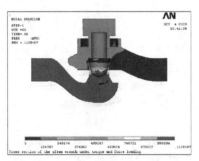
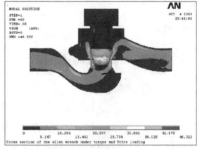

g) 位移为15.0mm时的稳态压力场和稳态速度场

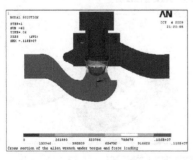
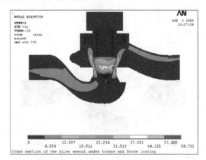

h) 位移为17.5mm时的稳态压力场和稳态速度场

图 2-17　压差为 1.0MPa 时不同阀芯位移（开度）下的稳态流场云图（续）

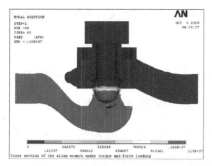
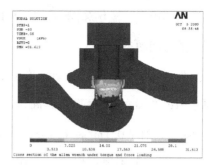

i) 位移为20.0mm时的稳态压力场和稳态速度场

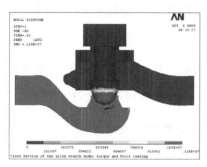
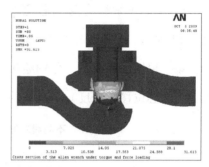

j) 位移为22.5mm时的稳态压力场和稳态速度场

图 2-17　压差为 1.0MPa 时不同阀芯位移（开度）下的稳态流场云图（续）

② 随着阀芯位移增加（开度减小），调节阀从左端进口到右端出口的整个流道上的流速逐渐减小，以致到阀芯接近关闭时，进出口流道上的流体速度几乎为零。

③ 对比阀芯位移为5.0mm、7.5mm 和10.0mm 时的流场（图2-17c、d、e）发现：阀芯位移为7.5mm 时，作用在阀芯上方和下方有效面积上的流场压力值之差比位移为5mm 和10mm 时的要小，即阀芯上的流体不平衡力相对较小，这与图 2-16b 所示的现象一致。

（3）给定阀芯运动规律时的动态流场和流体不平衡力　调节阀的阀芯-阀杆系统在气动执行机构输出力（气动控制力与平衡弹簧力之差）和流体力的作用下，从某一初始开度向指定目标开度运动。如果不考虑阀芯-阀杆系统的惯性和其他扰动，则从初始开度向目标开度的运动可以看作匀速运动过程，即给定的阀芯运动规律为匀速运动。此时，调节阀内部流场的边界、流场和阀芯流体不平衡力在阀芯位移（开度）变化过程中将随时间动态变化。

为了考察不同阀芯运动速度下的动态流场和动态流体不平衡力，需要采用第 3 章的移动壁面流固耦合方法。假设阀芯从坐标原点（开度100%）分别以 0.1m/s、0.15m/s、0.2m/s 的速度匀速运动，运动行程为20mm，压差分别为 0.5MPa、1.0MPa、2.5MPa、4.0MPa。

1）动态不平衡力与阀芯速度、阀芯位移（开度）和压差的关系。表 2-12 列出了不同阀芯速度下动态不平衡力与阀芯位移（开度）和压差的关系。根据这些关系，分别绘出在给定速度和不同速度下，动态不平衡力与阀芯位移（开度）和压差的关系，如图 2-18 和图 2-19 所示。

表 2-12　不同阀芯速度下动态不平衡力与阀芯
位移（开度）和压差的关系　　　　　（单位：N）

压差/MPa	速度/(m/s)	开度								
		0.0	2.5	5.0	7.5	10.0	12.5	15.0	17.5	20.0
0.5	0.10	25.93	49.98	72.64	91.43	108.94	125.29	141.34	163.68	215.80
	0.15	25.93	48.39	72.76	94.82	114.61	132.48	150.70	179.58	219.84
	0.20	25.93	49.97	72.25	95.75	115.62	135.09	153.05	180.02	223.04
1.0	0.10	52.27	101.68	140.70	177.34	212.60	244.49	275.63	317.94	421.05
	0.15	52.27	99.60	142.51	181.10	219.17	252.09	285.46	327.67	431.88
	0.20	52.27	93.44	138.86	182.08	224.46	259.24	297.37	345.61	440.61
2.5	0.10	116.46	245.95	339.06	434.86	523.02	600.23	675.50	780.68	1014.6
	0.15	116.46	242.00	339.26	435.05	530.72	614.06	695.88	794.58	1092.9
	0.20	116.46	225.88	338.96	443.98	547.55	632.89	728.97	797.87	1105.2
4.0	0.10	182.41	387.63	536.03	693.58	833.46	955.19	1074.2	1240.8	1615.6
	0.15	182.41	384.12	535.37	699.33	853.36	986.11	1123.6	1291.7	1680.8
	0.20	182.41	359.39	537.27	703.67	868.54	1006.3	1160.0	1346.3	1710.8

由图 2-18 可以看出：

① 当阀芯匀速运动时，无论进出口压差大小，阀芯上动态流体不平衡力的总体趋势是随着阀芯位移增加（开度减小）而非线性地增大，而

且压差越大，增大的幅度也越大。

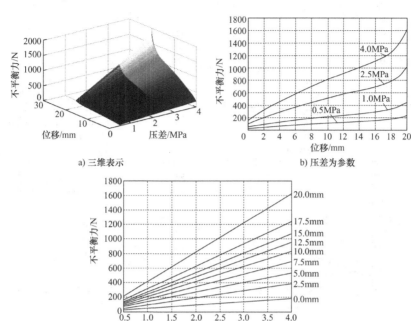

图 2-18　速度为 0.1m/s 时流体不平衡力与阀芯位移（开度）和压差关系

② 对比图 2-18b 和图 2-16b，二者的增长模式不尽相同，并且前者不存在 7.5mm 处的局部"凹点"。

③ 对比图 2-18c 和图 2-16c，前者无论位移大小，流体不平衡力的总体趋势都是随着压差的增加而线性地增长，而且位移越大（开度越小），不平衡力线性增长的斜率也越大，而后者有例外。

由图 2-19 可以看出：

① 无论进出口压差大小，动态流体不平衡力随着阀芯位移增加（开度减小）而增大的幅度与阀芯运动速度有关，即运动速度越大，不同位移（开度）下的动态不平衡力及其增加幅度也越大。

② 尽管在不同压差下，阀芯运动速度对动态流体不平衡力与阀芯位移的关系的影响都不是很大，但是，相对阀芯速度为 0（即固定开度）时

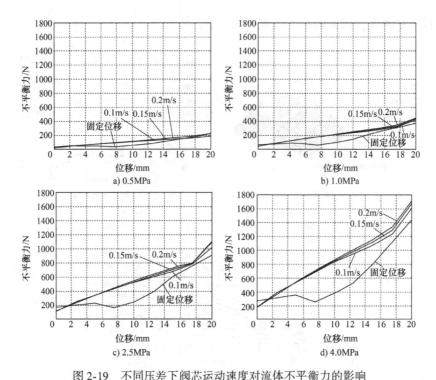

图 2-19　不同压差下阀芯运动速度对流体不平衡力的影响

的稳态不平衡力与阀芯位移的关系，其影响还是相当明显的。特别是在阀芯位移为 5~15mm 的范围内，阀芯运动导致动态流体不平衡力明显大于稳态流体不平衡力，而且压差越大，动态与稳态流体不平衡力的差别也越大。

2）阀芯匀速运动对流场的影响。运动阀芯作为流场的边界条件之一，直接导致调节阀内部流场（压力场和速度场）随时间动态变化，并通过动态流场间接影响作用在阀芯上的动态不平衡力。为了对比阀芯匀速运动时的动态流场与阀芯固定在目标开度时的稳态流场，图 2-20 中各分图的左边给出了压差为 1MPa、阀芯以 0.1m/s 的速度运动一定位移（2.5mm、5.0mm、10.0mm 和 15.0mm）时的动态压力场和动态速度场云图的动画截图；各分图的右边则给出了压差为 1MPa、阀芯保持在对应位移时的稳态压力场和稳态速度场云图。

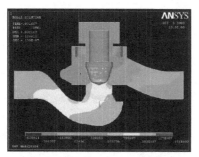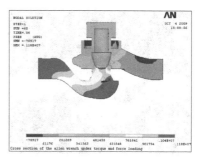

a) 位移为2.5mm时的动态压力场和稳态压力场

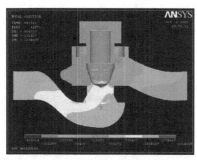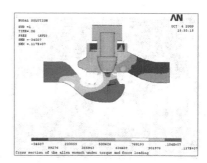

b) 位移为5.0mm时的动态压力场和稳态压力场

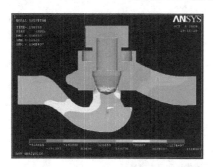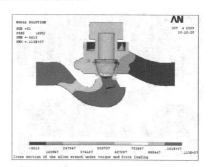

c) 位移为10.0mm时的动态压力场和稳态压力场

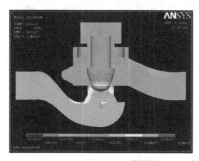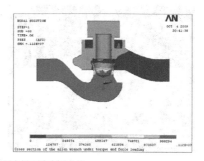

d) 位移为15.0mm时的动态压力场和稳态压力场

图 2-20　给定运动时不同位移下的动态流场和稳态流场的比较

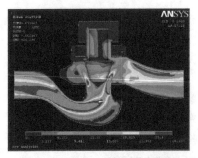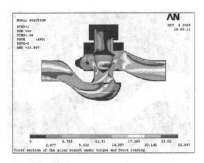

e) 位移为2.5mm时的动态速度场和稳态速度场

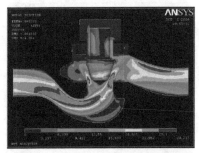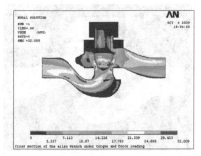

f) 位移为5.0mm时的动态速度场和稳态速度场

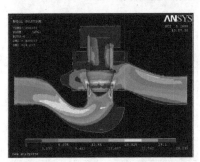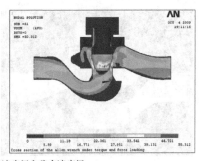

g) 位移为10.0mm时的动态速度场和稳态速度场

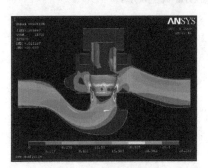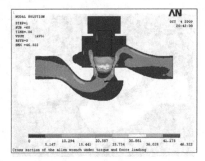

h) 位移为15.0mm时的动态速度场和稳态速度场

图 2-20 给定运动时不同位移下的动态流场和稳态流场的比较（续）

由图 2-20 可以看出：

① 在阀芯匀速运动的情况下，与阀芯固定时类似，随着阀芯位移增加（开度减小），作用在阀芯上方有效面积上的流场压力值逐渐减小（即向下的流体力逐渐减小），而作用在阀芯下方有效面积上的流场压力值逐渐增大（即向上的流体力逐渐增大），从而导致作用在阀芯上的总的流体不平衡力（向上的流体力减去向下的流体力）逐渐增大，这与图 2-19b 所示的规律一致。

② 对比图 2-20a、b、c、d 中左右两边相同位移特别是位移为 10mm 时的动态和稳态压力场，前者作用在阀芯上方有效面积上的流场压力值相对后者较小（即向下的流体力较小），而作用在阀芯下方有效面积上的流场压力值相对后者较大（即向上的流体力较大），从而导致作用在阀芯上的总的动态流体不平衡力（向上的流体力减去向下的流体力）明显大于稳态流体不平衡力，这也与图 2-19b 所示的规律一致。

③ 对比图 2-20e、f、g、h 中左右两边相同位移时的动态和稳态速度场，发现阀芯运动使速度场分布发生了改变。

（4）未给定阀芯运动规律时的动态流场和流体不平衡力　调节阀的阀芯-阀杆系统与气动薄膜执行机构中的平衡弹簧组成一个如图 2-8 所示的单自由度弹簧质量振动系统。当阀芯在气动控制力和流体力的作用下，从某一初始开度向目标开度运动，并保持在目标开度工作的过程中，由于阀芯-阀杆系统的弹性、惯性和其他扰动，阀芯将产生伴随其宏观位移（变开度）的振动和在定开度平衡位置上的振动，而且不能事先给定这种阀芯振动的运动规律。此时，调节阀内部流场的边界、流场和阀芯流体不平衡力也将伴随阀芯的振动而动态改变。为了计算未给定阀芯运动规律时的动态流场、动态流体不平衡力和阀芯-阀杆系统的振动响应，需要采用本章提出的预测-校正流固耦合分析方法。

1）变开度且无流体压力强迫扰动但伴随阀芯振动的情况。在不存在流体压力或其他外界强迫扰动的情况下，随着阀芯向指定目标开度（调节开度）运动，阀芯-阀杆系统围绕阀芯的瞬时平衡位置和指定目标开度平衡位置做自由振动。设阀芯初始位置在距坐标原点4mm处，取其作为位移起点，阀芯运动长度为10mm，速度和加速度初值均为0，初始流体力和控制力均为50N。图2-21给出了不同调节阀进出口压差下的动态流体不平衡力和阀芯-阀杆系统振动位移响应，图2-22给出了压差为1MPa、变开度自由振动、不同位移下的动态压力场与稳态压力场。

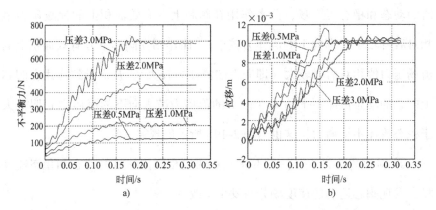

图2-21 不同调节阀进出口压差下的动态流体不平衡力和阀芯-阀杆系统振动位移响应

由图2-21可以看出：

① 无论进出口压差大小，阀芯所受流体不平衡力和阀芯位移都是从各自初始值开始，在经过一段时间的瞬态波动上升过程（对应阀芯开度调节过程）后，分别以振荡衰减的方式趋向于一个固定值（由于衰减较慢，计算耗时多，故图中没有给出整个衰减过程）。其中，当压差为0.5MPa、1.0MPa、2.0MPa和3.0MPa时，动态流体不平衡力分别趋向122N、208N、440N和686N，而阀芯振动位移均趋向10mm（相对位移坐标原点14mm）。

② 压差对流体不平衡力和阀芯位移瞬态波动上升过程有明显的影响，压差越大，波动上升过程越长，动态流体不平衡力上升速率越大，而阀芯位移上升速率却越小。

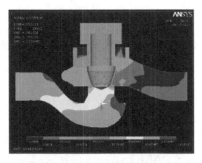
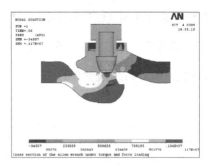

a) 位移为5.0mm时的动态压力场和稳态压力场

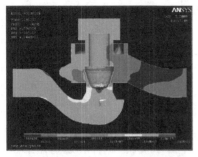
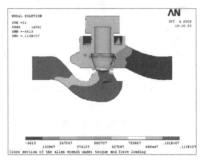

b) 位移为10.0mm时的动态压力场和稳态压力场

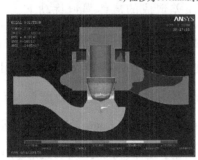
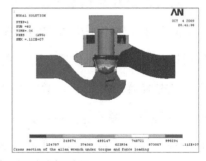

c) 位移为15.0mm时的动态压力场和稳态压力场

图 2-22　变开度自由振动过程中不同位移下的动态压力场与稳态压力场

由图 2-22 可以看出：在趋向不同阀芯指定位移的过程中，阀芯的变开度运动伴随自由振动对动态压力场的影响，由于篇幅所限略去具体分析过程。

2）定开度且有流体压力强迫扰动并伴随阀芯振动的情况。阀芯在某个指定目标开度工作时，如果存在流体或其他外界强迫扰动，则阀芯-阀杆系统围绕指定目标开度平衡位置做强迫振动。假设目标开度对应的阀芯位置在距坐标原点 8mm 处，进出口压差为 $[1.0+0.1\sin(2\pi f)t]$ MPa，其中激励频率 $f=38$ Hz。图 2-23 所示为对应于该激励的动态流体不平衡力和阀芯-阀杆系统振动位移。

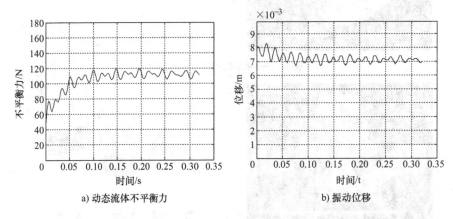

a) 动态流体不平衡力   b) 振动位移

图 2-23   在强迫扰动压差下的动态流体不平衡力和阀芯-阀杆系统振动位移

从图 2-23 中可以看出：在进出口压差造成的流体强迫扰动下，阀芯上的动态流体不平衡力和阀芯振动位移在经历短时间的瞬态过程后，分别趋向各自的平衡位置，并保持在该位置附近做准稳态振动（由于达到稳态振动耗时长，且数据量大，故图中没有给出整个稳态振动过程）；阀芯的平衡位置相对初始位置（距坐标原点 8mm 处）向上移动了近 1mm（阀芯移动向下为正方向，图中位移值为负，说明阀芯向上移动）。

3）变开度且有流体压力强迫扰动并伴随阀芯振动的情况。图 2-24 给出了计算初始条件与上述 1）变开度且无流体压力强迫扰动但伴随阀芯振动的情况相同（但阀芯运动距离为 4mm，即运动到距坐标原点 8mm 处）、进出口压差强迫扰动与上述 2）定开度且有流体压力强迫扰动并伴随阀芯振动的情况相同、激励频率分别为 $f=38$ Hz 和 $f=43$ Hz 时的动态流体不平衡力和阀芯-阀杆系统振动位移。

由图 2-24 可以看出：

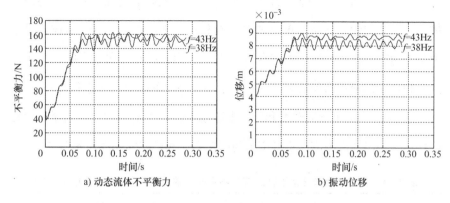

图 2-24　变开度强迫扰动压差下的动态流体不平衡力

和阀芯–阀杆系统振动位移

① 在进出口压差存在流体强迫扰动的情况下调整调节阀开度时，阀芯上的动态流体不平衡力和阀芯振动位移在经历短时间的瞬态过程后，分别趋向各自的平衡位置，并保持在该位置附近做准稳态振动（由于达到稳态振动耗时长，且数据量大，故图中没有给出稳态振动过程）。

② 激励频率对动态流体不平衡力响应和阀芯振动位移响应有影响，$f=38\,Hz$ 时的力和位移的响应幅值比 $f=43\,Hz$ 时要大，但相应的平衡位置前者比后者要低。

2. 预启式调节阀稳态流场和流体不平衡力仿真分析

由于预启式调节阀阀芯采用双阀芯（主阀芯和预启阀芯）结构，预启阀芯和主阀芯之间也有流场，再加上整个阀的通道形状比较复杂，使得预启式调节阀阀内的流场比单座式调节阀要复杂得多。与单座式调节阀一样，预启式调节阀开度大小和进出口压差也是影响调节阀内部流场分布、阀芯所受不平衡力以及阀芯–阀杆系统运动的两个基本因素。同样假设预启式调节阀的开度变化范围为 100% ~ 0%（全开 ~ 全闭），压差变化范围为 0.5 ~ 4MPa。

（1）定开度时的稳态流体不平衡力　预启式调节阀在定开度下稳态流体不平衡力的计算方法与单座式调节阀相同，不同的是，这个流体不平衡力是作用在主阀芯和预启阀芯有效面积（与阀芯运动方向垂直的相关表面的面积）上的流体力的总和，并且不平衡力是向下作用在阀芯上的。

表 2-13 列出了不同开度和压差下稳态流体不平衡力的计算结果，根据这些结果绘出的稳态流体不平衡力与阀芯开度和压差的关系如图 2-25 所示。

表 2-13　不同开度和压差下稳态流体不平衡力的计算结果　　　（单位：N）

开度（%）		100	90	80	70	60	50	40	30	20	10
压差/MPa	0.5	608.48	605.04	608.8	607.21	340.63	218.8	282.01	369.79	643.92	399.28
	1.0	1154.3	1156.2	1253.7	1121.8	740.0	574.41	657.46	784.57	1274.6	739.7
	2.0	2057.6	2041.6	2239.4	1712.3	1264.6	853.7	1250.6	1339.1	2188.9	1298.3
	2.5	2626.0	2594.1	2892.6	2617.4	1580.4	1081.0	1441.7	1967.4	3240.5	1738.3
	3.0	3104.6	3069.6	3431.6	3121.8	1828.8	1194.7	1652.9	2287.3	3827.3	2078.7
	3.5	3639.8	3569.0	3981.9	3640.4	2198.8	1425.8	1895.1	2671.7	4450.3	2419.4
	4.0	4179.8	4117.5	4543.1	4164.4	2533.6	1567.9	2097.5	3053.5	5192.3	2759.2

由图 2-25 可以看出：

1）无论进出口压差大小，阀芯上的稳态流体不平衡力随阀芯开度变化的规律是相同的，即开度 50% 时的不平衡力都是最小值，而当开度 80% 和 20% 时则都为局部峰值，其中开度 20% 时都为整个开度区域上不平衡力的最大值，并且压差越大，最大值与最小值之差也越大。

2）无论位移大小，流体不平衡力的总体趋势是随着压差的增加而增大，除了开度 70%、30% 和 20% 外，这种增长几乎是线性的，但是不平衡力线性增长的斜率与开度大小却没有明显的规律性关系。

3）对比图 2-25 和图 2-26，两者的流体不平衡力与开度和压差的关系有明显不同，除了规格不同外，这主要是由单座式和预启式调节阀的结构及工作机理不同造成的。

（2）定开度时的稳态流场　开度和压差作为流场的边界条件，直接

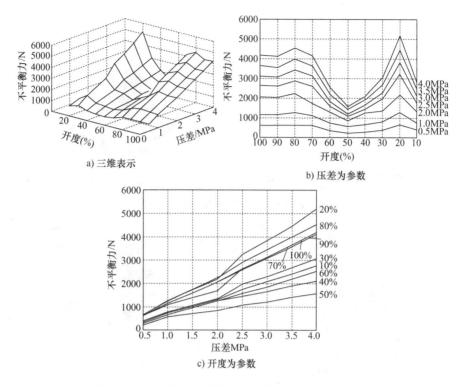

图 2-25　稳态流体不平衡力与阀芯开度和压差的关系

作用于调节阀内部流场（压力场和速度场），并通过流场间接影响稳态不平衡力。图 2-26 给出了压差为 1MPa 时，表 2-13 中不同阀芯开度下的稳态流场云图，其中左边为各个开度下的压力场，右边为对应的速度场。预启式调节阀阀芯有效承载面和工作机理比较复杂，不像单座式调节阀那样可以直接对流场进行定性分析。

　　研究表明：①阀芯位移（开度）和调节阀进出口压差是影响调节阀稳态与动态特性的两个主要因素，流体不平衡力与压差和阀芯位移（开度）的关系以及流场分布取决于调节阀内部流场结构和工作机理；②无论是单座式调节阀还是预启式调节阀，无论阀芯位移（开度）大小，其稳态流体不平衡力均随调节阀进出口压差的增加而增大；③对于单座式调节阀，阀芯运动速度对流体不平衡力有一定影响，速度越大，流体不

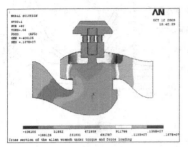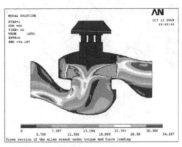

a) 开度为100%时的稳态压力场和稳态速度场

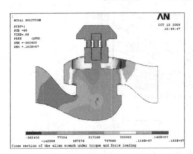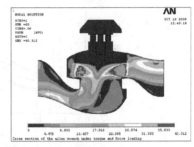

b) 开度为90%时的稳态压力场和稳态速度场

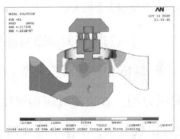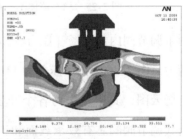

c) 开度为80%时的稳态压力场和稳态速度场

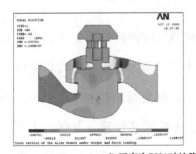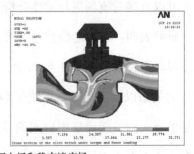

d) 开度为70%时的稳态压力场和稳态速度场

图 2-26 压差为 1.0MPa 时不

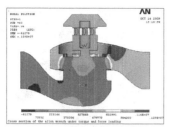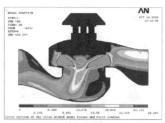

e) 开度为60%时的稳态压力场和稳态速度场

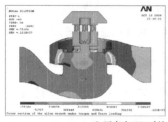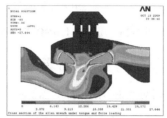

f) 开度为50%时的稳态压力场和稳态速度场

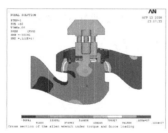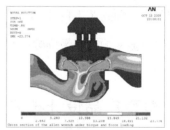

g) 开度为 40%时的稳态压力场和稳态速度场

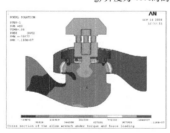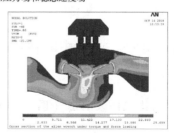

h) 开度为 30%时的稳态压力场和稳态速度场

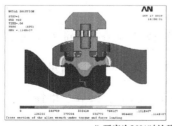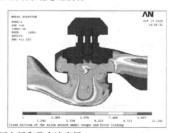

i) 开度为20%时的稳态压力场和稳态速度场

同阀芯开度下的稳态流场云图

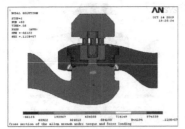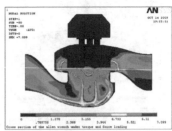

j) 开度为10%时的稳态压力场和稳态速度场

图 2-26　压差为 1.0MPa 时不同阀芯开度下的稳态流场云图（续）

平衡力也越大，尽管这种影响不显著，但是，阀芯运动时的动态流体不平衡力相对阀芯固定时的稳态流体不平衡力在一定阀芯位移（开度）范围内有明显差别，而且压差越大，这种差别越显著；④对于单座式调节阀，阀芯位移和阀芯上的流体不平衡力在变开度或定开度条件下的自由振动及强迫振动响应与激励频率与压差大小有关。

2.2　典型产品设计技术

2.2.1　单座式调节阀设计技术

1. 阀体组件装配图（图 2-27）

2. 设计计算

调节阀作为管道系统的一个重要组成部分，应保证安全可靠地执行管道系统对阀门提出的使用要求。因此，其设计必须满足工作介质的压力、温度、腐蚀性、流体特性以及操作、制造、安装、维修等方面对阀门提出的全部要求。

（1）设计前的准备　设计调节阀前，必须明确给定的技术数据，即

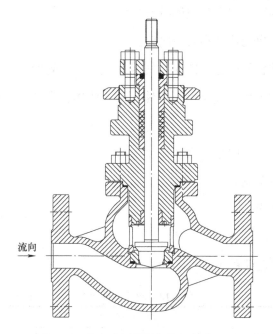

图 2-27　单座式调节阀阀体组件装配图

"设计输入"，在此基础上方可正确地完成设计。

1）调节阀"设计输入"必须具备以下基本数据：

① 阀门的用途或种类。

② 介质的流量。

③ 介质的工作压力及设计压力。

④ 介质的工作温度及设计温度。

⑤ 介质的物理、化学性能（腐蚀性、易燃易爆性、毒性、物态等）。

⑥ 公称通径。

⑦ 结构长度要求。

⑧ 与管道的连接形式。

⑨ 阀门的操作方式(气动、电动、电液、手动等)。

2）在进行调节阀技术设计和图样设计前，应掌握的数据和技术要求

如下：

① 阀门的流通能力和流体阻力系数。

② 阀门的启闭速度和启闭次数。

③ 驱动装置的能源特性（空气压力、交流电或直流电、电压等）。

④ 阀门的工作环境及保养条件（是否防爆，是否为热带、寒冷气候条件等）。

⑤ 外形尺寸的限制。

⑥ 质量的限制。

⑦ 抗振要求。

⑧ 经济性。

（2）阀门设计程序（表2-14）

表2-14　阀门设计程序

设计和开发策划	1. 设计和开发阶段
	2. 适用于每个设计和开发阶段的评审、验证和确认活动
	3. 设计和开发的责任及权限
设计和开发输入	1. 功能和性能要求
	2. 适用的法律法规要求
	3. 以前类似设计提供的信息
	4. 设计和开发必须满足的其他要求
设计和开发输出	1. 满足设计和开发输入的要求
	2. 给出采购、生产和服务提供的适当信息
	3. 包含或引用产品接受标准
	4. 规定保证产品安全和正常使用所必需的产品特性
设计和开发评审	1. 评价设计和开发的结果满足要求的能力
	2. 识别任何问题并提出必要措施
设计和开发验证	1. 变换方法进行计算
	2. 与已证实的类似设计进行比较
	3. 试验和演示
设计和开发确认	以产品鉴定的方式进行确认
设计和开发更改	—

（3）主要零件设计

1）阀体设计。阀体是阀门的主要组成部分，用于连接管道和实现流体通路，而且可安置阀内件、接触各种介质并承受流体压力，应符合使用压力、温度、冲蚀、腐蚀条件等各方面的要求，并根据工程实践、安装要求决定阀体形状、结构和连接形式。阀体型式、材料是两大要素。

2）阀内件设计。国家标准 GB/T 17213.1—2015《工业过程控制阀第 1 部分：控制阀术语和总则》（等效于 IEC 60534-1：2005）对阀内件（valve trim）的定义：阀内接触被控流体的功能部件，如截流件、阀座、套筒、阀杆，以及连接阀杆与截流件的部件等。阀体、阀盖、底法兰和垫圈等不属于阀内件。

阀内件是与流体直接接触的、阀内可拆卸的，具有改变流通截面积和截流件导向等作用的零部件的总称，包括典型截流件的阀芯和阀座，还包括套筒、阀杆以及减噪器、抗空化汽蚀部件、导向件、密封件、固定件等。阀内件的主要功能首先是使流通截面积按一定规则和比例变化，实现流通能力和阀芯/阀杆行程之间的相互关系，其次是保证紧密关闭符合国内和国际标准规定的泄漏率。

阀芯是阀内件中最为关键的部件之一，同时，它是控制阀的可动部件。阀芯与阀座配合使用，可紧密关闭切断流体，可通过改变截流截面积来调节流体通过量，从而达到过程控制的目的。阀芯的形状（或笼式阀的套筒开口形状）决定着控制阀的流量特性，如常见的线性、等百分比特性、快开特性和抛物线特性等。阀芯阀座的尺寸以及阀内流路决定着控制阀的最大流通能力。阀芯阀座的选材及其工艺处理决定着控制阀的应用工况和可靠性。阀芯阀座以及阀内件的设计直接反映了控制阀厂家的技术水平。

3）阀芯设计。为了获得不同的阀门特性，阀芯的结构多种多样，一般分为直行程和角行程两大类。单座式调节阀一般都是顶部导向的直行程调节阀，采用最多的是柱塞型阀芯、V 开口型阀芯和套筒型阀芯，以及用于小流量的针形或圆柱铣槽阀芯，还有抗空化汽蚀的多级阀芯和特殊设计阀芯，如图 2-28 所示。

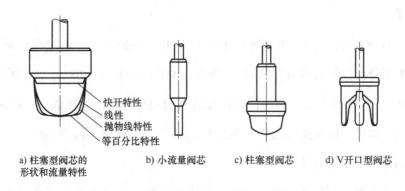

a) 柱塞型阀芯的　　　　　b) 小流量阀芯　　　c) 柱塞型阀芯　　　d) V开口型阀芯
形状和流量特性

图 2-28　典型的直行程调节阀阀芯

4）填料设计。控制阀的密封填料由填料函部件和填料组成，用于实现对阀杆运动的动密封，是防止调节阀外泄漏、保证阀杆正常提升以及维持调节阀静态和动态特性所不可忽视的部件。在调节阀运行中所有发生的故障统计中，密封填料泄漏的故障率较高，甚至会造成工艺系统停车或引发环境污染。密封填料的使用由来已久，一些机泵也使用填料作为静、动密封。密封填料部件易于加工、操作简单、价格不高，这使得部分厂商在设计和选用调节阀时对其考虑较少，细节设计不到位。随着流程工业对控制要求和功能安全要求的不断提高，对控制阀环保场合泄漏量的密封性能、动密封的长久性能和延长检维修周期的要求也不断提高，使控制阀密封填料变得重要起来。如何设计出结构合理、安全可靠的密封填料，是国内外多数制造商的研究内容。

5）密封理论。密封填料的设计基于力比较、力平衡原理，应使密封填料的密封力大于被密封的阀内压力（流体介质的压力）的作用力。

根据填料密封时的压力分布理论和各种密封填料的实际工况测试，得出下列公式

$$p_{\mathrm{r}} = K p_{\mathrm{o}} \exp \left[\frac{\mu_1 + \mu_2 \dfrac{d_0}{d_1}}{\left(\dfrac{d_0}{d_1} \right)^2 - 1} \frac{s}{d_1} \right] \tag{2-29}$$

式中　p_{r}——填料的径向压力；

$\quad\quad p_{\mathrm{o}}$——作用在填料压盖上的压紧力；

$\quad\quad K$——填料的应力比值；

$\quad\quad d_1$——阀杆直径；

$\quad\quad d_0$——填料函孔径；

$\quad\quad s$——填料长度；

$\quad\quad \mu_1$——填料与阀杆间的动摩擦系数；

$\quad\quad \mu_2$——填料与阀杆间的静摩擦系数。

分析密封压力方程式并结合实际应用可知：

① 提高填料函和阀杆的加工粗糙度及表面精度十分重要，尽量不让压紧力 p_{o} 过多地衰减，使径向压力 p_{r} 能够大于被密封的阀内压力，而光洁度不够会使内摩擦加大，造成径向压力 p_{r}（即密封力）下降和密封性能变差。填料函和阀杆应采用表面抛光工艺来降低表面粗糙度值，并利用滚压技术提高表面硬度。

② 合理设定填料函孔径。填料函孔径和阀杆直径的比值 d_0 / d_1 对径向压力有影响，不同的制造商在实际应用中也有不同的相对于阀杆的直径比经验值。

③ 选择合适的填料长度。填料长度 s 的值并不是越大越好，s 的经验值为 1.5 倍的阀杆直径。

④ 要考虑填料的温度特性、变形及磨损，如采用弹簧加载设计来保证密封效果。

⑤ 根据不同应用，选择不同的填料函结构和填料材料，要有利于使用和维护。

填料的选择主要是考虑填料的工作温度以及密封效果、摩擦力、使用寿命等。对填料的要求如下：

a. 有一定的塑性，在压紧力作用下能产生一定的径向力并与阀杆紧密接触。

b. 有足够的化学稳定性。不污染介质，不会被介质泡胀，填料中的浸渍剂不会被介质溶解，填料本身不腐蚀密封面。

c. 自润滑性能良好，耐磨，摩擦系数小。

d. 当阀杆出现少量偏心时，填料应有足够的浮动弹性。

e. 制造简单、装填方便。

(4) 流量系数（C'_V）计算

$$C'_V = 1.167 \times 5.09 \frac{A}{\sqrt{\varepsilon}} \qquad (2\text{-}30)$$

式中 C'_V——计算所得流量系数；

    A——调节阀处于全开状态时的流通面积（cm^2），取流量调节套筒的最大流通面积；

    ε——流阻系数（根据设计结构，并参考《实用阀门设计手册》1.6.2 节中的阀门流阻系数选取）；

    C_V——选取的额定流量系数。

(5) 阀门的开启、关闭力计算

$$F_{关} = F_Y + F_t + F_f - G \qquad (2\text{-}31)$$

$$F_{开} = F_f - F_t + G \qquad (2\text{-}32)$$

式中 $F_{关}$——阀门所需关闭力（N）；

$F_{开}$——阀门所需开启力（N）；

F_Y——阀座所需密封力（N）；

F_t——不平衡力（N）；

F_f——填料摩擦力（N）；

G——阀芯或（阀芯 + 阀杆）的重力（N）。

其中

$$F_Y = \pi d_g \varepsilon \tag{2-33}$$

$$F_t = \frac{\pi}{4} d_{g1}^2 p_1 - \frac{\pi}{4}(d_{g1}^2 - d^2)p_1 \tag{2-34}$$

$$F_f = \pi d h z P_1 f \tag{2-35}$$

式中　d_g——阀座直径（mm）；

d——阀杆直径（mm）；

p_1——最大关闭压差或最大阀前压力（MPa）；

h——单圈填料高度（mm）；

z——填料圈数；

f——摩擦系数，这里采用石墨填料；

ε——阀座密封系数。

3. 强度校核

（1）阀体壁厚的设计与计算　阀体壁厚的计算公式为

$$t_1 = \frac{1.5 p_c d}{2S - 1.2 p_c} \tag{2-36}$$

式中　t_1——计算得出的壁厚（mm）；

p_c——压力等级额定指数（psi）[⊖]；

────────

⊖　1psi = 6894.76Pa

d——流道最小直径（mm）；

S——应力系数，这里取 $S = 7000\mathrm{psi}$。

若 $t > t_1$ 且 $t > t_2$，则设计合理。

其中　t_2——查 ASME B16.34—2017《法兰、螺纹和焊连接的阀门》得到的最小壁厚值（mm）；

　　t——阀体壁厚实际取值（mm）。

（2）阀体中法兰连接的设计与计算　阀体中法兰连接的设计如图 2-29 所示，应满足 ASME B16.34—2017《法兰、螺纹和焊连接的阀门》的要求。其校核公式为

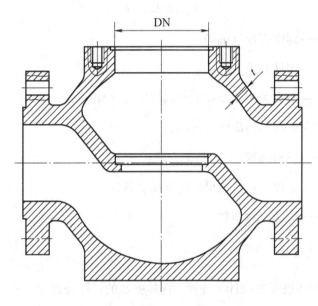

图 2-29　阀体中法兰连接的设计

$$p_c \frac{A_g}{A_b} \leq 0.45\, S_a \leq 9000 \tag{2-37}$$

式中　p_c——压力等级额定指数（psi）；

　　A_g——由垫片的有效外周边所限定的面积（mm^2）；

　　A_b——螺栓的抗拉应力总有效面积（mm^2）；

S_a——螺栓的许用应力（psi），当 $S > 20000\text{psi}$ 时，取 $S = 20000\text{psi}$。

（3）上阀盖法兰厚度的设计与计算　由 ASME B16.34—2017 中法兰厚度的计算公式整理得

$$t_B = \sqrt{\frac{1.9F_{LZ}S_G}{D_{DP}[\sigma]}} \tag{2-38}$$

式中　t_B——上阀盖法兰计算厚度（mm）；

D_{DP}——垫片平均直径（mm）；

F_{LZ}——螺栓总计算载荷（N）；

S_G——螺栓中心到垫片压紧力作用中心线的径向距离（mm）；

$[\sigma]$——材料许用应力（MPa），查《实用阀门设计手册》；

（4）阀杆强度的设计与计算　强度校核公式为

$$\sigma_L \leqslant [\sigma_L] \tag{2-39}$$

式中　σ_L——阀杆所受最大轴向应力（MPa），$\sigma_L = \dfrac{F}{A}$，其中 F 为阀杆所受最大轴向力（N），取执行机构输出力，A 为阀杆最小横截面积（mm^2）；

$[\sigma_L]$——材料的许用拉应力/推力（MPa），取拉应力和推力中较小者。

2.2.2　双座式（压力平衡式）调节阀设计技术

1. 阀体组件装配图（图 2-30）

2. 设计计算

双座式（压力平衡式）结构主要应用于大口径、高压力的阀门。调节阀工作时，阀前后的压差作用在阀芯上，对阀芯产生一个推力，其大

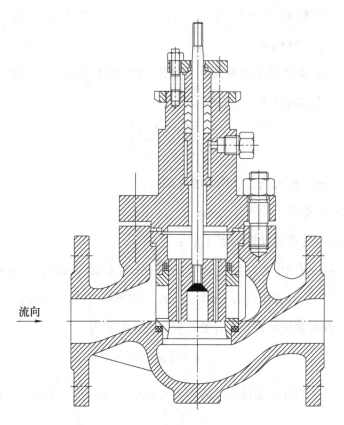

图 2-30 双座式调节阀阀体组件装配图

小为压差与阀芯面积的乘积，方向和介质的流向相同。普通（非平衡式）调节阀工作时，作用力完全作用在阀芯上，使阀杆动作需要很大的力。双座式（压力平衡式）调节阀就是采取一些措施将这个作用力减小（抵消）一部分。例如，改变阀芯后的通道，并将部分压力直接引导到阀芯后方来抵消作用力。

阀门开启、关闭力的计算公式为

$$F_{\text{关}} = F_Y + F_t + F_f - G \tag{2-40}$$

$$F_{\text{开}} = F_f - F_t + G \tag{2-41}$$

式中 $F_{\text{关}}$——阀门所需关闭力（N）；

$F_{\text{开}}$——阀门所需开启力（N）；

F_Y——阀座所需密封力（N）；

F_t——不平衡力（N）；

F_f——填料摩擦力（N）；

G——阀芯或（阀芯＋阀杆）的重力（N）。

其中

$$F_Y = \pi d_{g1} \varepsilon \qquad (2\text{-}42)$$

$$F_t = \frac{\pi}{4} d^2 p_2 \qquad (2\text{-}43)$$

$$F_f = \pi d h z p_2 f \qquad (2\text{-}44)$$

式中　d_{g1}——阀座直径（mm）；

d——阀杆直径（mm）；

p_2——最大阀后压力（MPa）；

h——单圈填料高度（mm）；

z——填料圈数；

f——摩擦系数，这里采用石墨填料；

ε——阀座密封系数。

3. 强度校核

双座式调节阀与单座式调节阀的强度校核方法一致，这里从略。

2.2.3　多级降压结构设计技术

多级降压结构示意图如图 2-31 所示。

采用不同类型的控压元件（图 2-32），以多级降压及介质对冲耗能为核心设计理念，设计适用于严酷工况的多级降压阀门系列产品，从结构设计本身来避免因高压降流导致的阀门内件冲蚀、振动及噪声超标等一系列不良现象。

阀体分析计算内容见表 2-15。

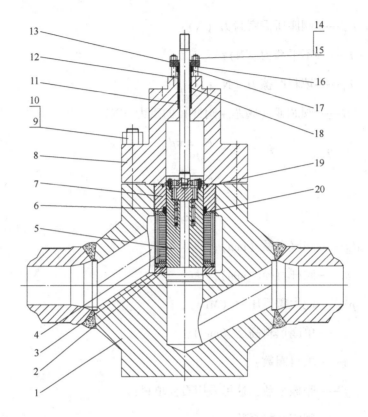

图 2-31　多级降压结构示意图

1—阀体　2—阀座　3—密封垫　4—控压元件　5—阀芯部件　6—活塞环　7—上套筒

8—上阀盖　9、14—双头螺柱　10、15—六角螺母　11—填料底垫　12—填料压盖

13—填料压板　16—小压环　17—碟簧　18—填料部件　19—大密封垫　20—导向套

a) 迷宫块　　　b) 防空化串式多级降压阀芯组件　　c) 空间转角蚁穴式降压套筒

图 2-32　控压元件

表 2-15　阀体分析计算内容

名称	内　容	符合标准
阀体分析计算	确定压力级额定值	ASME B16.34—2017
	确定阀体壁厚并进行强度校核	
多级降压分析计算	确定降压级数，节流级数的多少取决于阀上的总压降	ISA 相关设计标准
	出口流速/能量及噪声分析	
	阀门整机 C_v 确定	
法兰螺栓分析计算	设计工况下的螺栓载荷	ASME B 16.34—2017
	垫片压紧情况下的螺栓载荷	
	设计工况下的总横截面积	
	垫片压紧情况下的螺栓横截面积	
	螺栓最小横截面积	
	设计工况下的法兰设计螺栓载荷	
	垫片压紧情况下的法兰设计螺栓载荷	
气动执行机构选定	计算需要克服的阻力	—
	选择执行机构的输出力	
	测算阀门全行程动作时间	
阀杆分析校核	强度分析校核	ASME B 16.34
	稳定性分析：阀杆稳定，不必进行稳定性校核	

2.2.4　锁渣阀设计技术

1. 阀体组件结构图（图 2-33）

2. 设计计算

（1）主阀体壁厚计算

1）按《阀门设计手册》中的阀体厚度计算公式，分别计算阀体孔内径、公称内径（即流道孔内径）和阀体壁厚薄弱点（一般为阀体阀座孔处）处的壁厚。

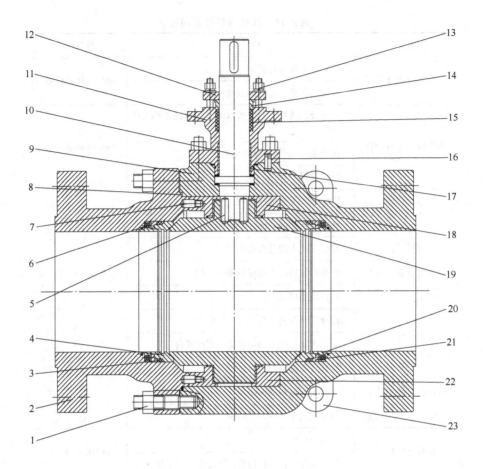

图 2-33　锁渣球阀结构图

1—主、副阀体连接螺栓　2—副阀体　3—阀座密封环　4—阀座　5—传动销　6—阀座弹簧

7—轴瓦定位销　8—密封垫片　9—主阀体　10—轴　11—上阀盖　12—填料压板

13—填料螺栓　14—填料压盖　15—填料　16—上阀盖定位销　17—滑动轴承

18—上轴瓦　19—球芯　20—弹簧座　21—密封座支架　22—下轴瓦　23—支脚和吊耳

$$S_{\mathrm{B}} = \frac{pD_{\mathrm{N}}}{2.3[\sigma_{\mathrm{L}}] - p} + C \qquad (2\text{-}45)$$

式中　S_{B}——计算阀体壁厚（mm）；

　　　p——计算压力（MPa），取 1.5 倍的公称压力；

D_N——阀体内径尺寸（mm），D_N 分别取阀体孔内径、公称内径（即流道孔内径）和阀体壁厚薄弱点的内径（一般为阀座孔内径）计算三处壁厚；

$[\sigma_L]$——材料的许用拉应力（MPa）；

C——考虑铸造偏差、工艺性和介质腐蚀等因素而附加的余量，$C = 5 \sim 10$。

2）按 ASME B16.34—2017《法兰、螺纹和焊连接的阀门》和 GB/T 12224—2015《钢制阀门一般要求》查标准最小壁厚 t_m。

3）设计取值。根据计算值和标准最小壁厚，同时考虑增加加强筋（增加阀体整体结构的稳定性）的情况来确定设计值。

（2）副阀体壁厚计算

1）按《阀门设计手册》中的阀体厚度计算公式 [式(2-45)]，分别计算公称内径（即流道孔内径）和阀体壁厚薄弱点（一般为阀体阀座孔处）处的壁厚。

式中，阀体内径尺寸 D_N 分别取公称内径（即流道孔内径）和阀体壁厚薄弱点的内径（一般为阀座孔内径）计算两处壁厚。其他参数的计算同主阀体壁厚的计算。

2）按 ASME B16.34—2017《法兰、螺纹和焊连接的阀门》和 GB/T 12224—2015《钢制阀门一般要求》查标准最小壁厚 t_m。

3）设计取值。根据计算值和标准最小壁厚，同时参考增加加强筋（增加阀体整体结构的稳定性）的情况来确定设计值。

（3）密封比压计算　密封副的设计与计算简图如图 2-34 所示。

根据《阀门设计手册》，为保证有效密封，必须满足

$$q_m < q < [q] \tag{2-46}$$

式中　q_m——密封面上必须达到的密封比压（MPa）；

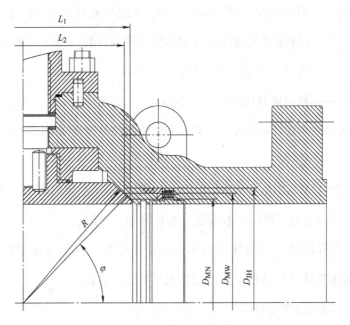

图 2-34 密封副的设计与计算简图

q——密封面上的计算密封比压（MPa）；

$[q]$——材料的许用密封比压（MPa）。

其中
$$q_m = \frac{4 + 0.6p}{\sqrt{b_m}} \qquad (2-47)$$

式中 b_m——密封面宽度（mm）；

　　p——设计压力（MPa），取公称压力；

$$q = \frac{p(D_{JH}^2 - 0.6D_{MN}^2 - 0.4D_{MW}^2)}{8Rh\cos\varphi} \qquad (2-48)$$

式中 D_{JH}——密封阀座外径（mm）；

　　D_{MN}——阀座密封面内径（mm）；

　　D_{MW}——阀座密封面外径（mm）；

　　R——球体半径（mm）；

　　h——密封面带轴向宽度（mm），$h = L_1 - L_2$；（其中，L_1 为阀座

　　密封面外径到轴心的距离（mm）；L_2 为阀座密封面内径到

轴心的距离（mm）。

φ——密封面中线与流道的夹角；

（4）扭矩的计算　硬密封球阀的扭矩为球阀的总摩擦力矩，由弹簧预紧力产生的密封副摩擦力矩 M_{QG1}、介质工作压力产生的摩擦力矩 M_{QG2}、填料与主轴摩擦力矩 M_{FT1}、止推垫片与主轴摩擦力矩 M_{FT2}、轴承的摩擦力矩 M_{ZC} 组成，即

$$M = M_{QG1} + M_{QG2} + M_{FT1} + M_{FT2} + M_{ZC} \tag{2-49}$$

$$M_{QG1} = \pi(D_{MW}^2 - D_{MN}^2)(1 + \cos\varphi)q_M f_M \frac{R}{4}/1000 \tag{2-50}$$

$$M_{QG2} = \pi P f_M R(D_{JH}^2 - 0.5D_{MN}^2 - 0.5D_{MW}^2)\frac{1 + \cos\varphi}{8\cos\varphi}/1000 \tag{2-51}$$

$$M_{FT1} = 0.6\pi f_1 d_1 Z h_t P/1000 \tag{2-52}$$

$$M_{FT2} = \frac{0.5(D_t + d_1)}{2}\frac{\pi}{16}\Psi(D_t + d_1)^2 P/1000 \tag{2-53}$$

$$M_{ZC} = \frac{\pi}{8}D_{JH}^2 P f_z d_{QJ1}/1000 + \frac{\pi}{8}D_{JH}^2 P f_z d_{QJ2}/1000 \tag{2-54}$$

式中　D_{JH}——密封阀座外径（mm）；

$\quad D_{MN}$——阀座密封面内径（mm）；

$\quad D_{MW}$——阀座密封面外径（mm）；

$\quad R$——球体半径（mm）；

$\quad \varphi$——密封面中线与流道的夹角；

$\quad q_M$——密封面上的最小密封比压（MPa），$q_M \geqslant 2\text{MPa}$；

$\quad f_M$——密封面摩擦系数，$f_M = 0.2$；

$\quad P$——设计压力（MPa），取公称压力；

$\quad f_1$——填料与主轴摩擦系数，$f_1 = 0.15$；

$\quad d_1$——填料处的主轴直径（mm）；

$\quad Z$——填料数量；

h_t——单个填料高度（mm）；

D_t——止推垫片受力面外径（mm）；

ψ——止推垫与主轴摩擦系数（mm）；

d_{QJ1}——上轴承配合处轴径（mm）；

d_{QJ2}——下轴承配合处轴径（mm）；

f_z——轴承摩擦系数，$f_z = 0.15$。

3. 强度校核

（1）轴的强度校核　依据《阀门设计手册》中球阀阀杆的强度验算公式来校核轴的强度。

轴截面的抗扭强度为

$$\tau = \frac{M}{W_1} \leqslant [\tau_N] \tag{2-55}$$

式中　τ——轴截面的计算抗扭强度（MPa）；

M——计算扭矩（N·mm），取 1.5 倍的阀门计算扭矩；

W_1——轴截面抗扭截面系数（mm³），$W_1 = \pi d^3/16$，d 为轴直径（mm）；

$[\tau_N]$——轴材料的许用扭应力（MPa）。

（2）轴的键槽截面和轴方截面的强度校核　依据《阀门设计手册》，轴在键槽截面和轴方截面处强度最弱，因此，应在键槽截面和轴方截面处进行强度校核。

1）轴的键槽截面抗扭强度校核。轴的键槽截面抗扭强度为

$$\tau = \frac{M}{W_3} \leqslant [\tau_N] \tag{2-56}$$

式中　τ——轴截面的计算抗扭强度（MPa）；

M——计算扭矩（N·mm），取 1.5 倍的阀门计算扭矩；

W_3——轴键槽截面抗扭截面系数（mm³），$W_3 = \dfrac{\pi d^3}{16} - \dfrac{bt(d-t)^2}{d}$，其

中 d 为轴直径（mm），b 为键槽宽度（mm），t 为键槽深度（mm）；

$[\tau_N]$——轴材料的许用扭应力（MPa）。

2）轴的轴方截面抗扭强度的校核。轴的轴方截面抗扭强度为

$$\tau = \frac{M}{W_1} \leqslant [\tau] \tag{2-57}$$

式中　τ——轴截面的计算抗扭强度（MPa）；

　　M——计算扭矩（N·mm），取 1.5 倍的阀门计算扭矩；

　　W_1——抗扭截面系数（mm³），$W_1 = \dfrac{b^3}{4.8}$，b 为轴方宽度（mm）。

（3）圆柱销连接的强度校核　按《机械设计手册》中圆柱销的抗剪强度计算公式，圆柱销的抗剪强度 $\tau \leqslant [\tau]$。计算公式为

$$\tau = \frac{4 \times 1000M}{n\pi d_0^2 d} \tag{2-58}$$

式中　τ——销的计算抗剪强度（MPa）；

　　M——计算扭矩（N·m），取 1.5 倍的阀门计算扭矩；

　　d——轴直径（mm）；

　　d_0——销直径（mm）；

　　n——圆柱销数量。

（4）螺栓连接的强度校核

1）按 ASME B16.34—2017《法兰、螺纹和焊连接的阀门》校核上、下阀盖和阀体的螺栓连接强度。

$$p_c \frac{A_g}{A_b} \leqslant K_1 S_a \leqslant 9000 \tag{2-59}$$

式中　p_c——压力额定值磅级数；

　　A_g——由垫片的有效周边所限定的面积（mm²），$A_g = \pi D_p^2 / 4$，D_p 为垫片的外径（mm）；

　　A_b——螺栓总抗拉应力有效面积（mm²），$A_b = ZF_1$，Z 为螺栓

数量；

F_1——单个螺栓的有效面积（mm^2）；

K_1——计算常数（MPa），$K_1 = 65.26MPa$；

S_a——螺栓在38℃时的许用应力（MPa），$S_a = 137.9MPa$。

2）按 ASME B16.34—2017《法兰、螺纹和焊连接的阀门》校核主、副阀体的螺栓连接强度。

$$p_c \frac{A_g}{A_b} \leqslant K_2 S_a \leqslant 7000 \qquad (2\text{-}60)$$

式中 K_2——计算常数，$K_2 = 50.76MPa$。

其他参数的含义同式(2-59)。

2.2.5 三偏心蝶阀设计技术

1. 阀体组件结构图

以法兰式结构为例，三偏心蝶阀的基本结构如图 2-35 所示。

2. 设计计算

（1）阀体壁厚

1）确定方法。阀体壁厚有多种计算方法，如采用标准数据或者按公式计算。壁厚相关标准有美国标准 ASME B16.34—2017《法兰、螺纹和焊连接的阀门》和我国国家标准 GB/T 12224—2015《钢制阀门一般要求》。阀体壁厚的设计计算采用《阀门设计手册》中的计算公式，得到的是理论计算壁厚，在实际取值时通常需要根据设计工况增加安全系数。

2）计算步骤。根据 ASME B16.34—2017 或 GB/T 12224—2015，按内径和压力等级查最小壁厚表；或者按阀体最大内径和压力等级选用对应的计算公式。

《阀门设计手册》规定：对于蝶阀阀体这种圆筒型阀体，低压和中压

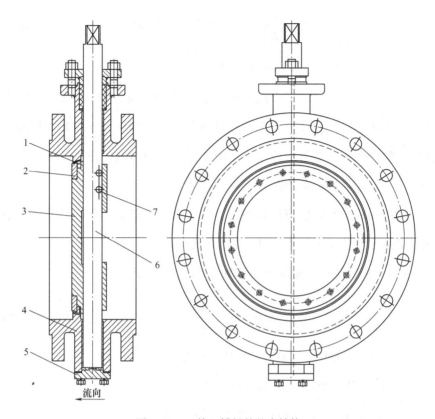

图 2-35 三偏心蝶阀的基本结构

1—密封环 2—压环 3—阀板 4—阀体 5—底盖 6—轴 7—传动销

阀门一般采用薄壁阀体公式计算，高压阀门则采用厚壁阀体公式计算。

① 薄壁阀体公式。按第四强度理论计算，即

$$\delta = \frac{p_c D_i}{2.3[\sigma_L] - p_c} + C \tag{2-61}$$

式中　p_c——计算压力（MPa），取阀体设计压力；

D_i——阀体中腔最大内径（mm）；

C——考虑铸造偏差、工艺性和介质腐蚀等因素而附加的余量，

$C = 4$；

$[\sigma_L]$——材料的许用拉应力（MPa）。

② 厚壁阀体公式。按厚壁容器公式计算，即

$$\delta = \frac{D_{\mathrm{i}}}{2}\left(\sqrt{\frac{[\sigma]}{[\sigma] - 1.732p_{\mathrm{c}}}}\right) + C \tag{2-62}$$

其中，$[\sigma]$ 取 $R_{\mathrm{eL}}/2.3$ 和 $R_{\mathrm{m}}/2.5$ 中的较小值。

（2）阀板厚度计算　蝶阀阀板是承压件，按 GB 150.3—2011《压力容器　第 3 部分：设计》中的公式计算其厚度。按压力等级和毛坯形式不同，蝶阀阀板通常有两种结构，即平板式和龟背式，分别按圆形平盖和受内压球冠形封头来计算。

实际阀板厚度的取值应兼顾材料的高温力学性能、阀板结构等，如果在结构中增加了加强筋，则不再增加安全系数。

1）平板式结构。按压力容器圆形平盖计算，即

$$\delta = D\sqrt{\frac{Kp_{\mathrm{c}}}{[\sigma_{\mathrm{t}}]\varphi}} \tag{2-63}$$

式中　D——平盖直径（mm），取阀板直径；

$\quad\quad p_{\mathrm{c}}$——计算压力（MPa），取设计压力；

$\quad[\sigma_{\mathrm{t}}]$——设计温度下的材料许用应力（MPa）；

$\quad\quad \varphi$——焊接系数，$\varphi = 1$；

$\quad\quad K$——结构特征系数，$K = 0.27$。

2）龟背式结构。按受内压球冠形封头公式计算，即

$$\delta = \frac{Dp_{\mathrm{c}}}{4[\sigma_{\mathrm{t}}]\varphi - p_{\mathrm{c}}} \tag{2-64}$$

式中　D——封头直径（mm），取阀板内球面直径。

其他参数的含义同式（2-63）。

（3）扭矩计算　三偏心蝶阀常用于切断，因此，蝶阀开启时的力矩最大。开启力矩由开启瞬间密封面间的摩擦力矩 M_{m}、阀杆两侧轴套的摩擦力矩 M_{ZT}、填料的摩擦力矩 M_{T} 和不平衡力矩 M_{P} 组成，其中

$$M_{\mathrm{m}} = \pi Db_{\mathrm{m}}q_{\mathrm{mf}}fR/1000 \tag{2-65}$$

$$M_{ZT} = \frac{\pi}{4}D^2 p_1 \frac{d}{2}\mu / 1000 \qquad (2\text{-}66)$$

$$M_T = 0.6\pi\mu_T d_T Z b_T P_1 / 1000 \qquad (2\text{-}67)$$

$$M_P = \pi D^2 p_1 \Delta h / 4 \times 0.0001 \qquad (2\text{-}68)$$

式中　D——阀板直径（mm）；

　　　b_m——密封面宽度（mm）；

　　　q_{mf}——密封比压（MPa），$q_{mf} = \dfrac{4 + 0.6p_1}{\sqrt{b_m}}$；　　　$(2\text{-}69)$

　　　d_T——单圈填料深度（mm）；

　　　Z——填料圈数；

　　　μ_T——阀杆与填料间的摩擦系数，$\mu_T = 0.1$；

　　　f——摩擦系数，$f = 0.15$；

　　　R——密封面摩擦半径（mm），$R = \sqrt{D^2 + h^2}$；

　　　h——第一偏心矩（mm）；

　　　p_1——关闭压差（MPa），取设计压力；

　　　d——轴直径（mm）；

　　　μ——轴套摩擦系数，$\mu = 0.1$；

　　　Δh——第二偏心距（mm）。

2.3　设计验证

2.3.1　试验设计

调节阀是控制阀中的主要产品，它作为过程控制中的终端组件，随着自动化程度的不断提高，已日益广泛地应用于冶金、电力、化工、石油、轻纺、建筑等工业领域中。但是，由于阀门性能和质量问题造成的停产等重大事故，给工业生产的正常运行、人身安全和财产安全带来了不可估量的损失。据统计，调节阀在某些工况下产生振动是引起各种事故的主要原因，振动严重时甚至会引起阀杆断裂，影响机组的安全平稳运行，而调节阀内流体流动的不稳定是导致阀体振动的主要原因。

研究由调节阀、流体、管道等组成的调节阀系统的振动问题时，一般可以采用近似解析方法、数值模拟方法、试验方法或者它们的组合方法（如半解析-半数值方法、数值模拟-试验分析方法等）。近似解析方法需要对调节阀系统的结构和工况做较大简化，虽然可以较方便地求解出多种条件下的一些近似规律，但由于简化过多，往往会偏离实际结构和工况，一般用于近似估计和初步分析。数值模拟方法可以利用成熟的商业建模分析软件或自行编制专用软件，对实际的调节阀系统结构和工况进行更真实的模拟，但计算量较大，不能较快地得到各种条件下的数值结果，一般用于若干特定条件下的详细分析。无论是近似解析方法还是数值模拟方法，在对实际调节阀系统建模时，都或多或少需要进行一些假设，而且现有建模和分析方法还无法真实地描述实际系统的某些方面，或者在建模分析时不便考虑某些实际影响因素，需要对实际调节阀系统的振动问题进行试验分析，或对解析与数值结果进行试验验证。

现以某型号工业过程控制用调节阀为对象，通过对定开度和变开度时调节阀阀芯-阀杆系统的振动响应、气动控制力和阀芯所受流体压力进行试验测量，得出对应变化规律，并对其进行定性的试验分析，为调节阀系统的振动分析和结构设计提供试验参考依据。

1. 调节阀系统动态响应试验设计

根据试验目的，提出试验原理及整体试验方案，主要研究三部分内容：阀芯上压力测点的布置及安装；气室中压力测点的布置及安装；阀杆上加速度计的测点布置及安装。通过试验，利用信号采集系统同步采集阀芯上的流体压力信号、气室压力信号和阀杆上的加速度信号。

调节阀试验的管路系统原理图如图 2-36 所示。

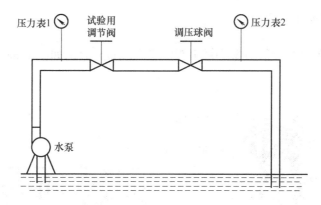

图 2-36　管路系统原理图

信号测量原理图如图 2-37 所示（图中仅画出了调节阀的主体部分）。

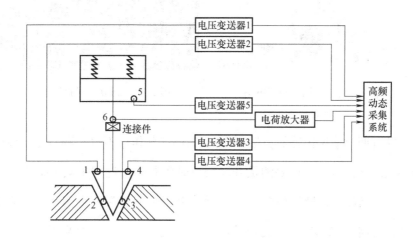

图 2-37　信号测量原理图

1~4—液体压力传感器　5—气体压力传感器　6—加速度传感器

试验使用的控制力是通过带定位器的气动薄膜执行器实现的，控制力大小可以通过测量气室压力得到。阀芯的不平衡力，即流体力不方便直接测量，比较可行的方法是用液体压力传感器测量阀芯上某些区域的压强，通过面积和压强的积分来间接获得流体力。对于阀杆的运动规律，理论上可以采用加速度传感器测量阀杆的加速度，再通过积分得到阀杆的速度、位移。

2. 试验测量方案

传感器测量布置方案和调节阀试验系统布局分别如图 2-38 和图 2-39 所示。

图 2-38　传感器测量布置方案　　　　图 2-39　调节阀试验系统布局

共有四个液压传感器，量程为 0.6MPa，其作用不仅是测量定开度时阀芯上的流体压力，还要测量开度调节时阀芯运动过程中其型面上的流体压力。所以，传感器最好安装在阀芯上，而不是安装在阀体上，其中液压传感器 1、2 安装在阀芯头部，一个靠近进口，另一个靠近出口；液压传感器 3、4 安装在阀芯导向部位与阀芯头部连接处，其位置也是一个靠近进口，另一个靠近出口。

由于气室中压强处处相等，因此将一个气压传感器安装在气室中，用来测量气室压力。将一个加速度传感器安装在阀杆与执行器推杆的连接件上。气压传感器和液压传感器的结构和原理相似，仅是测量介质和量程不同（量程为 0.35MPa）。

阀芯-阀杆系统各处的轴向振动量可近似为完全相同，即阀芯、阀杆、推杆、连接件的轴向振动量完全相同，所以试验中测量一个点的振动即可。可以用加速度计测量每一时刻的加速度来间接反映振动情况。由于试验测的是轴向振动，调节阀也是竖直放置的，因此加速度计很难直接连接在阀杆上，也不能放在阀芯上，仅能固定在阀杆和执行器推杆的连接件上。

加装百分表测量阀杆的开度（位移量），从而保证开度的精度，同时也可以定性地监测阀杆-阀芯系统的振动。调节阀的进出口连接管道上都有测压头，以便及时了解阀门前后压差。

试验的信号采集分析系统是动态信号采集分析仪（型号为 RA1000），可以同时采集 16 通道信号。气压传感器、液压传感器经过电压变送器、加速度计经过电荷放大器后输入到分析仪，共占用六个通道。

2.3.2　试验分析

对调节阀动态响应进行了四组试验：①定开度、无水通过试验，其目的是了解调节阀及管道系统无流体激励时的振动响应，作为后面三组试验的响应参照基准；②变开度、无水通过试验，其目的是了解无水条件下开度变化对调节阀振动响应的影响；③定开度、变压差试验，其目的是了解进出口流体压差的变化对调节阀振动响应的影响；④变开度、定压差试验，其目的是了解给定进出口流体压差条件下开度变化对调节阀振动响应的影响。试验数据用 MATLAB 软件显示和分析处理，时域信号仍沿用传感器变送器输出电压单位。通过多次预试验表明，试验数据的重复性可以满足本节的分析要求。

1. 定开度、无水通过试验

为了了解调节阀及管道系统在无流体激励时的振动响应，通过脉冲方式对调节阀及管路系统整体进行激励。具体的激励和测量方法是，在调节阀开度固定且无流体通过时，用锤子敲击阀体，由阀杆和执行器推杆的连接件上的加速度计拾振。加速度计电压响应信号经过高通滤波后的时域信号和对应的功率谱如图 2-40 所示。

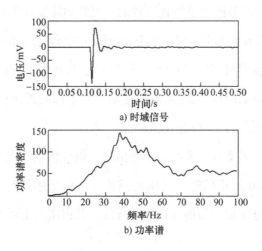

图 2-40 定开度、无水通过试验时加速度

时域信号及其功率谱

由图 2-40 可以看出，系统阻尼很大，振动峰值频率约为 38Hz。由实测的阀芯-阀杆系统总质量以及弹簧刚度（总质量 $M = 1.5$kg，弹簧刚度系数 $K = 1.0 \times 10^5$N/m），可以推算出阀芯-阀杆弹性系统的振动固有频率为 $\sqrt{K/M}/(2\pi) = 41.1$Hz。由于阀杆的摩擦阻尼很大，故实测振动固有频率会降低。

2. 变开度、无水通过试验

为了了解无水条件下开度变化对调节阀振动响应的影响，以便为有水时调节阀系统的振动分析提供基础和信息，在没有介质（水）的情况下，通过气动控制力调节阀门开度，对应的阀杆连接件处的加速度时域信号和功率谱如图 2-41 所示，其中 100% 表示阀芯全开，0 表示阀芯全闭，左边的图对应开度增大，右边的图对应开度减小。

由于阀芯-阀杆系统的自身调节运动相对上面试验中的锤子敲击所产生

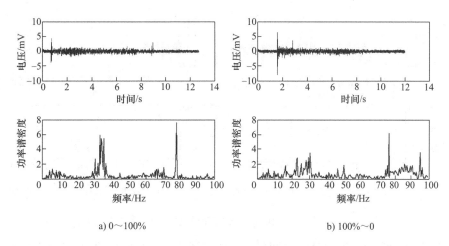

a) 0～100%　　　　　　　　　　　　　b) 100%～0

图 2-41　变开度、无水通过试验时加速度时域信号及其功率谱

的激励能量小，并且调节阀阀芯-阀杆系统的阻尼很大，因而其振动响应幅值较小。当开度由大变小，即阀杆阀芯由上向下运动时，形成对调节阀和管道系统的运动激励，类似于锤子向下敲击阀体，同时，阀芯-阀杆系统自身产生振动，峰值频率主要分布在 30 ~ 40Hz 之间和 80Hz 左右，类似于图 2-40 所示的频率分布。根据前述实测参数推算出的阀芯-阀杆系统固有频率为 41.1Hz，因而可以定性地推断，图 2-41b 所示功率谱中的峰值频率反映了阀芯-阀杆系统的有阻尼固有频率及其倍频。当开度由小变大时，图 2-41a 所示的峰值频率分布有所改变，说明阀芯-阀杆系统的反向运动（由下向上）与正向运动（由上向下）激励响应效果有差异，但总体幅值量级相差不大。

3. 定开度、变压差试验

为了研究阀门定开度工作时的加速度振动响应，需要在阀门开度稳定时用泵加压冲水，用图 2-36 中的调压球阀来调节阀门出口端压力。在定开度下，对调节阀进出口压差由小变大和由大变小的情况分别采样，测量这一过程中调节阀系统的加速度振动响应，如图 2-42 所示。

由图 2-42 可以看出，加速度响应信号随压差变动有明显的起振和止振过程。由于调节阀两端流体压差变动的激励强度比无流体通过、仅由

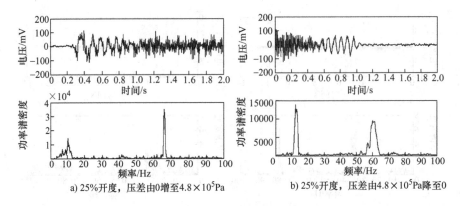

a) 25%开度，压差由0增至4.8×10⁵Pa b) 25%开度，压差由4.8×10⁵Pa降至0

图2-42 定开度、变压差试验时加速度时域信号及其功率谱

阀芯开度变化产生的激励强度要大，使得调节阀振动响应量级相对图2-40和图2-41有明显增大。此外，在小开度、大压差条件下，无论压差变动趋势如何，响应功率谱中的峰值频率分布相对图2-40和图2-41均有向低频范围移动的现象，说明流体压差变动激励时，在一定条件下，有可能使调节阀系统振动响应的峰值频率相对无流体激励时变低。

4. 变开度、定压差试验

在进口流体压力恒定为$6.55×10^4$Pa的情况下，对调节阀阀芯开度由小变大（0～100%）和由大变小（100%～0）的情况分别采样，测量这一过程中调节阀系统的加速度振动响应、气室压力和阀芯所受流体压力信号，分别如图2-43～图2-45所示。

由图2-43可以看出，当调节阀两端流体压差给定时，无论开度变化方向如何，虽然规律不完全相同，但加速度时域响应信号均有明显的起振和止振过程，其功率谱中频率分量更为丰富，而且开度变化方向对振动响应频率分布也有影响。由图2-45可以看出，流体动压力信号含有复杂的周期成分，说明由阀芯变开度引起的流体动压力可以通过流固耦合对调节阀系统形成宽频激励，引起如图2-43所示的加速度宽频响应。

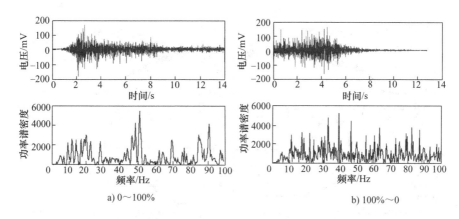

图 2-43　变开度、定压差试验时加速度时域信号及其功率谱

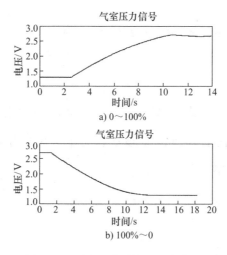

图 2-44　开度调节时气室压力信号

　　对若干情况下调节阀系统的动态响应进行了定性描述和分析，尽管受试验条件和试验难度所限，试验范围尚不足以覆盖调节阀系统的各种工况，所进行的试验测量和分析也略显粗糙，但是，就目前而言，有关这方面的试验研究还是很少见到。

　　试验研究结果表明：调节阀进出口两端流体压差变动和阀芯开度调节都会通过流固耦合对阀芯-阀杆系统及管道系统形成激励，使调节阀系统产生复杂的动态响应，而压差变动和开度变动的方向对系统的动态响

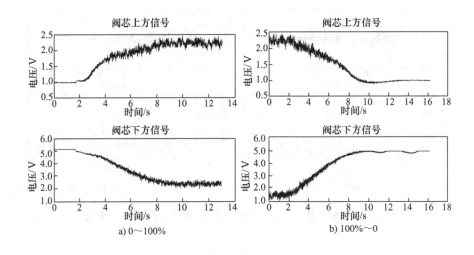

图 2-45　开度调节时阀芯所受流体压力信号

应也有影响。

　　试验研究结果还表明：调节阀与管道和流体组成耦合系统，它们之间存在动态相互作用。因此，应该把它们作为调节阀系统进行研究，这样才更符合实际工况。

2.3.3　优化设计

　　通过试验优化调节阀的结构设计及其流场合理性，进而消除或者减少某些工况下调节阀的剧烈振动，以保证调节阀在各种工况下稳定工作。需要得到以下三个方面的试验数据：

　　1）对调节阀整体、阀芯-阀杆系统进行振动模态试验，得出调节阀整体以及各个组件的自振频率。

　　2）在指定工况下测定各测点的脉动压力，经数据分析处理后，得出各测点的脉动压力信号的时域图和频域图。

　　3）在指定工况下测量阀芯-阀杆系统、调节阀整体的加速度参数，经数据处理后，最终给出各振动信号的时域图和频域图，并将脉冲压力和加速度数据结合处理，对调节阀结构及其流场提出优化措施。

调节阀的振动多数表现为阀芯-阀杆系统的振动，可能引起振动的原因有以下几点：

1）调节阀的振动源于阀杆相对导向套筒表面的轴向运动，主要原因是阀芯-阀杆系统因流体冲击而产生了共振。有研究表明，振动工况取决于流体的脉动压力是否与阀芯-阀杆系统的固有频率同频，而非脉动压力的大小。可以在阀芯底部和流体直接接触的表面上布置多个压力传感器，来测量流体脉动压力，通过试验研究不同开度、不同压差工况下流体脉动压力的频率，重点研究在调节阀产生振动时流体脉动压力的情况，从而分析产生流体激振的原因。如果分析得出振动的诱因是流体的脉动压力和阀杆的固有频率同频，那么，改变阀杆的固有频率（可以改变阀芯-阀杆系统的质量）是消除阀门振动的有效方法。

2）在小开度情况下，阀芯也可能沿着流体流动方向产生振动。这是因为调节阀的阀芯呈圆柱形，当调节阀处于小开度时，大部分阀芯处于流场中，有可能产生圆柱绕流情况，在尾流中形成一个规则的漩涡流型。同时，漩涡会以一个明确的频率周期性脱落，若脱落频率刚好接近阀芯固有频率，就会产生振动。这时，如果改变阀芯的型线以消除漩涡流型或者改变阀芯质量以改变其固有频率，就有可能消除振动。

3）在小开度情况下，流体流过调节阀收缩通道时，流速增加，静压下降，当静压降至流体温度所对应的饱和压力时，流体发生气化或闪蒸，从而产生小气泡，形成气液两相流，在调节阀节流通道的下游，流道扩大、流速降低，使静压上升，气泡因撞击和挤压而破裂，气泡破裂时会产生强大的压力冲击波，可能引起调节阀的强烈振动。通过透明的调节阀模型，可以观测到阀门的振动是否是由汽蚀现象引起的，从而制定相应的优化措施，一般可以通过改变阀门的流量特性，使调节阀能够在大开度情况下，实现其在小开度情况下所能得到的控制参数。

4）当流体流过套筒通道时，如果套筒壁的剖面呈方形，就会涉及方柱绕流和流致振动的问题。可能会遇到两种主要流致振动现象：涡致振动和驰振，前者是由物体绕流，周期性漩涡脱落引起的；后者是由物体自身运动引起的流体动力负阻尼效应造成的，两者都接近于简谐振荡，当其频率与物体的某一自身频率接近时，就会产生振动。因为套筒自身不运动，所以基本可以排除驰振产生的影响，调节阀的振动有可能是由漩涡周期性脱落引起的。因此，可以在套筒壁的外侧布置压力传感器，来测量在调节阀产生振动时套筒壁所受的脉动压力参数，用于分析振动产生的原因。

5）造成调节阀振动的原因，也可能是其内部流体流动的不稳定性。对于预启式调节阀，调节阀内的流动方式是流体先流到套筒内，然后经过套筒的空隙流出，属于从中心向外流的流动方式。流道中的一些边缘比较尖锐，对流动的稳定性影响比较大，在某些区域可能存在流体空穴的情况或者速度、压力分布不均的情况，这样也可能引起流体压力脉动，从而引起阀体的振动。可以通过可视模型或者数值模拟来找出这些区域，然后通过结构上的改造来填补这些不稳定区域，从而通过消除流动的不稳定性来消除调节阀的振动。

2.4　控制阀选型与计算

2.4.1　控制阀产品选型的必要性

质量功能展开（quality function deployment，QFD）是一种在产品开发过程中最大限度地满足用户需求的系统化方法，其基本思想是将产品的质量及产品实现过程的质量综合在一起，围绕着产品质量的形成过程进行系统的规划和部署，以获得最佳的质量效果，确保设计的产品在质量上满足用户的需求。

QFD 的基本思想是落实"需求什么"和"需求应怎样满足"。在此模式下，用户的需求不会被曲解，产品的质量功能不会有疏漏和冗余。依据这种模式，制造企业才有能力保障用户需求的准确识别和最大限度地满足用户对产品质量的需求。

控制阀制造企业属于质量敏感型企业，首先要保证的就是产品的需求质量必须是高精度、高适应性和高可靠性的。因此，产品选型是控制阀制造企业与产品用户之间共同确定产品质量的第一关键环节。

选型是制造知识转化为产品质量的首要过程，是用户需求和产品设计质量要求之间的关键交互过程。在此过程中，企业与用户共同确定产品质量的需求决策，甚至能激发出新的需求和产品创新方案。

通过选型过程，企业和用户还能够确定产品生命周期质量保证的具体内容，为选型后的产品设计过程中所必须包含的材料、结构、工艺、功能以及产品安装、调试、运行和维护等领域的关键质量、应用、运行环节知识。其中：产品质量知识，包括产品的适用性、产品的配置性（组合性）及相应的技术规格要求；产品应用知识，包括产品数据、制造信息、测试内容和指标要求；产品的运行环节知识，包括运输、安装、调试、维护、检修、更换等制造服务性知识和技术规格要求。

将上述知识转化、固化和数据化，形成产品设计的内容、指标、质量和数字化的设计模型；进而结合企业制造系统和生产过程能力，转化为产品工艺过程设计文件、产品测试与试验规程等关键质量要求。

在电子商务系统中，通过互联网技术、数据挖掘技术和人机交互技术，很多都实现了卓有成效的商品推荐功能。目前，通过建立用户与产品信息之间的二元关系，利用已有的选购过程或相似性关系挖掘每个用户潜在的采购对象产品，经过信息过滤，进而实现基于互联网技术的产品供应的个性化选型和推荐技术，很好地满足了大部分客户对控制阀的采购偏好。

1）对标准的偏好。很多用户为了处理复杂的产品采购决策因素，往往喜欢从符合某些标准的产品中选择采购对象。如控制阀产品，采用国际标准制造产品的企业，往往是行业龙头企业，其产品的质量和规格参数能够在更大范围内满足用户的要求。

2）对产品结构的偏好。例如，控制阀执行机构（驱动装置）的类型与特性参数，对过程控制系统的控制质量、控制优化效果具有关键作用，往往影响着流程工业产品的质量和产量。因此，阀门的驱动装置必须与所选用的阀门类型相匹配。例如，最常用的气动薄膜式驱动装置大多不适用于冲程较长的线性阀门，而活塞式驱动装置则更适用于这种阀门；薄膜式驱动装置不适用于推力较大的情况；具有双向推力的情况必须考虑采用双作用式驱动装置；旋转式驱动装置必须能够完全适应阀门的必要旋转；行程限位块对确保大开度和关闭时的对准非常必要。

3）对产品规格参数、产品系列的偏好。对产品规格参数的偏好，如高压、降噪、本质安全等；对产品系列的偏好，如基于成功案例，对同一环境、同一类别（系列）产品的偏好。即使所有的规格界限都可满足，用户还是会针对一种或几种产品特性的目标值提出期望，这也是选型过程中允许的。

4）对协同商务服务的偏好。最常见的是对特殊增值服务的偏好（产品耐用、免维修或少维修等）。例如，提供标准产品或样机试用，现场协同校正，测量和检验，对控制阀相关部分也负责维护（如阀门压降对压缩器/泵的影响、对辅助或备用设备的干扰等），提供技术资料图样和现场技术支持等服务的可获得性，也是常见的工业产品的采购偏好。

5）其他偏好。例如，在既有选型基础上，很多用户企业特别关注采购对象的交货期和服务内容，甚至细化到报价单的有效期、保证期限、交货地点、交货时间、价格、货币种类等。有些企业对于采购产品供应商的价格政策也有偏好。

产品选型的完整结束，为产品质量的有效设计提供了坚实基础，也在产品质量保证和生产过程质量控制之间建立了重要的因果关系。

控制阀选型过程全景如图 2-46 所示，控制阀选型过程如图 2-47 所示，控制阀选型系统功能架构（示例）如图 2-48 所示。

2.4.2　控制阀产品结构模型（示例）

控制阀产品参数结构组成（示例）如图 2-49 所示。

基于选型系统网络化应用，图 2-49 所示产品结构的所有质量需求的内容就能够以自动的方式集成为客户意见-品质关键要素表（模板），进而直接进入销售合同制定阶段。

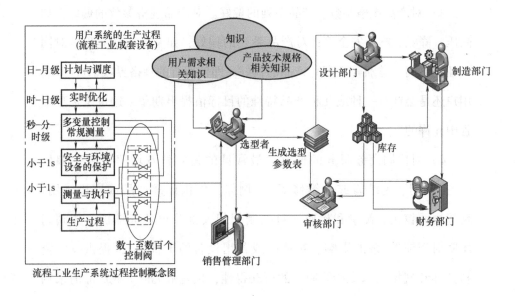

图 2-46 控制阀选型过程全景

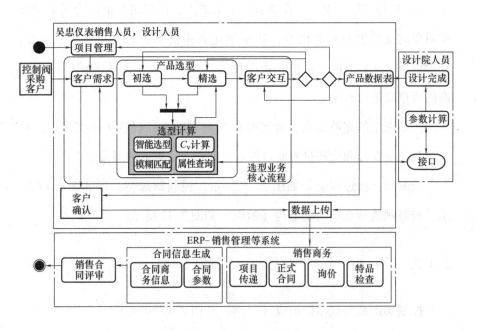

图 2-47 控制阀选型过程

错误的技术参数或者运行不佳的阀门会导致生产厂的成本急剧增加。

这不仅简单地意味着不正确的维修，劣质的产品质量、操作中断、安全

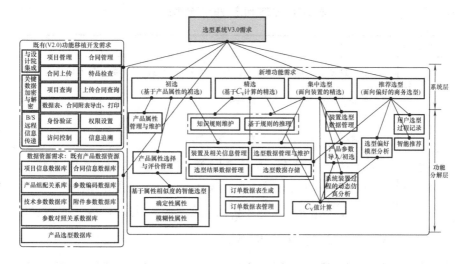

图 2-48　控制阀选型系统功能架构（示例）

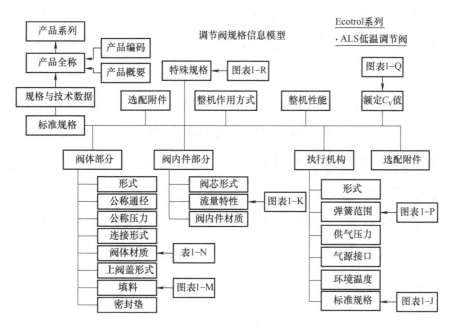

图 2-49　控制阀产品参数结构组成（示例）

性等因素以及其他间接成本，都将使总成本大幅增加。表 2-16 列出了控制阀选型的部分相关特性。

表 2-16   控制阀选型的部分相关特性

特性分类	主要参数
流量系数	流量系数 K_v、流量系数 C_v、额定流量系数、相对流量系数、最大计算流量系数、正常计算流量系数、额定流通量
计算参数	阻塞流、临界压差、临界压差比、缩流断面 压力恢复、闪蒸、空化、汽蚀、阀类型修正系数、管件几何形状系数、雷诺数 无附接管件的液体压力恢复系数、带附接管件的液体压力恢复系数 液体临界压力比系数、膨胀系数、压差比、无附接管件的压差比系数、带附接管件的压差比系数、速度头损失系数

随着新的工艺生产过程和控制要求的不断涌现，新的科学技术的不断出现和完善，对控制阀的要求也在不断提高。工业4.0不仅对我国，也对全球制造业提出前进目标，将信息化和工业化深度融合的数字化及智能化制造，为制造业的全新信息物理平台的建立提供了坚实基础。工业4.0将对控制阀的制造和应用产生巨大影响，首先表现在个性化生产上，即为适应不同被控对象的应用，研制和生产"量身定制"的控制阀，它更能够适应被控对象的特性，降低偏离度，提高控制系统的控制品质。其次，控制阀的应用将更精细化，如控制阀制造商应提供不同行程时的相对流量系数；不再用单一控制阀控制，而采用多控制阀的组合来实现更精确的控制等。

2.4.3   控制阀产品选型技术要求

任何工业系统质量的好坏，首先取决于系统的各个设计环节。控制阀产品本身具有各种类型和技术系列，仅就产品参数和适用范围而言，决定一台整机产品及其备件就需要40多种数据参与设计选型决策，而且一个建设项目通常需要数十台甚至数百台控制阀产品，以至于产品选型过程相当复杂、工况条件的参数多样化、资料查阅烦琐，导致设计选型人员的脑力和体力劳动十分繁重。

另一方面，控制阀选型确定后，在履行订货合同时，还会遇到产品设计变更、制造工艺过程参数变更、生产计划变更及车间作业排产等诸多复杂信息处理过程，一旦参数缺失，就无法达到用户现场使用要求。为此，需要从控制阀设计选型开始直到订单下达、制造执行等过程中，始终保持控制阀选型信息的完整性和一致性，这样才能制造出符合用户需求的产品。

机械完整性包括设备完整性（MI），它是有效的过程安全方案的基本组成部分。

设备完整性是对确保主要运行设备在使用年限内符合其预期用途的必要活动的纲领性贯彻。MI 方案因行业、监管要求、地理位置和工厂文化而异，但良好的 MI 方案具备某些共同特征。

在设备完整性（MI）项目中，只有质量保证（QA）和质量控制（QC）共同起作用，才能确保设备运行所需的合适的工具、材料和工艺，以满足其设计意图。然而，公司不同，质量保证（QA）和质量控制（QC）的含义也不同。事实上，这两个术语通常可以互换使用。

一个成功的 MI 方案应包括以下内容：

1）确保设备以适合其预期用途的方式设计、制造、采购、安装、运行及维护的一系列活动。

2）根据已定义的标准，明确指定方案中所包含的设备。

3）将设备按照优先次序排列，以帮助优化配置资源（如人员、资金、占用空间等）。

4）帮助员工执行设备维护保养计划及减少计划外维护。

5）帮助员工识别何时发生设备缺陷并包含相应控制措施，以确保设备缺陷不会导致严重事故。

6）收录被认可和普遍接受的良好的工程实践。

7）帮助确保执行设备检查、测试、维护、采购、制造、安装、退役及重新服役的指定人员已接受适当培训，并获取执行上述活动的资格。

8）维护服务文档和其他记录，以确保设备完整性活动的持续进行，并为其他操作人员提供准确的设备信息，这其中也包括其他过程安全及风险管理因素。

MI 方案的合理预期包括提高设备的可靠性；减少引起安全和环境事件的设备故障；提高产品的一致性；提高维修的一致性及效率；减少计划外维护时间和成本；减少操作费用；改进备件管理；提高承包商绩效；遵守政府法规等。

2.4.4　控制阀产品选型系统的设计原则

（1）基于商务原则的产品选型　产品选型系统作为企业泛 ERP 订单管理的数据入口，其数据格式应能够保证与其他相关系统有效集成。

产品选型系统不仅要满足过程控制系统设计人员的使用需求，还要能够与企业控制阀 PDM 产品配置数据实现集成。

产品选型系统能将分散在企业各销售网点的数据及时传递回公司服务器，为企业的其他系统提供数据。

（2）选型系统的敏捷模式　包括快速产品设计、快速系统设计、快速产品配置、快速低成本采购、快速制造、快速仿真、快速投标、快速成本预估等。

（3）实现产品选型的平台创新

1）促进企业从以项目为核心的开发模式转向基于平台的产品开发

模式。

2）可以实现规模化扩张，做大企业；持续积累核心技术，做强产品。

3）可以最大限度地实现技术、模块、产品等成果的共享，减少因重复开发造成的浪费。

4）减少零部件种类，增加零部件的采购批量，减少供应商数量，增强议价能力。

5）实现快速设计，快速响应市场需求，快速推出新产品。

第3章

控制阀先进制造技术

3.1 先进制造工艺技术

3.1.1 超音速火焰喷涂技术

超音速火焰喷涂也称为高速氧燃料（high velocity oxygen fuel, HVOF）喷涂，是将气态或液态的燃料，如丙烷、丙烯或航空煤油等与高压氧气混合，在特制的燃烧室或喷嘴中燃烧，产生高温高速的燃烧焰流，其焰流速度可达声速的 3~5 倍以上。将喷涂粉末从径向或轴向送入焰流中，粉末粒子被加热至高温并以高达 1~2 倍声速（300~600m/s）的速度撞击到待喷涂基体表面，可以制备出比普通火焰喷涂与等离子喷涂工艺致密度和结合强度更高的涂层。

HVOF/HVAF 多功能超音速火焰喷涂系统如图 3-1 所示。

1. 涂层分析

多功能超音速火焰喷涂涂层的性能在很大程度上受喷涂粒子沉积前状态的影响，包括粒子的速度、温度、熔化状态等。而粒子沉积前的状态主要是焰流与粒子之间动量、热量交互作用的结果。因此，焰流的特性对涂层的性能有较大影响。

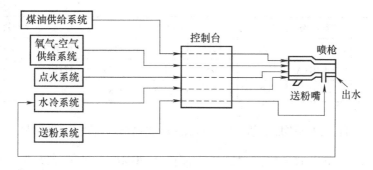

图 3-1　HVOF/HVAF 多功能超音速火焰喷涂系统

（1）涂层结构分析　喷涂涂层的结构一般可分为粒子层间结构和扁平粒子内部结构。粒子层间结构包括层间界面状况、扁平粒子厚度、孔隙率、微裂纹等。扁平粒子内部结构包括晶粒大小、碳化物颗粒含量和尺寸、相结构和缺陷等。此外，孔隙率是表征涂层质量的重要指标，涂层的孔隙率越低，相应的硬度越高，耐磨性越好；涂层内部的孔洞和裂纹会降低结构的耐磨损性能。

（2）涂层显微硬度分析　表 3-1 列出了不同工艺制备的涂层的显微硬度测试结果。对于 WC‐12Co 体系涂层，HVAF 工艺所制备涂层的显微硬度最高。由相分析数据可以看出，随着喷涂时氮气含量的增加，涂层中 WC 相分解的数量减少，尤其是采用 HVAF 工艺时，WC 相基本不发生分解，因此可以获得硬度更高的涂层。总体比较，三种工艺制备的涂层的显微硬度平均值差别不大。

表 3-1　涂层的显微硬度测试结果（HV，15s，300g)

涂层	喷涂状态	测量值　HV					平均值　HV
WC‐12Co	HVOF	1027	975	1145	1027	975	1029
	HVOF/HVAF	1283	1145	1027	975	1027	1091
	HVAF	1050	1145	1145	1283	1145	1153
WC‐17Co	HVOF	1211	1027	927	975	1211	1070
	HVOF/HVAF	1027	1084	1027	975	975	1017
	HVAF	1211	1027	1084	1211	1027	1112

（续）

涂层	喷涂状态	测量值　HV					平均值　HV
WC－10Co4Cr	HVOF	1211	1211	927	1145	1050	1108
	HVOF/HVAF	1027	975	1145	1050	1211	1081
	HVAF	975	1362	1283	1283	1283	1237

（3）涂层结合强度分析　WC－12Co涂层结合强度的测试结果见表3-2，可以看出，涂层的平均结合强度大多高于70MPa，且试样断裂于胶层，表明基体与涂层间的结合良好。在微观结构上，结合界面处没有大的孔隙和裂纹。涂层与基体间的结合强度还与基体表面状态和层间界面形貌相关，通常结合强度随基体表面粗糙度值的减小而增大。在超音速火焰喷涂过程中，固液两相共存是提高涂层结合强度的必要条件之一，即 WC 等硬质增强相为固态而黏结相为液态，这样也有助于粒子沉积时对基体形成较大的冲击能量。

表3-2　WC－12Co涂层结合强度的测试结果　（单位：MPa）

涂层		测量值					平均值	备注
WC－12Co	HVOF	78.4	74.2	71.8	71.4	68.2	72.8	断裂于胶层
	HVOF/HVAF	73.0	54.4	78.6	65.6	40.6	62.4	断裂于胶层
	HVAF	70.2	65.0	74.6	75.0	73.0	71.6	断裂于胶层

超音速火焰喷涂的粒子速度高，粒子沉积时对基体的撞击作用强，有利于粒子与基体的结合及粒子之间的结合，因而涂层的结合强度高。

（4）涂层磨粒磨损性能分析　涂层的磨粒磨损失重量见表3-3。可以看出，三种材料的涂层抗磨损性能相差不大，其中 WC－10Co4Cr 涂层的抗磨损性能相对较好。随着喷涂状态从 HVOF 转变为 HVAF，涂层的磨损失重量呈现减少的趋势。

表 3-3　涂层的磨粒磨损失重量　　（单位：mg）

涂　　层		磨损失重量		平　均　值
WC－12Co	HVOF	12.5	12.4	12.45
	HVOF/HVAF	8.0	9.7	8.85
	HVAF	11.2	10.8	11.0
WC－17Co	HVOF	14.8	13.6	14.2
	HVOF/HVAF	12.1	10.8	11.45
	HVAF	11.9	10.7	11.3
WC－10Co4Cr	HVOF	13.1	11.8	12.45
	HVOF/HVAF	11.7	11.7	11.7
	HVAF	6.0	8.7	7.35

影响 WC－Co 涂层磨粒磨损的因素有涂层的结构、相组成、磨粒及载荷等。涂层磨粒磨损的主要机制是由于磨粒粒子的挤压，导致涂层次表面下由 WC 分解形成的脆性相处产生裂纹，裂纹沿粒子周边富 W 的黏结相区扩展，最后导致剥落。有的试验发现，磨损表面存在碳化物剥落坑和碳化物颗粒压碎的痕迹，碳化物剥落是主要的磨损机制。

三种喷涂工艺所制备涂层的磨损形貌较为相似，涂层磨损表面均出现了较深的犁沟，并且可以看到表面碳化物剥落后形成的凹坑，而未剥落的碳化物颗粒棱边清晰可见。磨损试样表面的磨痕主要位于黏结相表面，很少出现在碳化物颗粒表面；此外，还可以看到有些碳化物颗粒周围基本没有黏结相，这主要是由于磨损过程中强度较低的黏结相被剥离而造成的。通过上述观察结果可以判断，HVOF/AF 喷涂 WC－17Co 涂层的磨损失效形式为黏结相的犁削和增强相 WC 颗粒的脱落。磨损过程中，磨料切削硬度较低的黏结相导致 WC 颗粒逐渐失去黏结相的包裹而发生剥落。

（5）涂层冲蚀磨损性能分析　涂层在冲蚀角度为 90°和 30°时的冲蚀磨损失重量见表 3-4。可以看出，三种涂层的磨损失重量比较接近。在冲蚀角度为 30°的情况下，除 WC－12Co 在 HVAF 状态下制备的涂层磨损量有大幅度增加外，其余两种涂层在三种喷涂状态下的磨损失重量变化不大。比较冲蚀角度为90°和30°时的冲蚀磨损失重量可知，以90°角冲蚀磨损时的磨损失重量较大。

表 3-4　冲蚀磨损失重量　　　　　（单位：mg）

冲蚀角度	涂　层		磨损失重量							平均值
90°	WC-12Co	HVOF	16.7	14.2	15.3	13.5	14.3	12.5	11.5	14.0
		HVOF/HVAF	12.8	17.9	18.5	17.8	16.3	15.7	11.2	15.7
		HVAF	13.6	12.5	11.7	11.3	12.3	11.5	8.7	11.7
	WC-17Co	HVOF	15.0	11.1	12.7	12.5	11.2	10.8	8.5	11.7
		HVOF/HVAF	15.8	14.7	13.0	12.0	11.8	12.0	8.9	12.6
		HVAF	13.8	15.1	10.5	12.0	11.3	10.8	10.1	11.9
	WC-10Co4Cr	HVOF	15.8	12.6	10.1	11.3	10.3	10.2	7.9	11.2
		HVOF/HVAF	13.5	13.4	10.9	13.0	11.4	10.9	8.9	11.7
		HVAF	14.4	14.3	11.9	13.2	11.9	12.3	11.0	12.7
30°	WC-12Co	HVOF	13.3	11.8	11.7	10.6	8.6	8.5	10.1	10.7
		HVOF/HVAF	15.8	10.3	11.7	10.6	8.9	8.7	8.6	10.7
		HVAF	25.5	18.4	22.3	15.7	18.6	16.2	15.6	18.9
	WC-17Co	HVOF	11.6	8.9	11.7	8.5	8.5	7.6	8.9	9.4
		HVOF/HVAF	2.3	8.9	10.5	8.6	7.1	7.2	7.6	7.9
		HVAF	8.6	8.6	11.3	8.3	8.8	7.0	8.8	8.9
90°	WC-10Co4Cr	HVOF	14.0	12.9	10.4	8.1	8.9	8.8	7.9	10.1
		HVOF/HVAF	12.5	8.6	8.9	7.8	7.1	8.4	6.8	8.6
		HVAF	12.0	8.8	8.4	7.7	8.5	8.6	7.4	8.8

2. 超音速火焰喷涂在金属硬密封球阀中的应用

球体及阀座密封面的耐磨材料和工艺是金属硬密封耐磨球阀最关键的技术之一，密封面耐磨材料及工艺的选用需要考虑使用工况的压力、温度、腐蚀性、介质硬度等因素。此外，还需要考虑密封面耐磨材料与基体材料的结合强度，耐磨层的厚度、硬度、抗擦伤性能及基体材料的硬度等因素。

以往通常采用镀硬铬的方法来提高球体表面的硬度，该方法由于镀层与基体的结合力较小，长期使用后镀层很容易脱落，使用效果不好，所以近年来已经很少使用。

另一种方法是采用球体表面硬化热处理、渗氮处理等措施来提高球体的表面硬度，前些年该方法在我国应用得较多，根据很多工厂的使用经验，采用表面热处理或渗氮处理进行球体表面硬化，其硬化层厚度较小，而且在热处理过程中球体会有一定的变形，从而导致球体圆度降低。因此，采用该类球体硬化技术的效果并不理想，球面的抗摩擦磨损能力较差，在阀门的开关过程中容易引起球体表面的擦伤，而且球体经过热处理后，其耐蚀性能也有所降低。

目前比较常用并且使用效果较好的球体及阀座密封面的硬化技术是超音速火焰喷涂以及火焰熔覆或真空熔覆。

超音速火焰喷涂主要是通过极高的速度将耐磨粉末涂层材料喷涂到基体材料表面，喷涂时的气流速度在很大程度上决定了喷涂质量，如果喷枪能够产生更高的气流速度，则耐磨粉末涂层就能够获得更高的运动速度，从而耐磨粉末涂层与基体材料就能够获得更大的结合力和更高的致密性，因此，也就能够具有更好的耐磨性能和耐蚀性能。超音速喷涂的优点是可以喷涂超硬的涂层材料，涂层的硬度甚至可以达到74HRC以上，因此，涂层具有很好的抗擦伤性能和耐磨性能。另外，超音速火焰喷涂时，基体材料不需要进行高温加热，因此不会发生热变形。由于超音速火焰喷涂主要是通过耐磨粉末涂层和基体材料的高速撞击而产生的物理结合，结合强度比银基合金热喷涂要低一些，通常结合力为68～76MPa，因此，对于高压球阀（如 Class1500～Class2500 的球阀）中的球体，若采用超音速火焰喷涂技术，则其涂层在使用中有脱落的可能。

用超音速火焰喷涂制备的涂层，其质量和性能指标主要包括氧化物含量、孔隙率、结合强度、显微硬度、微观组织结构，以及涂层的均匀性、应力状态和加工性能等。通常，要求涂层具有较低的氧化物含量和孔隙率、更高的结合力和显微硬度，并且涂层应呈现压应力状态。超音速火焰喷涂的质量在很大程度上取决于喷涂设备。低气流速度的喷涂设备不可能获得良好的喷涂效果。想要获得良好的涂层质量，精良的喷涂设备、合理的喷涂工艺、优异的涂层粉末和基体材料是必不可少的。超音速火焰喷涂常选用的涂层材料有 WC-Co、WC-Co-Cr、镍基合金和陶瓷等。图 3-2 所示为典型的超音速火焰喷涂装置，图 3-3 所示为超音速火焰喷涂球体部件现场图。

考虑到超音速火焰喷涂的结合力以及喷涂工艺参数，喷涂层的厚度通常控制在 0.5mm 左右。对于球体部件，喷涂前球体的圆度对于喷涂均匀性较为重要，通常需要采用研磨工序来保证球体的圆度。对于实际喷涂操作，人工手持操控难度较大，需要借助机械手臂来确保喷涂涂层的精度和均匀性。

 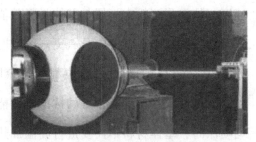

图 3-2　典型的超音速火焰喷涂装置　　图 3-3　超音速火焰喷涂球体部件现场图

3. 镍基合金热喷涂的应用

目前，镍基合金热喷涂已经在球阀金属密封面硬化方面得到了成功应用。镍基合金性能优良，具有耐高温、耐磨、耐蚀等特点，可以应用于煤浆、煤渣、灰水等多种工况的介质。镍基合金是一种自溶合金，其主要合金成分包括铬、硼、硅等，也可作为耐磨材料与基体间的黏合剂，根据配比成分的不同，可以获得不同的硬度。金属硬密封耐磨球阀的硬度通常需要达到 56~64HRC。将基体和镍基合金加热至高温并保温后，可以使密封面耐磨材料和基体实现冶金结合，获得具有较高结合强度的镍基合金耐磨层。相比于超音速火焰喷涂，镍基合金热喷涂可以得到更大的厚度（0.5~1.0mm）。镍基合金热喷涂加工时，喷涂温度的控制至关重要，温度过高会使镍基合金熔化而不易成形，温度过低又不利于其与基体实现冶金结合。对于壁厚不均匀的大口径球体，很难精确控制均匀加热球体，这就增加了镍基合金热喷涂的难度。在实际应用中，各厂家通常采取中频感应加热或真空熔覆的方式使球体均匀受热，可以有效改善喷涂效果，图 3-4 所示为球体的中频感应加热和镍基合金热喷涂加工装置。

图 3-4　球体的中频感应加热和镍基合金热喷涂加工装置

此外，将激光熔覆技术用于加工球体表面的合金涂层也可获得较好效果，由于这种方法的热影响区小，相比于热喷涂工艺可以制备出硬度更高的涂层。但是，激光熔覆工艺的工作效率相对略低，并且熔覆球体的表面粗糙度值较大，加工余量大。

总之，球体及阀座表面耐磨硬化层的加工工艺应依据实际工况、流通介质成分、制造厂自身技术水平等进行合理选用。

3.1.2 激光技术应用

激光加工技术及其相关产业的发展，从其诞生以来就受到世界各先进国家的高度重视。激光加工是激光应用中最有发展前景的领域之一，特别是激光焊接、激光切割和激光熔覆技术，近年来得到了快速发展，产生了巨大的经济和社会效益。

激光加工设备可分成四个模块，分别是激光器、光学系统、机械系统、控制及检测系统。从激光器输出的高强度激光束经过透镜聚焦到工件上，其焦点处的能量密度可以达到 $10^4 \sim 10^{12} \, \mathrm{W/cm^2}$，而温度可以达到 $10000°C$ 以上，所以任何材料都会瞬时熔化、气化。

1. 激光加工的工作原理

利用激光束照射工件，对工件进行熔化，形成小孔、切口，或者进行连接、熔覆等。在不同能量密度作用下，被照射的材料表面会有不同变化，首先是温度升高，然后是由于温度升高导致的熔化或者直接气化，以及形成小孔和产生光致等离子体等。图 3-5 所示为在不同能量密度的激光辐射作用下，金属材料表面发生的几种物态变化。

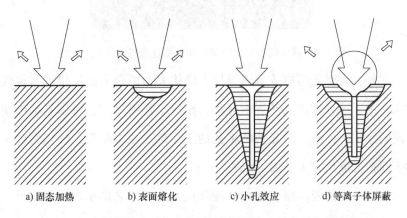

　　a) 固态加热　　　　b) 表面熔化　　　　c) 小孔效应　　　　d) 等离子体屏蔽

图 3-5　金属材料表面在激光辐射作用下发生的几种物态变化

激光是将电能、化学能、热能、光能或核能等原始能源转换成某些特定光频（紫外光、可见光或红外光）的电磁辐射束。在某些固态、液态或气态介质中（如 CO_2 气体和 YAG 固体）很容易进行形态转化。当这些介质以原子或分子形态被激发时，便会产生相位几乎相同且近乎单一波长的光束——激光。由于具有相同相位及单一波长，差异角非常小，被高度聚集以提供焊接、切割和熔覆等功能前可传送的距离相当长。

2. 激光加工技术的特点

1）光点小，故能量集中、热影响区小。

2）安全可靠、精确细致，不受电磁干扰，便于实现自动化控制。

3）切割缝细小，切割面光滑，热变形小。

4）加工工件材料范围广且节省材料（可对材料进行不同形状的套裁，从而提高了利用率）。

5）与工件无接触，对工件无污染。

6）可进行大件的加工。产品越大，模具的制造费用越高昂，激光加工不需要任何模具，完全避免了材料冲剪时形成的塌边，可以降低企业的生产成本，提高产品档次。

3. 激光加工工艺

激光加工工艺按能量密度由低到高可用于打孔、切割、焊接、熔覆等，不同工艺对激光功率和光束质量的要求也不同，如图 3-6 所示。

（1）激光焊　激光焊接相较于其他焊接方式的主要优点是熔深大、变形小、速度快。经过聚焦后的激光能量密度非常高，焊接时的深宽比通常均可达 5:1，某些材料最高可达 10:1。激光焊可实现高生产率、小热影响区，且焊点没有污染，显著提高了焊接质量，因而得到了广泛应用。

1）激光焊原理。激光由激光器产生，通过光学系统照射到材料表

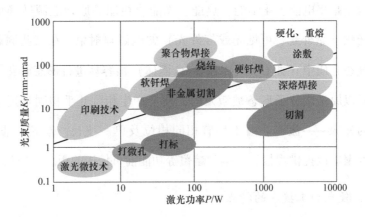

图 3-6   材料加工工艺对激光功率和光束质量的要求

面，与材料发生作用，其中一部分激光被材料吸收，剩余部分激光被材料反射。金属的线性吸收系数为 $10^7 \sim 10^8 \, \mathrm{m}^{-1}$，激光在金属表面的极薄层（$0.01 \sim 0.1 \, \mu\mathrm{m}$）被吸收，而后转变成热能，从而导致金属表面温度升高，最后通过热传导方式再传向金属内部。

激光焊的原理是，光子轰击金属表面，从而形成金属蒸气，蒸发的金属可防止剩余能量被金属反射掉，从而最大限度地利用了能量。若金属的导热性能良好，则会得到较大的熔深。光波的电磁场与材料相互作用，导致激光在材料表面被反射、透射和吸收。当光束作用到材料表面时，材料中的带电粒子（金属中主要是自由电子）会随光波电矢量的步调振动，使光子的辐射转变成电子的动能。材料吸收激光能量后，先产生的是某些质点的过量能量，如自由电子的动能、束缚电子的激发能或者还有过量的声子，这些原始激发能经过一定过程再转化为热能。

激光焊时，材料吸收的光能向热能的转换是在约 $10^{-9}\mathrm{s}$ 时间内完成的，在如此短的时间内，热能仅局限于辐照区，而后热量再由高温区传向低温区。

各种激光器（CO_2、YAG、半导体及光纤激光器）均可用于激光焊。

在焊接领域，目前采用两种主流的激光器进行研究和生产，即 YAG（钇铝石榴石）固体激光器和 CO_2 气体激光器。这两种激光器的特点见表 3-5，它们可以互相弥补彼此的不足。其中，CO_2 气体激光器具有结构简单、输出功率大和能量转换效率高等优点。脉冲 YAG 和连续 CO_2 激光焊应用实例见表 3-6。

表 3-5　焊接中采用的两种激光器的特点

类型	波长/pm	发射方式	功率密度/（W/cm²）	最小加热面积/cm²
YAG 固体激光器	1.06	通常是脉冲式	$10^6 \sim 10^7$	8 ~ 10
CO_2 气体激光器	10.6	通常是连续式	10^2	8 ~ 10

表 3-6　脉冲 YAG 和连续 CO_2 激光焊应用实例

类　　型	材料	厚度/mm	焊接速度/（m/min）	焊缝类型	备　　注
脉冲 YAG 激光焊	钢	<0.6	8 点/s	点焊	适用于复杂工件
	不锈钢	<1.5	0.001	对接	厚度为 1 ~ 5mm
	钛	<1.3	—	对接	反射材料（如 Al、Cu）的焊接；以脉冲提供能量，特别适用于点焊
连续 CO_2 激光焊	钢	<0.8	1 ~ 2	对接	最大厚度：0.5mm，300W 5mm，1kW 7mm，2.5kW 10mm，5kW
		<20	0.3	对接	
		>2	2 ~ 3	小孔	

利用激光对金属进行焊接时，影响焊接性能的因素有金属材质、力学性能、表面状态（对光有高反射率的表面，不容易获得良好的激光焊质量）、焊接参数等。激光能自由地穿过透明材料且不会对材料造成损伤，同时可以使不透光的材料熔化或气化，这一特点使激光能够焊接预先放在电子管内的金属。

激光焊过程中，光束相对工件向前运动。由于高温导致金属剧烈蒸发，从而产生驱动力，使"小孔"前被熔化的金属向某一方向运动。在"小孔"后方，接近金属表面的地方形成熔流（大漩涡，如图 3-7 所示）。

此后，"小孔"后方的液态金属由于热传导作用，温度迅速降低，液态金属快速凝固形成焊缝。

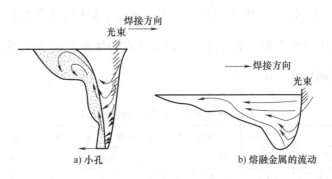

a) 小孔　　　　　　　　　b) 熔融金属的流动

图 3-7　小孔和熔融金属流动示意图

2）激光焊分类。按光斑聚焦后作用在材料上能量密度的不同，激光焊分为两类：能量密度低于 10^5 W/cm^2 时称为热导焊，能量密度高于 10^5 W/cm^2 时称为深熔焊（又称小孔焊）。

① 激光热导焊。表面吸收能量，通过热传导的方式向内部传递并将其熔化，凝固后形成焊点或焊缝。这种方式称为激光热导焊。激光热导焊有两个显著特点，即低能量密度和长照射时间。激光热导焊的过程：表层的材料最先开始熔化，随后输入能量不断增加，在热传导作用下，液-固界面向熔池底部不断移动，最终实现焊接目的。激光热导焊的过程与非熔化极惰性气体保护电弧焊（TIG 焊）十分相似。

图 3-8 所示为激光热导焊熔化过程示意图。利用激光进行焊接时，金属表面吸收光能，然后转变为热能，从而使温度升高而熔化，再通过热传导的方式把热能向金属内部传递。熔化区不断扩大，凝固后形成焊点或焊缝。

在进行激光热导焊时，由于没有蒸气压力的作用，也不产生非线性效应和小孔效应，因此熔深一般较小。激光热导焊与深熔焊的比较如图 3-9 所示。

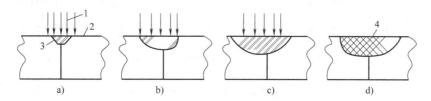

图 3-8　激光热导焊熔化过程示意图

1—激光束　2—母材　3—熔池　4—焊缝

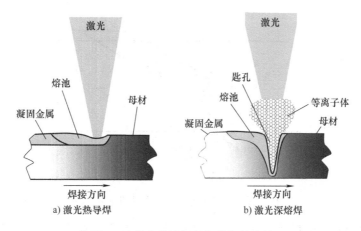

图 3-9　激光热导焊与深熔焊的比较

激光热导焊时，被焊接工件的表面温度低于材料的沸点，工件吸收的光能转变为热能后通过热传导将工件熔化，熔池形状近似为半球形。激光焊是否以热导焊的方式进行取决于激光焊的焊接参数。从本质上说，当激光光斑的功率密度小于 $10^5 \mathrm{W/cm^2}$ 时，材料表面被加热至熔点和沸点之间，既可保证材料充分熔化，又不至于发生气化，焊接质量容易得到保证。

② 激光深熔焊（小孔焊）。与电子束焊大致相同，激光束使材料局部熔化，从而形成"小孔"，激光束通过"小孔"深入熔池内部，随着激光束的运动形成连续焊缝。因为激光束能深入工件材料内部，所以能够形成大深宽比的焊缝。如果激光的能量密度足够大，且材料厚度小，则形成的小孔能够贯穿整个板厚。这种方法也可称为薄板激光小孔效应焊。

当激光光斑的能量密度超过 $10^5\,\mathrm{W/cm^2}$ 时，金属表面在激光束的作用下被迅速加热，其温度快速升至沸点，使金属快速气化。金属蒸气的逸出，会产生附加压力作用在液态金属上，使熔池表面向下扩展移动，从而在光斑下产生小孔。当小孔底部被继续加热时，蒸气会进一步压迫孔底的液态金属，使小孔继续加深；与此同时，逸出的蒸气将液态金属向熔池四周挤压，最后在液态金属中形成一个细而长的孔洞，如图 3-10 所示。

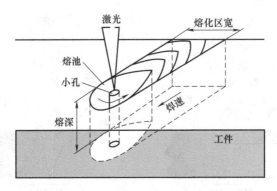

图 3-10　激光深熔焊能量传递的小孔机制示意图

当由光斑能量产生的蒸气带来的反冲压力，与液态金属的自身重力和表面张力达到平衡后，小孔将不再加深，形成了一个深度稳定的小孔而进行焊接（即"小孔效应"），因此也称为锁孔焊。

焊接时，小孔的侧壁会一直处于高波动状态，小孔前壁的熔化金属随壁面向下流动，如图 3-11 所示。小孔前壁上的凸起会因受到辐照而强烈蒸发，产生的蒸气向后运动冲击后壁的熔池金属，造成熔池的振荡，并促使熔池中的气泡溢出。

（2）激光切割　激光脉冲经过聚焦后具有十分高的能量密度，其照射到材料上会瞬间在材料表面产生高温，从而在表面加工出一细小孔。在计算机的控制下，激光加工头按预先绘制的图形进行连续相对运动（被加工材料多保持不动），从而获得预先设计的工件形状。切割时，一股与光束同轴的气流由切割头喷出，将熔化或气化的材料由切口底部吹

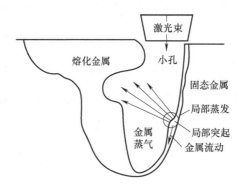

图 3-11　小孔前壁的局部蒸发

除。与传统加工方法相比，激光切割的显著优点是质量好、速度快、柔性高、材料适应性广等。

以 CO_2 激光切割机为例，整个切割装置由控制、运动、气保护、光学、水冷系统等组成，辅助以数控技术可实现多轴联动，采用性能优越的伺服电动机和传动导向结构可在高速状态下获得良好的运动精度。

1）激光切割的原理。激光切割是一种热切割过程，无论是使用 CO_2 激光器还是使用 YAG 激光器进行切割，其原理大致相同，如图 3-12 所示。

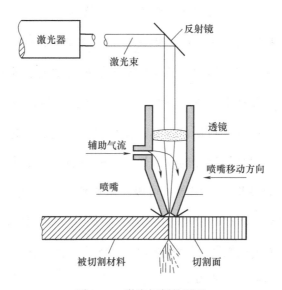

图 3-12　激光切割的原理

激光切割区示意图如图 3-13 所示。切割发生在切口尾端处，激光和气流在该处进入切口，一部分激光能量被金属材料表面所吸收，另一部分能量穿过切口或被反射。激光光束在切口烧蚀前沿的吸收率，是影响激光切割效率和质量的重要因素，它是有效进行激光切割的基础。金属材料对激光的吸收，主要由激光的偏振性、模式、汇聚角等决定，也取决于烧蚀前沿的形状和倾角，以及金属材料的性质和被氧化程度等。

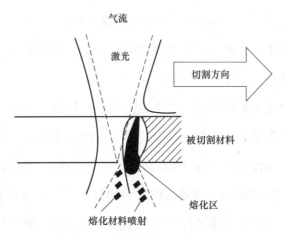

图 3-13　激光切割区示意图

激光切割利用高能激光束熔化或气化切口部位的材料，并用高速辅助气流将其吹除而完成切割。激光切割的能量密度大多控制在 $10^4 \sim 10^6$ W/cm^2，激光源大多使用 CO_2 激光器，工作功率为 $500 \sim 2500$W。高度集中的激光能量能迅速进行局部加热，使金属材料蒸发。此外，由于能量集中，传递到金属其他部分的少量热量所造成的变形很小，对于某些材料甚至完全没有变形。利用激光可以准确地切割具有复杂形状的坯料，因为切割质量好，所以被切割的坯料不必再做进一步的处理。

尽管高能 CO_2 激光器可以切割厚度为 25mm 的碳钢板，但要想得到高质量的切口，板厚一般不应大于 10mm。

2）激光切割的分类。激光切割时可根据需要选择是否使用辅助气体，使用辅助气体的目的是帮助去除熔化或气化的材料。根据所采用辅助气体的不同，可分为气化切割、熔化切割、氧气助熔切割和控制断裂切割四类。

① 气化切割。材料表面吸收激光束的能量，从而温度迅速上升，在非常短的时间内达到材料的沸点，足以使材料气化，故有部分材料气化成蒸气。这些蒸气的喷出速度很快，在蒸气喷出的同时，部分气化的材料作为喷出物从切缝底部被辅助气流吹走，在材料上形成切口。气化切割过程中，蒸气随之带走熔化质点和冲刷碎屑，形成孔洞。在此过程中，40% 的材料被加热气化，60% 的材料则是以液态被气流带走。材料的气化热一般很大，所以激光气化切割时需要很大的功率和能量密度。

激光气化切割常常用于极薄金属和非金属材料的切割，如纸、布、木材以及某些塑料和橡皮等不能熔化的材料。

② 熔化切割。金属材料吸收激光的能量而熔化，当能量密度超过材料的熔化或者气化阈值后，被照射处的材料蒸发形成孔洞，小孔形成后因不再反射光束，将吸收所有的光束能量。小孔被熔化金属壁包围，与光束同轴的喷嘴喷出非氧化性气体，依靠气体的强大压力使孔洞周围的液态金属排出；随着工件移动，小孔按切割方向同步横移，从而形成一条切口。激光束继续沿着切口的前沿照射，熔化材料持续或脉动地从切口内被吹走。

熔化切割时，不要求金属完全气化成蒸气，故其消耗的能量只有气化切割的 1/10，比气化切割节省能源。熔化切割大多用于不易氧化材料或活性金属的切割，如不锈钢、钛、铝及其合金等。

③ 氧气助熔切割。氧气助熔切割与氧乙炔切割的原理大致相同。利用激光进行预热，用氧气或者其他活性气体作为切割气体。气体共产生两方面的作用：一是与金属发生氧化反应，放出大量的热量；二是利用

气流将熔化的液态物从反应区带出，从而在金属中形成切口。由于氧化反应会产生大量的热量，因此，氧气助熔切割所需要的能量只有熔化切割的 1/2，而切割速度却远远大于激光气化切割和熔化切割。

氧化助熔切割的基本原理如下：材料表面吸收激光的能量，很快达到燃点温度，与氧气（或者其他活性气体）发生剧烈的燃烧反应，放出大量热量。由于此热量的影响，材料内部形成许多充满蒸气的小孔，小孔被熔融的金属壁包围。因此，切割过程是双热源作用的结果，即所吸收的光斑能量和金属氧气反应产生的热能共同作用。切割钢材时，氧化反应放出的热量约占全部能量的 2/3。

氧气助熔切割过程中，若金属的氧化反应速度比光束移动速度快，割缝形貌会非常宽而粗糙；若光束移动速度比金属的氧化反应速度快，则得到的切缝形貌会窄而光滑。由于钢材易与氧气发生化学反应，故氧气助熔切割目前主要用于钢材的切割。

④ 控制断裂切割。对于脆性材料，当激光束作用于材料表面时，材料受热蒸发，从而产生小凹槽，由于热应力较大，材料将沿小凹槽发生断裂。这种方法称为控制断裂切割。这种切割过程的原理是，激光束照射材料的局部，造成被照射区域出现较大的温度梯度，从而产生严重的机械变形，导致材料形成裂缝。

控制断裂切割是利用激光刻槽时所产生的陡峭的温度分布，在脆性材料中产生局部热应力，使材料沿小槽断开。控制断裂需要极高的功率，否则会引起工件表面熔化而破坏切缝边缘。其主要控制参数是激光功率和光斑尺寸大小。

3）激光切割的特点。

① 切割质量好。由于激光切割的光斑小、能量密度高、切割速度快，因此能够获得较好的切割质量。激光切割的切口细窄，切割零件的尺寸

精度可达 ±0.05mm。切割表面光洁，表面粗糙度值可达几十微米，工件一般不需要再加工即可进行焊接，部分零件无须加工即可直接使用。材料热影响区的宽度小，切缝周围的材料性能仅受到极小影响。因为热影响区小，所以工件变形小。另外，切缝的几何形状也好（横截面呈规则长方形）。

激光切割、氧乙炔切割和等离子弧切割的比较见表 3-7，切割材料为6.2mm 厚的低碳钢板。

表 3-7　激光切割、氧乙炔切割和等离子弧切割的比较

切割方法	切缝宽度 /mm	热影响区宽度 /mm	切缝形态	切割速度	设备费用
激光切割	0.2 ~ 0.3	0.04 ~ 0.06	平行	快	高
氧乙炔切割	0.9 ~ 1.2	0.6 ~ 1.2	比较平行	慢	低
等离子弧切割	3.0 ~ 4.0	0.5 ~ 1.0	楔形且倾斜	快	中等

② 切割效率高。可由计算机实现完全自动化控制，操作时只需改变数控程序，即可切割不同形状的零件，并且二维切割和三维切割均可实现。

③ 切割速度快。不同材料和厚度在不同激光功率下的切割速度见表 3-8，可见激光切割速度非常快。材料在激光切割时不需要装夹固定，既可节省工装夹具，又节省了上、下料的辅助时间。

表 3-8　不同材料和厚度在不同激光功率下的切割速度

激光功率 /kW	材料种类	厚度 /mm	切割速度 /（cm/min）
1.2	低碳钢板	2	600
1.2	聚丙烯树脂板	5	1200
2	不锈钢板	2	350

④ 非接触式切割，清洁安全。因为激光头与工件不接触，所以不存在工具的磨损。加工形状各异的零件时，不需要更换"刀具"，只需要根据材料的性质，改变加工参数（功率和频率）。激光切割过程噪声低、无

环境污染，大大改善了操作人员的工作环境。

⑤ 材料的适用性广。激光切割材料的适用性广，但不同材料的热物理性能不同，所以对激光的吸收率不同，故激光切割的适应性也不同。采用 CO_2 激光器时，各种材料的激光切割特性见表3-9。

表3-9　各种材料的激光切割特性

材　　料		吸收激光的能力	切割特性
金属	Au、Ag、Cu、Al	吸收量小	加工难度大，可用于厚度为 1~2mm 的铜和铝薄板
	W、Mo、Cr、Ta、Zr、Ti	吸收量大	若用低速加工，则能切割薄板，但 Ti、Zr 等金属需用 Ar 做辅助气体
	Fe、Ni、Pb、Sn		比较容易加工
非金属	有机材料 丙烯酰、聚乙烯、聚丙烯、聚四氟乙烯	可透过白热光	可使用小功率激光进行切割，但因材料可燃，所以易被碳化
	无机材料 皮革、木材、布、橡胶、纸、玻璃、环氧树脂、酚醛塑料	透不过白热光	
	玻璃、玻璃纤维	热膨胀大	加工过程中由于热应力大而容易发生开裂。
	陶瓷、石英玻璃、石棉、云母、瓷器	热膨胀小	厚度小于2mm 的石英玻璃易于切割

（3）激光热处理（激光相变硬化、激光淬火）　激光热处理又称表面淬火、表面非晶化、表面重熔淬火等，对应于传统加工中的表面热处理，只是将热源换成激光。激光热处理可以对金属表面进行相变硬化、表面合金化等表面改性处理，产生大表面淬火达不到的表面成分和组织性能。在激光热处理领域，激光相变硬化是人们研究最早、最多，也是应用最为广泛的激光热处理工艺，适用于大部分金属材料和形状各异的零件的多个部位，可提高零件的耐磨性、疲劳强度、耐蚀性和抗氧化性等，延长了工件的使用寿命。

（4）激光快速成形技术　该技术是将激光、CAD/CAM 和材料技术进行有机整合的成果。根据零件的 CAD 模型，利用激光将光敏聚合材料逐层固化，精确堆积成样件，不需要模具和刀具即可快速、精确地制造形状复杂的零件。该技术已在航空航天、电子、模具、汽车等工业领域得到广泛应用。

（5）激光表面强化及合金化　激光表面强化是用高能量密度的激光束加热工件，使工件表面薄层发生熔凝和相变，然后自激快冷形成微晶或非晶组织。激光表面合金化是用激光加热涂覆在工件表面的金属、合金或化合物，使其与基体金属快速发生熔凝，在工件表面形成一层新的合金层或化合物层，达到材料表面改性的目的。还可以用激光束加热基体金属及通过的气体，使之发生化学冶金反应（如表面气相沉积），在金属表面形成所需要物相结构的薄膜，以改变工件的表面性质。激光表面强化及合金化适用于需要改善耐磨性、耐蚀性、耐高温性等的零部件。

除上述技术之外，已经成熟的激光加工技术还有利用激光进行打标、蚀刻、打孔、微调、存储、划线、清洗、强化电镀、上釉等等。

3.1.3　等离子技术应用

1. 等离子堆焊

等离子堆焊通常选用能量较高的转移弧，所以也称等离子转移弧（plasma transferred arc，PTA）堆焊，其过程和氩弧焊相似，如图 3-14 所示。等离子堆焊的工作原理是利用不同方式引燃两种弧：一方面，利用电极和喷嘴间产生的高频火花引燃非转移弧；另一方面，转移弧电源接通后，利用非转移弧在钨极和工件之间的导电通道引燃转移弧。最后主要借助于转移弧的热量，在工件表面产生熔池和熔化合金粉末。应按需要量连续供给合金粉末，借助送粉气流送入焊枪，然后吹入电弧中。粉末的熔化分为两步：首先在弧柱中预先加热，以熔化或半熔化状态进入熔池；然后在熔池里充分熔化，并排出气体和浮出熔渣。通过调节转移弧电流，进而控制合金粉末和工件熔化所需的热量，从而使合金和工件表层按预想的效果熔合。随着焊枪和工件的相对移动，合金熔池逐渐凝固，便在工件上获得所需要的合金堆焊层。

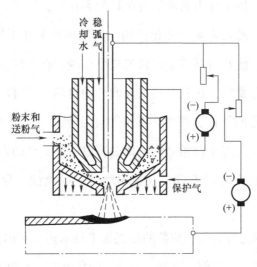

图 3-14 等离子堆焊的过程

保护气的作用是保护焊接区域尽量少接触氧气，减少液态金属的氧化。另外，由于受到喷嘴和保护气的限制，产生的电弧是收缩柱状。

等离子弧柱受到喷嘴直径的限制，在压缩孔道冷气壁作用下，弧柱受到强行压缩，成为压缩电弧。电弧被压缩后，和自由电弧相比会发生很大的变化，弧柱直径变小，从而使弧柱电流密度显著提高，可充分对气体进行电离，因而电弧具有温度高、能量集中、稳定、可控性好等特点。等离子堆焊设备如图 3-15 所示。

等离子弧产生的热量，将粉末与基体表面快速同步熔化，并伴有混合和扩散，等离子束热源离开后，液态金属冷却凝固，从而形成高性能的合金层，实现表面的强化与硬化。由于电弧温度高、传热率大、稳定性好，熔深可控性强，通过调节相关堆焊参数，可在一定范围内对堆焊

图 3-15 等离子堆焊设备

层的厚度、宽度、硬度进行自由调整。等离子粉末堆焊后，基体和堆焊材料形成冶金结合的熔合界面，故结合强度高；堆焊层组织致密，耐蚀性及耐磨性好；基体与堆焊材料的稀释较少，材料特性变化小；利用粉末作为堆焊材料可提高合金设计的选择性，特别是能够顺利堆焊难熔材料，提高工件的耐磨性、耐高温性和耐蚀性。等离子粉末堆焊具有较高的生产率，其成形美观且堆焊过程易于实现机械化及自动化。

等离子堆焊的一大优势在于其工艺可操作性强，与氩弧焊不同，等离子堆焊可以进行计算机控制的自动送粉，具有非常稳定的喷涂操控性能。目前，国内的部分机型已经是相当完善、稳定的产品。

等离子堆焊技术的特点如下：

1）基体与熔覆层的结合强度高（冶金结合）。

2）堆焊熔覆速度快，稀释率低。

3）堆焊层组织致密、成形美观。

4）堆焊过程易实现机械化、自动化。

5）相比于其他等离子喷焊工艺，设备节能、易操作，且构造简单，故维修、维护容易。

6）堆焊材料的硬质相会漂浮在熔池的上端，形成梯度分布，最大限度提升涂层耐磨性能。

等离子堆焊技术存在以下不足：

1) 粉末不能全部利用，造成了少量浪费。

2) 随着喷焊时间延续，喷嘴容易堵塞。

3) 粉末质量对涂层质量影响明显，对喷涂粉末质量的要求较高。

4) 大范围堆焊表面容易产生裂纹。

5) 熔池需要控制在上表面，难以喷涂三维结构复杂工件。

6) 手持喷焊工艺要求高，一般不建议使用。

2. 等离子喷涂（plasma spray，PS）

喷涂过程是用高压电弧加热气流，从而产生高速等离子射流。因为等离子生成气通常是含有氢或氦的氩气，所以能够有效地加热和熔融送入的粉末。等离子弧心温度在 10000K 以上，粒子撞击速度接近 250m/s。等离子喷涂原理如图 3-16 所示。

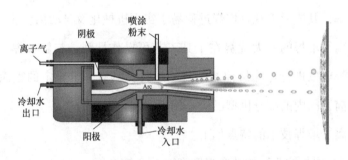

图 3-16　等离子喷涂原理

等离子喷涂具有以下特点：

1) 超高温，便于进行高熔点材料的喷涂。

2) 粒子速度高，涂层致密，粘结强度高。

3) 喷涂材料不易氧化（工作气体为惰性气体）。

真空等离子喷涂的显著特点是低压喷涂，它是在密封室内进行喷涂，因此可以控制喷涂气氛。在较低气压中喷涂，气体流速较高，可以达到超音速。喷涂颗粒受到气氛控制，所以可以喷涂一些极易氧化的颗粒。

另外，由于粒子飞行周边气流密度低，因此颗粒冲击速度受到的阻碍较少，同时颗粒热量流失较少。颗粒碰撞基体时，颗粒与颗粒之间、颗粒与基体之间的夹杂少，孔隙率低，涂层非常致密、结合力强。但其设备（图 3-17）结构复杂，特别是大空间操作台，成本远高于其他喷涂设备，维护费用非常高。

图 3-17　真空等离子喷涂设备

超音速等离子喷涂也是在大气等离子喷涂的基础上发展起来的，其特点是采用超音速的喷管，从而使流体速度增加，使颗粒附着力增大，同时颗粒飞行时间短，受到氧化等气氛的影响少，涂层性能容易得到保证。但其设备成本高，维护费用也高。

3.1.4　熔覆技术应用

1. 火焰喷涂熔覆

氧乙炔火焰喷涂是发展较早的一种喷涂工艺，如图 3-18 所示。它是利用氧和乙炔的燃烧火焰将粉末状或丝状、棒状的涂层材料加热到熔融或半熔融状态后喷向基体表面而形成涂层的一种方法。它具有设备简单、工艺完善、成本低、效果较好等优点。利用这种工艺可以制备各种金属、陶瓷、塑料涂层，是目前国内最常用的喷涂工艺之一。但是，由该工艺制备的涂层与基体的结合强度低，涂层孔隙率也较大。

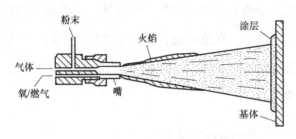

图 3-18　火焰喷涂

采用燃烧的火焰对自熔合金粉末进行一次喷涂或者对喷涂后的涂层再次进行重熔（火焰重熔、感应重熔等）的方法，称为喷焊。喷焊涂层将与基体产生冶金结合，因而与基体的结合强度较高，可在重负荷、大冲击的工况下应用，并且由于进行喷焊强化，其涂层具有更优异的耐磨性、耐蚀以及抗热疲劳性能。

火焰喷涂熔覆工艺分为两种：一步操作方法和两步操作方法，简称一步法和两步法。

一步法：交替进行喷粉过程和熔化过程，也就是说，喷粉和熔化是同步发生的，喷一些粉末，便熔化一些粉末。

两步法：先喷粉，然后对粉末进行熔化，比较适用于大面积喷焊。喷涂时应控制喷涂厚度，一般为 0.2 ~ 0.3mm，每次的涂层厚度不宜过大，应遵循较小厚度、多次喷涂的原则，直至获得所要求的喷焊层。

一步法和两步法的特点是，重熔温度能够超过 1000℃，虽然工件表面未被熔化，但是，涂层和工件表面结合处的涂层被熔化，产生了元素的渗透和扩散，从而导致涂层和工件的结合界面处生成新的组织及表面合金层。此时，涂层与工件便形成了非常牢固的冶金结合，因而，工件与涂层的结合强度较高。但是，喷焊后工件的温度较高，并且可能产生一定的变形，因此，喷焊后应使其缓慢冷却，或者后续对其进行退火处理。

火焰喷涂往往采用手持式设备（图 3-19），对操作人员要求较高，劳动条件较差。特别是一步法，需要观察熔覆区的表面镜面特征，而且工作环境相对恶劣。针对这一问题，目前国内外已陆续开发出温度传感式自动熔覆工艺。

图 3-19　火焰喷涂用手持式设备

经过火焰喷涂熔覆后，涂层具有以下特点：

1）厚度较大，通常可以达到 2 ~ 3mm，甚至 5 ~ 6mm。

2）工件表面与喷涂涂层之间为牢固的冶金结合，结合强度为 300 ~ 700MPa。

3）可以在较为复杂的型面上进行喷涂加工，并且达到较大的厚度。

4）由于温度较高，喷涂工件应预留加工尺寸，需要考虑变形因素对最终产品尺寸的影响。

5）喷焊后应进行缓慢冷却处理，防止工件产生变形和由热应力产生的裂纹。

2. 真空熔覆技术

真空熔覆是一种源于真空烧结技术的工艺，它能够在钢制基体的表面进行复合涂层的制备。与真空烧结技术不同的是，真空熔覆技术是通过热喷涂或者涂抹的方式将涂层材料预置在基体的表面上，然后用真空炉对其进行辐射加热，从而使一部分涂层材料发生熔化；接着进行保温处理，使得涂层材料与钢制基体进行充分的原子扩散，同时，粘结相与硬质相之间也会发生充分的反应；而后进行随炉冷却，冷却至约200℃；最后即可得到基体与涂层、粘结相与硬质相之间形成牢固冶金结合的较为致密的涂层。

(1) 真空熔覆技术的优点　与氧乙炔火焰喷涂熔覆相比，真空熔覆技术具有以下优点：

1) 可以较好地改善粘结相和碳化物之间的浸润角，同时能够去除颗粒表面的氧化膜；能够彻底去除成形剂和溶于金属中的气体；能够使合金组织得到改善和收缩，并去除残留的油脂，从而使材料的各种性能得到优化。

2) 可根据需要进行涂层成分的调节。涂层的显微硬度变化范围一般在500~1300HV之间，这是氧乙炔火焰熔覆难以达到的。真空熔覆技术不仅可以使用自熔性合金粉末，还可以添加纯金属粉末以及其他高硬度粉末等。

3) 涂层厚度可以根据需要在0.05~16mm范围内进行选择。薄涂层一般用于防护；厚涂层一般用作耐磨涂层，其与基体结合紧密、不易破裂，因而能够承受较大的冲击。

4) 得到的涂层具有硬度、组织均匀的特点，而其他熔覆技术制备的涂层存在成分偏析，熔池搭接和涂层硬度、组织不均匀的现象。在真空熔覆工艺中，熔融态涂层和基体之间能够充分地相互扩散，因而两者能实现紧密的冶金结合，结合强度可达到380MPa，远远优于通过其他喷涂工艺制备的涂层。

5) 真空熔覆设备相较于其他喷涂工艺所使用的设备更为简单，并且可以利用热电偶严格控制熔覆过程中的温度，从而保证熔覆质量。为了有效降低热应力、满足强度要求，应采用分段保温的方式进行降温。

（2）真空熔覆技术的不足

1）在真空条件下，某些蒸气压高于炉内压力的合金元素会产生蒸发，因此应对真空度进行一定程度的降低。

2）真空熔覆过程中的升温阶段存在脱碳现象，在温度升高的过程中，炉内有一些残留的空气、水分，且粉末中存在氧化杂质等，这些物质会与碳化物中的碳发生反应，生成并排出 CO，导致合金中的碳含量降低，同时，炉压会有明显的提高。即使存在含碳材料的补充还原，但总体来说合金仍发生了脱碳。

（3）真空熔覆设备　DZS-90 型加压气冷真空烧结炉可用于镍基合金和不锈钢制品的真空烧结处理、真空焊接处理、真空退火处理、真空回火处理、真空脱气处理等工艺。其主要用途是工件合金涂层的真空烧结，该设备的主要技术参数见表 3-10。

表 3-10　DZS-90 型加压气冷真空烧结炉的主要技术参数

技术参数	数　值
有效工作区尺寸/mm	900×600×600（长×宽×高）
装载量/kg	500（含工装）
最高温度/℃	1150
工作温度/℃	1050
炉温均匀性/℃	±5
炉温稳定性/℃	±1
极限真空度/Pa	$8×10^{-1}$（充分烘炉后空载）
工作真空度/Pa	$5×100$（充分烘炉后空载）
升压率/(Pa/h)	0.67（充分烘炉后空载）
加热功率/kW	90
整机功率/kW	110
空炉升温时间/min	≤50（从室温升至1050℃）
降温时间/h	≤4（降温至50℃）
气冷压强/bar	<2
冷却水用量/(m³/h)	≥25

注：1bar = 0.1MPa。

该炉为单室卧式内热型真空电阻炉，是由真空炉主机、风冷系统、真空机组、电气控制系统、回充气体系统、气动系统、水冷却系统等组成的。

1) 真空炉主机由炉体、炉门、加热室、风冷系统等组成，如图 3-20 所示。

图 3-20 真空炉主机

① 炉体和炉门为双壁水冷夹层结构，内外壁均由碳素钢制造。炉体与炉门之间的密封采用双向锁圈密封结构，保证了正反两个方向的压力密封，锁圈的启闭为气动。

② 加热室由隔热层、加热元件、炉床等部分组成，如图 3-21 所示。隔热屏是由多层碳毡和陶瓷保温毡组成的圆筒形反射屏，用石墨绳固定在最外层支架上。在加热室底部设有滚轮和导轨。加热元件为石墨管，用绝缘陶瓷固定在加热室内壁上。炉床由石墨床和石墨支柱组成。加热室在炉盖端和炉体中部均设有观察孔如图 3-22 所示，其有效直径均为 8cm 且具有隔热装置，可方便地从不同视角观察零件在炉内的加热、升温和降温等情况。

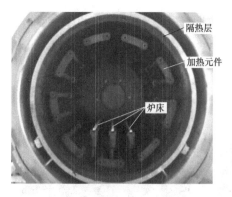

图 3-21　加热室　　　　　　　　　　　图 3-22　观察孔

2）风冷系统。由高速风机、离心式叶轮、高效换热器、加热室前后风门和导流罩等组成，可以实现快速均匀冷却。可通过调节气冷压强来调整工件的冷却速度，气冷压强的调节范围为 0.08 ~ 0.2MPa。

3）真空机组。由 ZJ-600 型罗茨泵（图 3-23）、2X-70 型机械泵（图 3-24）、真空挡板阀等组成。真空机组为顺序动作，具有互锁和安全操作功能。在机械泵工作达到极限时，通过罗茨泵可将炉内真空度降到更低。

4）电气控制系统（图 3-25）。由晶闸管调压器及高精度控温仪表组成的温度可编程序控制系统和由 PLC 组成的机械动作可编程序控制系统等组成，可实现全自动程序操作，并兼有手动操作功能。

图 3-23　ZJ-600 型罗茨泵　　　　　　图 3-24　2X-70 型机械泵

① 采用 DCP31 型智能化温度控制仪（图 3-26），控温精度为

±0.1%，可存储19条工艺曲线（每条曲线30段）、多组 PID 参数，并有 PID 参数自整定功能。依靠精准的调节算法，可有效抑制温度的过冲，精确地控制炉内温度。

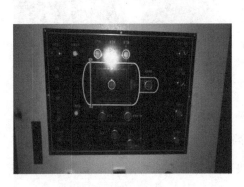

图 3-25　电气控制系统　　　图 3-26　DCP31 型智能化温度控制仪

②采用大电流、低电压供电方式，晶闸管调压器与高精度控温仪表配合，可实现温度的连续稳定无级调节，能够按照设定好的温度曲线自动控制加热功率，严格按照升温曲线进行升温控温。

5）回充气体系统。由快充阀、微充阀、手动开关、管路、储气罐构成的充气系统和安全阀等组成，可通过电磁阀实现自动快速充气，也可手动充气。冷却时形成强制对流循环冷却。该系统为烧结产品提供了调节真空度的功能，可在烧结过程中对真空环境进行微调，适应不同烧结工艺的要求。

6）气动系统。由油雾器、油水分离器、换向阀、气缸、管路等组成。

7）水冷却系统。由不锈钢截止阀、电接点压力表、管路、水流观察及断电供水保护系统、冷却塔（图 3-27）等组成。该系统由主供水管将冷却水分配到各冷却部位，最后汇流到回水箱。采用开放式水循环系统集中供水，并在主供水管路上装有城市供水接口，可接入自来水，防止因意外断电而对真空炉造成损害。主管路上还装有水压表，可有效监控主管路水压，并在超压或欠压时发出报警信号，同时自动采取相应的保护措施。

8）石墨工装（图 3-28）。选择石墨作为工装材料，是因为其电阻特性，即高低温时（0～2500℃）的电阻值变化比金属电阻值的变化要小得多。以 DN80 的球芯为例，该工装可一次性装载 20 个。同时可根据不同工件对工装进行拆卸组合。

图 3-27　冷却塔　　　　　　　　　图 3-28　石墨工装

（4）真空熔覆再制造技术的过程

1）表面净化。表面净化的目的是除去工件表面的污垢，以免影响涂层与基体之间的结合力。待污垢去除之后，应尽量保持工件表面清洁，搬运待喷工件时，要使用清洁的工具，以免沾染灰尘和手印，而导致表面发生二次污染。

2）表面粗化。采用喷砂的方法对工件表面进行粗化处理。

3）预热处理。采用氧乙炔火焰熔敷设备（图 3-29），在不送粉的情况下，对工件进行均匀预热。

4）涂层制备。采用氧乙炔火焰熔敷设备，开启送粉装置（粉材为特制镍基粉末 Ni35、Ni55、Ni60），在工件表面形成涂层，不同工件分别使用不同粉材并做标记。涂层制备完成后，将所有工件放入蛭石箱进行缓

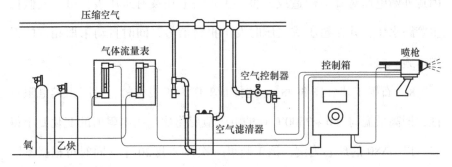

图 3-29　氧乙炔火焰熔敷设备

冷保温处理。

5）真空熔覆。将所有待熔覆工件集中放入真空炉加热室（不同种类工件分不同批次进炉），按指定工艺编辑合理的加热曲线，遵循操作规程，开启真空炉。

6）取出工件。当工件温度降至 200℃ 左右时，取出所有工件。观察其表面，若无缺陷，则可送至车削（冷至室温）并进行硬度检测或耐磨试验。

（5）已损伤的零件经真空熔覆再制造处理后的效果

图 3-30 所示为三偏心蝶阀密封环熔覆图，其表面成形良好，涂层平整均匀，未发现脱落、凸起、翘边等现象。图 3-31 所示为球芯熔覆图，其表面成形良好，涂层平整均匀，未发现脱落、凸起、翘边等现象。图 3-32 所示为球芯熔覆面和已加工面的对比，已加工面上未发现缺陷。

图 3-30　三偏心蝶阀密封环熔覆图

图 3-33 所示为球芯熔覆图（有凸起），经分析，有凸起的原因是由于保温时间较长，熔融状态下的涂层在重力作用下，最终在球芯最低处聚积形成凸起。图 3-34 所示为失败的球芯熔覆图（翘边），经分

析，失败原因是喷砂不彻底，导致涂层与基体结合强度降低，加热后翘边。

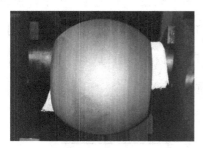

图 3-31 球芯熔覆图

图 3-32 球芯熔覆面和已加工面的对比

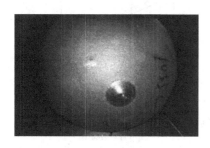

图 3-33 球芯熔覆图（有凸起）

图 3-34 球芯熔覆图（翘边）

3. 激光熔覆

激光熔覆技术是利用激光加热熔化的方法，把具有特殊性能的材料涂覆在基体的表面，从而获得和基体结合良好并具有优异性能的熔覆层。激光熔覆技术可以在材料表面制备出具有优异耐磨性、耐蚀性、耐热性、抗氧化性、抗疲劳性或者特殊功能的熔覆层，使用较低的成本，大幅提高材料表面性能，从而延长零部件的寿命，扩大其应用领域。

（1）激光熔覆的原理与特点

激光熔覆（laser cladding）技术也称激光熔敷技术（图 3-35），是目前较为先进的一种表面强化技术。该技术是在基体材料表面熔覆涂层材料来对表面进行改性，利用激光束的高能量密度，对熔覆材料和基体进行熔化，然后两者同时凝固，从而在基体表面制备熔覆层，使得基体表面的各种性能得到一定的优化和提升。激光熔覆技术涉及多个学科领域，它能够进行工件的表面改性以及损伤工件的修复，不但能够满足不同工况对材料表面性能的要求，而且能够节约材料、降低成本。因此，其应用越来越广泛，受到了国内外的普遍重视。

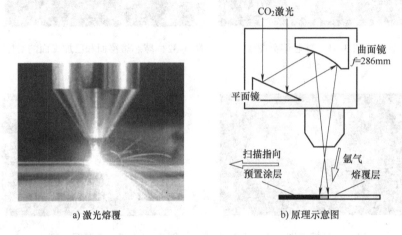

a) 激光熔覆　　　　　　　　　b) 原理示意图

图 3-35　激光熔覆的原理示意图

20 世纪 70 年代以来，大功率激光器不断发展，随之兴起的激光熔覆技术成为激光表面改性技术的一个分支，其功率密度介于激光合金化和激光淬火之间，取值范围为 $10^4 \sim 10^6 \mathrm{W/cm^2}$。

在进行激光熔覆时，激光、基体、粉末之间存在以下相互作用：

1）激光、粉末之间的相互作用。当激光束照射穿过粉末时，粉末会吸收部分激光能量，从而使较少的能量到达基体表面；粉末受到激光的加热，在进入熔池前，其形态会发生一定的变化，根据吸收的能量进行分类，可分为熔化态、半熔化态和未熔相变态三种。

2）激光、基体之间的相互作用。激光与粉末的相互作用使能量产生衰减，衰减后的能量又作用于基体，使其发生熔化并产生熔池，而熔池的熔深取决于这部分能量，从而影响了熔覆层的稀释率。

3）粉末、基体之间的相互作用。送粉口喷出合金粉末，合金粉末由于载气流的吹动而发散，使得部分合金粉末无法到达熔池而是飞溅在基体表面。

（2）激光熔覆的分类

激光熔覆中最常用的材料为合金粉末，按照送粉方式，激光熔覆主要分为两种类型：预置粉激光熔覆和同步送粉激光熔覆。

1）预置粉激光熔覆。它是将熔覆材料通过一定的方式预置在基材的表面，然后进行激光扫描，将预置好的熔覆材料进行熔化和凝固，熔覆材料的形式一般为丝、粉、板，其中用得最多的熔覆材料是合金粉末。预置粉激光熔覆的工艺流程为基材表面处理→预置合金粉末→预热→激光扫描→后处理。

2）同步送粉激光熔覆。利用送粉或送丝装置将合金粉末直接送入激光束中，在送粉或送丝的同时进行熔覆。同步送粉激光熔覆的工艺流程为基材的表面处理→送入熔覆材料并进行激光扫描熔化→后处理。目前，主要有侧向送粉和同轴送粉两种同步送粉方式。

同步送粉激光熔覆的示意图如图 3-36 所示。首先，激光在基体上按一定路径扫描照射，使基体表面生成液态熔池，与此同时，载气流吹动熔覆粉末使其从送粉喷嘴喷出，而后合金粉末与激光发生相互作用并进入熔池。送粉喷嘴跟随激光束同步运动，从而在基体表面生成熔覆层。

同步送粉法具有以下特点：能够完全实现自动化、粉末对激光能量的吸收率相对较高、熔覆层的内部缺陷较少等。特别是进行金属陶瓷熔覆时，采用同步送粉的方式能够显著降低熔覆层的裂纹敏感度，并且可使熔覆层中的硬质相分布均匀。若加入保护气，则可以防止熔池发生氧化，获得表面成形良好的熔覆层。

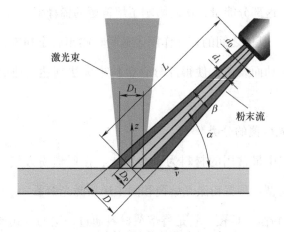

图 3-36　同步送粉激光熔覆的示意图

利用载气喷注将粉末送入熔池的效果较好，这是由于熔化的粉末层将激光束与材料的相互作用区覆盖，能够提高粉末的能量吸收率。这时，稀释率是由送粉速率而非激光功率密度控制。气动传送粉末技术的送粉系统示意图如图 3-37 所示，该送粉系统由底部具有测量孔的漏斗箱组成。金属粉末通过漏料箱进入送粉管道，该管道与氩气气瓶相连接，粉末由氩气流带出。为了得到比较均匀的粉末流，粉末漏料箱与振动器相连接。通过对测量孔和氩气流速进行控制来调整送粉速率。送粉速率能够影响熔覆层的成形以及稀释率、孔隙率和结合强度。

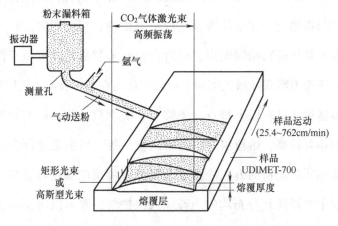

图 3-37　气动传送粉末技术的送粉系统示意图

（3）激光熔覆技术的优点

1）冷却速度快（可以达到 $10^5 \sim 10^6 \mathrm{K/s}$），熔覆层组织为快速凝固组织，因此，通过这种技术能够获得非平衡态的新相以及晶粒细化的组织。

2）激光熔覆技术的热输入相对较小，产生的畸变和稀释率也较小，一般来说，其稀释率低于 5%。另外，熔覆层与基体在激光的作用下能够产生牢固的冶金结合。通过调整激光熔覆的工艺参数，能够得到冶金结合良好、稀释率较低的熔覆层，并且能够通过调整来控制熔覆层的稀释率和成分。

3）合金粉末的选择基本没有限制，大部分合金都能够在基体表面上进行熔覆，尤其适合在低熔点的基体上熔覆高熔点的合金。

4）制备的涂层厚度范围比较大，一般来说，单道熔覆层的厚度在 $0.2 \sim 2\mathrm{mm}$ 之间，并且能够得到细密的微观组织。采用该技术制备的熔覆层中，甚至能够产生非晶相、亚稳定相、超弥散相等，微观缺陷较少，且熔覆层与基体之间的结合强度较高，性能优异。

5）能够实现选区熔化，减少材料的消耗，特别是进行高速、高功率密度的激光熔覆时，其表面质量能够达到工件装配公差以下。

6）对于难以到达的区域和复杂结构的工件来说，利用光束瞄准依然可以应用激光熔覆技术。另外，由于工艺过程易于控制，因此可以实现自动化。

7）在我国的工程应用中，钢铁材料的使用最为广泛，金属材料的失效一般发生在零部件的工作表面，因此，需要对工件的工作表面进行强化和改性。若仅为了满足工况要求而使用大块高性能复合材料，则会造成材料的浪费，提高成本。因此，根据工况要求，开发具有强韧结合性能的材料以及梯度材料非常有必要，而激光熔覆技术有利于此类材料的研发。

（4）激光熔覆工艺

1）激光熔覆与激光合金化的区别。激光熔覆技术和激光合金化技术都是利用高能量密度的激光束在基体表面形成与基体结合良好、成分和性能可控的熔覆层。两者虽然相似，但在本质上具有一定的区别：激光熔覆过程中，熔覆材料完全被激光束熔化，而基体表面熔化较少，因此，基体对熔覆层成分影响不大；激光合金化技术是通过激光束的照射使基体表面发生熔化，同时引入所需合金元素，从而在基体表面获得具有所需性能的新的合金层。

2）激光熔覆的工艺特点。激光熔覆前需要对基体表面进行一定的处理，除去基体表面的污物和水分等，以防将其引入熔覆层内部导致缺陷形成，从而使得熔覆层成形不良、性能降低。对于牢固粘连在基体表面的污物，可通过机械喷砂工艺对其进行去除，此外，喷砂能够提高基体的表面粗糙度值，从而使基体对激光的吸收率升高。同时，也可以使用加热清洗剂来清理油污。为了除去粉末表面吸附的水分，保证熔覆层的质量，在使用前应对粉末进行一定时间、一定温度的烘干处理。

激光熔覆能够以单道、多道、单层乃至多层的形式进行制造，根据熔覆层的要求，可以选择不同的形式，为了制备大面积和大厚度的熔覆层，可采用多层多道的工艺方案。例如，图3-38所示为激光熔覆多道搭接示意图与试样表面形貌。

熔覆工艺决定了激光熔覆层的成形质量。通过优化激光熔覆工艺参数，可以获得成形质量高、冶金结合好的熔覆层，熔覆层的微观组织致密且无缺陷存在。为了防止熔池发生氧化，在熔覆过程中应该采用氩气进行保护。当扫描速度一定时，通过提高送粉速率，可以增加熔覆层厚度，而熔覆宽度变化较小。当送粉速度一定时，通过提高扫描速度，可以减小熔覆层厚度，同时熔覆层宽度也相应减小。

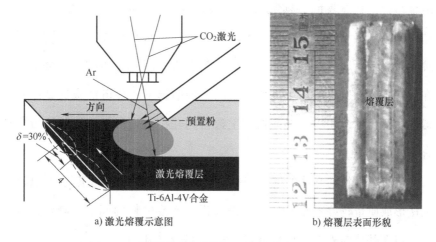

a) 激光熔覆示意图   b) 熔覆层表面形貌

图 3-38 激光熔覆多道搭接示意图与试样表面形貌

送粉速率与熔覆层成形的关系如图 3-39 所示。增大送粉速率,可使激光利用率提高,但当送粉速率提高到一定程度时,将无法形成结合良好的熔覆层。这是由于粉末与激光会发生相互作用,当送粉量较大时,会产生激光的漫反射,从而增加激光与粉末的相互作用时间,导致基体对激光能量的吸收减少,基体熔化程度不足,使得熔覆层与基体之间无法产生良好的冶金结合。

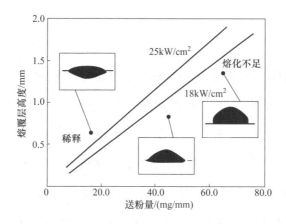

图 3-39 送粉速率与熔覆层成形的关系

因此,在激光熔覆过程中,为了保证基体与熔覆层之间产生良好的冶金结合，基体表面必须吸收部分激光能量，产生一定程度上的熔化，这样，基体将无法避免地对熔覆层造成稀释。而当基体对熔覆层的稀释较大时，将对熔覆层的性能产生较大的影响，因此应该控制稀释率。应在保证基体和熔覆层产生良好冶金结合的前提下，尽可能降低基体对熔覆层的稀释率。在结合界面处产生致密的互扩散带，是基体与熔覆层结合良好的标志。

当熔覆材料与基体的熔点相差较大时，将导致可选的工艺参数较少，无法形成质量较好的熔覆层。一般来说，熔覆材料的润湿性越好，越容易铺展在基体的表面，从而得到成形质量较高的熔覆层。

激光熔覆层的厚度比激光表面合金化的厚度大，可达几毫米。激光束以 10 ~ 300Hz 的频率相对于试件移动方向进行横向扫描，所得的单道熔覆宽度可达 10mm。熔覆速度范围为从每秒几毫米到大于 100mm/s。激光熔覆层的质量，如致密度、与基材的结合强度和硬度，均好于热喷涂层（包括等离子弧喷涂层）。

3.1.5　煤化工阀 CFD 技术应用

1. 概述

煤化工是以煤为原料，经过化学加工使其转化为气体、液体、固体燃料以及化学品的过程。从煤的加工过程分，主要包括干馏（含炼焦和低温干馏）、气化、液化和合成化学品等。煤直接液化，即煤高压加氢液化，可以生产人造石油和化学产品。煤转油主要分为直接液化和间接液化两种过程，直接液化是煤加氢液化和煤气化的结合；煤间接液化是先将煤气化再转化为油的工艺。相对来说，煤的直接液化比间接液化复杂一些。在石油短缺时，煤的液化产品将替代目前的天然石油。在煤气化过程中，控制阀得到了广泛的应用，但恶劣的应用工况对于控制阀是一大挑战。为此，吴忠仪表设计了专用于煤气化工况的偏心旋转阀。这类阀门可以有效地消除或减少空化、闪蒸、振动和颗粒介质的侵蚀。

利用计算流体动力学（computational fluid dynamics，CFD）软件，可以模拟计算阀门在不同操作工况下流体介质的通过情况，帮助人们在理论上找出阀门设计中潜在的设计缺陷，优化处理，从而改进阀门的结构设计。煤化工阀门的技术改进工作除了进行 CFD 流体结构模拟外，另一项重要任务是研究煤化工阀门的表面处理工艺。煤气化技术中最具挑战的是其恶劣的应用工况，只有结合合适的阀内腔 CFD 流体计算，优化结构设计，并且结合合适的表面硬化处理工艺，才能有效保证煤化工阀门的长期稳定运行。

针对煤化工用调节阀的特殊工况，为了提高阀内件表面的耐磨性，采用超音速火焰喷涂、等离子喷涂及熔敷、等离子堆焊三种典型处理工艺，并结合上述工艺选取与之相匹配的典型喷涂材料。通过磨损试验、硬度测试和对微观组织结构的研究发现：等离子喷涂的温度较高，引起了碳化物的分解并溶解于基体内。经过熔敷，涂层韧性增加，磨损表面不易产生裂纹和剥落。超音速火焰喷涂过程中，粒子的撞击速度高，不会产生过热现象，涂层受压应力，其密度高、耐磨性好。等离子堆焊的涂层和基体的结合力较大，硬度高，涂层厚度大，耐磨性介于前两者之间。

2. 背景及意义

原油价格上涨及能源安全问题，给煤制油产业带来了前所未有的机遇。我国化石能源储量的特点是"富煤、缺油、少气"，煤炭储量据估算达 6000 亿 t，2019 年开采量约为 38.85 亿 t；而原油需求量为 4.6 亿 t/年，2019 年国内开采量仅为 1.9 亿 t 左右，接近 60% 需要进口。煤矿是在我国最有把握替代石油的能源储备，从长远来看，煤化工特别是煤制油将成为保障国民经济的不可或缺的一部分。以中国神华煤制油化工有限公司（以下简称神华煤制油）为例，5t 煤能出 1t 优质柴油，每年 30 亿 t 的煤开采量，相当于 6 亿 t 的原油储量。因此，我国非常重视能源多元化，发展煤制油对保证我国能源安全具有重要意义。

随着国家经济建设和高新技术的发展，煤化工关键控制阀技术的已经成为我国大型石化装备、高档自动化控制系统的发展需求。特别是石油化工、大型乙烯、大型煤化工等国家重大工程和国计民生的发展需要，对煤化工关键控制阀技术的发展提出更迫切的要求，煤化工关键控制阀是石油、化工、电站、冶金、环保等重大装备控制系统、测试系统中大量应用和不可缺少的关键产品。

由于受煤化工关键控制阀技术水平的限制，当前我国煤化工关键控制阀技术仅能满足中低端场合的产品。煤化工装置控制阀门基本依靠进口，每年需求量在 20000 台左右，关键控制阀需求量在 5000 台左右。有专家总结国内重大装备使用煤化工关键控制阀的局面是"用 30% 的资金买了 70% 的控制阀（低端、国产），用 70% 的资金买了 30% 的控制阀（高端、进口）。"由于进口阀门价格昂贵、使用寿命短、维修更换频繁，制造厂远离中国，售后服务困难，造成了用户的损失，成为煤化工装置长周期运行的"瓶颈"，严重影响了煤化工行业的发展。以神华煤制油为例，每运行 1~3 个月，就需要停车检修。关键设备（控制阀）冲刷、腐蚀严重。停车一天，损失在二三百万元。如果不积极改变现状，我们将面临国民经济的支柱产业受制于人的局面，也将影响我国成为先进制造业强国的步伐。

经过多年的努力，在国家的高度重视和大力支持下，煤化工在工艺上日渐成熟，成本优势也非常明显。但是，由于对关键设备要求非常苛刻, 尤其是在煤浆 (粉) 输送 [包括水煤浆 (间接液化)、油煤浆 (直接液化) 等]、吹灰系统、废水处理系统、排渣系统中冲刷非常严重, 包括控制阀在内的关键设备维持不了装置正常运行超过 1000h。

虽然国外的煤化工关键控制阀技术较国内先进, 但也存在着不同的问题。例如, 齐鲁石化公司二化精细化工厂 (以下简称齐鲁二化) 进口 Masoneilan 阀门用于黑水调节。黑水调节阀主要用于高压差、强冲刷、强腐蚀、介质中含有固体颗粒、有闪蒸工况的流量及压力控制, 产品广泛应用于煤化工行业。与一般的调节阀相比, 要求黑水调节阀更耐冲刷, 适用于高压差, 并且便于维修。在实际使用过程中, 由于介质工况极度恶劣, 该类阀门的更换周期通常比一般阀门要短, 而且该特殊工况对阀门的整机性能要求很高。Masoneilan 黑水阀门的使用状况不尽理想, 以高压闪蒸罐入口调节阀为例, 一年三个系列共计消耗阀内件超过数十套, 耗费了大量人力、物力、财力, 且时刻危及装置的安全、稳定生产。虽然如此, 在该类装置上却只能选用业内业绩比较突出、性能相对可靠的 Masoneilan 黑水阀门。由于此类阀门长时间被国外阀门供应商所垄断, 其价格昂贵, 供货周期受限。如果可以在国内找到合适的供应商, 一来便于进行安装、调试和维修, 大大缩短产品及备件的供应周期; 二来可以节省大笔开支, 长此以往可为企业节省大量资金。国内阀门制造行业在对方面的研究正在兴起, 已有个别厂家有所突破, 但与世界先进水平还有一定距离。

3. 国内外研究现状

(1) 国内研究现状 我国煤化工关键控制阀行业起步较晚, 特别是高参数煤化工关键控制阀, 其整体技术水平相当于国际上 20 世纪 90 年代末的水平, 依然落后于国际先进水平, 不能满足国内及国际市场的需求。从技术上分析, 主要表现在以下几个方面:

1) 性能不稳定, 不符合市场发展要求, 如抗压差能力低、调节精度低、智能化水平低、寿命短（抗冲刷能力低）等。

2）在高参数工况，如高温、高压差、强腐蚀、强磨损等场合，控制阀难以满足使用要求。

3）原创性、超越性研发缺乏有效的组织和手段。

4）缺乏应用于特殊工况的材料研究和应用。

5）满足特殊结构设计需要的工艺手段的研究相对落后。

在我国，由于一些大型化、高参数化、智能化、工况复杂化的煤化工关键控制阀目前仍然受制于人，因此，煤化工关键控制阀技术成为现代工业重大装备系统集成的瓶颈。

（2）国外研究现状 国外对相关阀门基础理论的研究相对全面，特别是耐磨性的机理及试验研究进行得比较全面。Ahn 通过微观结构分析及磨损试验发现，增加磨损负载会提高涂层的磨损率，其中硬度是抗磨损的最关键因素，同时涂层的内部微观因素（微观裂纹、形状等）和外部因素（负载、温度等）都起着重要的作用。正是由于这些因素的存在，有些涂层虽然硬度较高，但磨损率相对于部分硬度低的材料反而更高一些。由于涂层颗粒受载荷影响，相对硬的材料容易破裂，造成涂层中涂层颗粒间的裂缝缺陷，从而影响涂层的耐磨性。

Yan 提出提高粒子的冲击速度和温度能明显改善涂层致密度与硬度，但同时要注意碳化物对温度的敏感性，当温度高于一定数值时，碳化物的性能将开始衰减，因此，要尽量控制粒子温度，让其低于衰减温度，抑制晶粒的生长。

Tucker 采用不同的喷涂方法对 WC – Co 材料进行表面喷涂处理。结果发现，采用 HVOF 方法生成的涂层，其耐磨性远远优于等离子喷涂涂层的耐磨性。通过试验发现，粒子的速度是决定耐磨性的关键因素：速度提高，粒子碰撞可产生较好的物理结合和致密率，而致密率对于涂层的耐磨性是非常重要的。

Richert 在 Tucker 所做研究的基础上对涂层晶粒的特性进行了分析,认为晶粒致密是保证材料耐磨的重要因素。

针对国内对煤化工用阀耐磨涂层的研究中存在的技术经验不足等问题,结合国外的研究成果,对几种不同的工艺处理方法进行研究,针对不同的工况用阀采用适宜的工艺处理方法,解决了国内煤化工用阀耐磨性不佳的问题。

4. 煤化工特殊工况

为了进一步了解煤化工关键控制阀,有必要对阀内流体介质进行简单介绍。煤化工行业阀门控制介质具有以下特点:

1) 介质温度高,输送温度为 200 ~ 500℃。

2) 介质固体颗粒硬度高,大部分在 60HRC 左右。

3) 压差大,最高可达 19MPa。

4) 煤中含有硫,腐蚀性强。

5) 固、液、气三相流同时存在。

一般的金属不能够同时满足耐冲刷、耐高温、耐腐蚀等要求,碳化钨等陶瓷虽然有很高的硬度,但强度不够,在控制阀应用中经常会被振裂而破坏。例如,煤气化装置黑水及灰水调节阀,阀型为角阀,控制流体介质为黑水(固体质量分数为 10% 的煤粉,煤粉颗粒直径 0.5 ~ 1mm),介质温度 300℃,介质压力 6.5MPa,控制压差 5.5MPa,最大流量 110t/h,最小流量 35t/h;煤气化装置锁渣阀,阀型为球阀,控制流体介质为渣水(固体质量分数为 50% 的煤渣,煤渣颗粒直径 3 ~ 50mm),介质温度 270℃,介质压力 7.25MPa,控制压差 7.25MPa;煤制油直接液化装置油煤浆输送控制阀,阀型为角阀,控制流体介质为油煤浆,介质温度 540℃,控制压差 15MPa。加之不同地区的煤化工原材料的成分和工艺不同，对上述要求也要做相应的调整，有时情况可能会更恶劣。在如此苛刻的工况下，要保障阀门的寿命和可靠性，任务是非常艰巨的。

煤化工用关键控制阀是煤化工工业的核心技术环节，制约煤化工关键控制阀不能长周期运行的主要因素，是阀门在煤化工恶劣而复杂的运行工况中与流体接触而产生的磨损问题。虽然煤化工磨损的形成原因复杂，但主要因素包括固液两相流的流速及黏度对管道的磨损破坏，加之外部工况的影响，以及阀门结构设计的影响。因此，应针对阀门的结构设计，寻找流体对阀芯的冲刷影响规律，并采取相应的工艺手段改进表面性能，以延长阀门的使用寿命。奥氏体型不锈钢渗硼的渗层有效厚度目前大部分只能做到 $10\mu m$ 以下。因此，耐磨涂层的研究对于煤化工用阀来说是比较重要的。

5. 典型的煤化工表面处理工艺

在 CFD 的基础上，研究阀体容易受冲刷的区域，了解此区域内介质的特点，以便为相关区域表面材料性能制订相应的抗冲蚀、磨损表面处理工艺。金属的表面热处理工艺种类很多，针对煤化工特殊工况，主要采用热喷涂工艺进行处理。

热喷涂时，涂层材料的粒子被热源加热到熔融状态或高塑性状态，在外加气体或焰流本身的推力下，雾化并高速喷射向基体表面，涂层材料的粒子与基体发生猛烈碰撞而变形、展平沉积于基体表面，同时急冷而快速凝固，颗粒这样逐层沉积而堆积成涂层。热喷涂涂层的形成过程决定了涂层的结构特点，喷涂层是由无数变形粒子相互交错呈波浪式堆叠在一起的层状组织结构，涂层中的颗粒与颗粒之间不可避免地存在一些孔隙和空洞，并伴有氧化物夹杂。涂层剖面的典型结构如图 3-40 所示，其特点为呈层状，

图 3-40　涂层剖面典型结构

含有氧化物夹杂, 含有孔隙或气孔。

涂层的结合包括涂层与基体的结合和涂层内部的结合。涂层与基体表面的粘结力称为结合力, 涂层内部的粘结力称为内聚力。通常认为涂层中颗粒与基体之间的结合以及颗粒之间的结合机理有以下几种方式:

1) 机械结合。由颗粒的机械联锁而形成的结合。

2) 冶金-化学结合。这是当涂层和基体表面发主冶金反应, 如出现扩散和合金化时的一种结合类型。在喷涂后进行重熔即喷焊时, 喷焊层与基体的结合主要是冶金结合。

3) 物理结合。颗粒与基体表面间由范德华力或次价键形成的结合。

当熔融颗粒碰撞基体表面时, 在产生变形的同时受到激冷而凝固, 从而产生收缩应力。涂层的外层受拉应力, 基体 (有时也包括涂层的内层) 则产生压应力。涂层中的这种残余应力是由热喷涂条件及喷涂材料与基体材料的物理性质差异所造成的。它影响涂层的质量, 限制涂层的厚度。工艺上要采取措施来消除和减小涂层的残余应力。当涂层颗粒镶嵌在上一层的涂层面中时, 颗粒自身的附着形式决定了结合强度。机械结合时, 可分为张应力结合和压应力结合, 通常认为压应力结合比张应力结合更加牢靠, 涂层厚度也更大。

为了使涂层与基体材料很好地结合, 必须净化和粗化基体材料表面。喷砂处理是最常用的粗化处理方法, 常用的喷砂介质有氧化铝、碳化硅和冷硬铸铁等。值得注意是, 用于喷砂的压缩空气一定要是无水无油的, 否则会严重影响涂层的质量。其次, 喷涂表面需要预热, 预热的目的是消除工件表面的水分、杂质和湿气, 提高喷涂粒子与工件接触时的界面温度, 以提高涂层与基体的结合强度; 减少因基材与涂层材料的热膨胀差异造成的应力而导致的涂层开裂, 预热温度取决于工件的大小、形状和材质, 以及基材和涂层材料的热膨胀系数等因素, 一般情况下预热温度应控制在 60 ~ 120℃。

下面介绍几种热喷涂方式，采用何种喷涂方法进行喷涂，主要取决于选用的喷涂材料、工件的工况及对涂层质量的要求。优化的喷涂条件可以提高喷涂效率，并获得致密度高、结合强度高的高质量涂层。

（1）超音速火焰喷涂　在超音速火焰喷涂过程中，燃料和氧气在燃烧室内被加压、点燃，并通过扩张式声速喷嘴加速到超音速，形成马赫锥。最后，颗粒在高速（>400m/s）和相对低的温度（<2000℃）下喷射，同时轴向进粉，以提供更均匀的受热粒子。超音速火焰喷涂通常不需要后续的热处理，这是因为在低氧化性和高速度的颗粒撞击下，形成了致密的、结合牢固的喷涂层。超音速喷涂过程如图 3-41 所示。

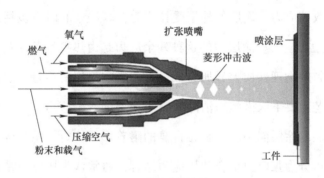

图 3-41　超音速喷涂过程

气体燃料超音速系统和煤油超音速系统都是目前国际市场上的主流产品，经过了近 20 年的市场推广，两者都被证明表现卓越。但它们的使用领域稍有不同，煤油超音速系统多应用于大型工件的喷涂，如钢厂轧辊、激光雕刻印刷辊等；而气体超音速系统则更多地使用在小型工件上，如飞机发动机零部件、钛合金零部件等。在最终设备选型之前，应对气体燃料和煤油超音速系统进行综合性能对比，对比参数包括燃料、燃料供应、维护费、核心设备价格、涂层效果和经济性，见表 3-11。

表 3-11　气体燃料和煤油超音速系统的综合性能对比

参　数	气体（氧丙烷）超音速系统	煤油超音速系统
燃料	丙烷、丙烯、氢气、天然气	航空煤油
燃料供应	容易获得	受限制
维护费	相对较低	相对较高
核心设备价格	相对较低	相对较高
涂层效果	张力颗粒附着	压应力颗粒附着，据供应商称适合球阀表面加工
经济性	节省燃料	比较费燃料

　　由于阀门使用工况的特殊性，涂层的附着力是第一考虑因素，航空煤油超音速系统的喷涂颗粒是以压应力的形式附着，因此这里选择航空煤油超音速系统，其设备如图 3-42 所示。

图 3-42　航空煤油超音速喷涂设备

该系统中具体机构的工艺特点及设计参数如下：

1）喷枪。

① 手持、机装均可，沉积效率高，易于制备致密度高的涂层。

② 火焰速度 2190m/s，火焰温度 2500～2650℃；粉末颗粒速度 1100～1190m/s。

③ 涂层孔隙率不大于 1%，涂层结合强度高于 70MPa。

④ 喷枪冷却方式为水冷。

⑤ 可喷涂粉末粒度范围广，可达 10 ~ 45μm。

2）控制系统。

① 采用金属浮子流量计，氧气和煤油流量数字显示。

② 控制系统采用 PLC 控制。

③ 氧气压力，煤油压力，冷却水压力、温度和流量等保护设施齐全。

④ 具有安全可靠的高压点火单元，点火电压 10 ~ 20kV，频率 2 ~ 5kHz。

⑤ 氧气压力范围 1.2 ~ 1.5MPa，流量范围 800 ~ 1090L/min。

⑥ 煤油压力范围 1.1 ~ 1.3MPa，流量范围 20 ~ 28L/min。

3）送粉器。

① 容积式双筒送粉器，单筒容积 3L，单筒或双筒送粉均可。

② 送粉重复误差不大于 1%。

③ 适用粉末粒度范围为 5 ~ 200μm。

④ 送粉速率 15 ~ 200g/min。

4）冷水机组。

① 氟利昂双压缩机制冷机组，制冷能力 110kW。

② 水泵流量 20 ~ 50L/min，压力 0.5 ~ 1.5MPa。

③ 温控范围 5 ~ 35℃。

5）煤油泵站及煤油储存柜。

① 不锈钢煤油箱容积 80L。

② 液压隔膜容积泵配备囊式阻尼器及安全阀，压力稳定可靠。

③ 煤油专用耐高压管路，耐压不低于 2.5MPa。

6）氧气汇流排及其他。

① 氧煤油超音速设备专用 16 瓶组氧气汇流排及减压阀。

② 独立的枪膛压力检测系统，耐压 2.0MPa，耐温不低于 200℃。

③ 所有管路均耐高压（≥2.5MPa），所有管路长度均可根据客户需求定制（≤10m）。

（2）等离子喷涂　等离子喷涂过程和超音速火焰喷涂有类似之处。热喷涂涂层在形成时的激冷和高速撞击、涂层晶粒细化以及晶格产生畸变使涂层得到强化，因此，热喷涂涂层的硬度比一般材料的硬度要高一些，其大小也会因工艺不同而有所差异。热喷涂涂层与基体的结合主要依靠与基体粗糙表面的机械咬合（抛锚效应）。基材表面的清洁程度、涂层材料的颗粒温度和颗粒撞击基体的速度，以及涂层中残余应力的大小均会影响涂层与基体的结合强度。

6. 试验涂层粉料、工艺参数

氧乙炔火焰喷涂、火焰熔覆工艺较为成熟，在此不做讨论。根据其余几种典型的工艺，试验过程中采用了多种适用于煤化工工况的粉末材料，其中等离子喷涂选择 Ni、Cr、B、Si 等自熔性合金粉末，结晶温度在 1000℃ 左右。堆积的喷涂层在 950～1100℃ 被加热并部分熔融。合金粉末中高浓度的 Si 阻止了加热过程中基体表面和喷涂层的氧化。由于涂层被加热和部分熔融，因此增加了基体和涂层之间的结合力。针对超音速火焰喷涂工艺，本试验选用 WC 的质量分数为 85% 的钴铬合金粉末（WY－M516），这类粉末主要用于耐磨和耐蚀的场合。铬元素提高了耐蚀性，优良的硬质合金颗粒提高了碳化物-钴基材料的基体耐蚀和磨损性能。等离子堆焊一般选用 WC 的质量分数在 60% 以上并添加 Ni、Cr、B 等元素的合金粉末。

综合以上分析，结合煤化工的特殊工况，选择不同粉末材料时的性能特点及应用见表 3-12。

表 3-12　喷涂层粉末材料的选择

粉末名称	粉末成分	目数/μm	应用及特性
WY-112	75WC-12Co 自熔合金	-75~45	等离子喷涂时会发生熔敷，耐磨、耐蚀
WY-A516	WC-12Co	-45~15	滑动磨损、腐蚀等
WY-M36	35WC 镍基自熔合金	-150~45	抗粒子侵蚀、颗粒磨损，耐磨性高
WY-W77	40WC-Ni-17Cr 自熔合金	-106~45	用于极端的磨损环境
WY-M516	WC-10Co4Cr	-45~11	用于耐磨、耐蚀场合时温度应低于 500℃
WY-M16C	Ni-17Cr-3.7B-4Si	-125~53	涂层厚度大于 1.5mm，应用于调节阀、球阀、闸阀等的阀座和阀杆
WY-SY64	60WC-17Ni-Cr-B 合金	-80~270	堆焊部分耐磨

被测试样件选用尺寸为 25mm×80mm×6mm 的 410 不锈钢。

对于等离子喷涂，选择 SG-100 型焊枪，不同粉末的喷涂参数（表 3-13）保持不变，喷涂层的厚度为 0.4~0.6mm。

表 3-13　等离子喷涂参数

电流/A	电压/V	功率/kW	离子气流量/(L/m)	喷涂距离/mm
750	45	33.8	60	60

超音速火焰喷涂用 DJ-2700 型喷枪，喷涂钴基碳化钨，燃料是丙烯，喷涂参数见表 3-14，样品的喷涂厚度为 0.4mm。

表 3-14　超音速火焰喷涂参数

丙烯流量/(L/m)	氧气流量/(L/m)	空气流量/(L/m)	喷涂距离/mm	给粉率/(kg/h)
83	273	405	200	2.3~4.1

等离子堆焊参数见表 3-15，堆焊层厚 4mm。

表 3-15　等离子堆焊参数

离子气流量/(L/m)	保护气流量/(L/m)	电流/A	喷涂厚度/mm
2.0~2.4	15~20	140	4

7. 样品测试方法及结果分析

（1）测试方法　磨损测试可以在冲蚀磨损试验机和三维磨粒磨损试验机上进行。冲蚀磨损是用气体或液体介质携带磨粒，对测试样品进行磨损测试，试验设备示意图如图 3-43 所示。

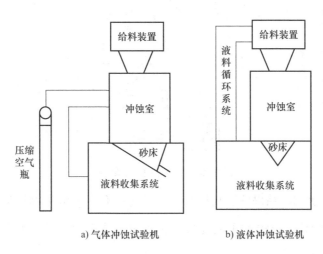

a) 气体冲蚀试验机　　　b) 液体冲蚀试验机

图 3-43　气体、液体冲蚀试验机示意图

1）冲蚀磨损测试。冲蚀试验机系统（图 3-44）主要由四部分组成，分别为喷头部分、试样装夹部分、料浆循环控制回路和储料槽部分。其中，喷头部分由混合腔、抽吸管、吸射水管和出口管等组成；试样装夹部分也是冲蚀设备的样品室，由试样横梁、试样横梁支座、样品夹等组成；料浆循环控制回路由输水管道、泵体及压力表等元件组成；储料槽部分由水槽、煤粉槽、砂床支架、出水管支架和吸射水管支架等组成。打开空气阀，关闭液流阀，向煤粉混合腔中通气，此试验机即为煤粉冲蚀设备；如果关闭空气阀，打开液流阀，液体与煤粉混合，则此试验机为浆料冲刷磨损设备。

冲蚀磨损测试的优点是可以模拟真实的工况来进行样品的测试工作，但是，这类测试机台在测试过程中存在以下缺点：

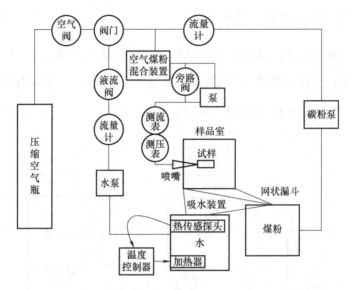

图 3-44　冲蚀试验机系统图

① 系统测试结果的重复性较差。系统中有多个流量测试器，流体中含有大量颗粒，影响了测试设备，流量测试精确度相对较差，样品测试结果变化很大。

② 测试过程中需要多个测试点，由于气流中含有大量粉尘，密封要求高，反复测试过程受到影响。

③ 测试过程中粉尘污染大，操作极其不方便。

2）三维磨粒磨损测试。三维磨粒磨损试验机（图 3-45）操作简单、测试结果重复性好，但无法完全还原冲刷现象特别是冲蚀角度，以及流量特性等真实流体的特性。

三维磨粒磨损测试的主要特点如下：

① 磨粒磨损属于三维磨粒磨损形式，和实际工况中的磨损比较相似。

② 磨粒磨损测试的可控参数少，虽然不能够完全模拟实际工况参数，但其操作简单、重复性和可靠性好。

因此，在试验测试阶段对样品进行磨损试验。磨损试验符合 ASTM G65—2016 标准。将样品放于橡胶轮一侧，向它们之间注入磨料，对磨料的流速进行控制；设置循环次数为 2000 次，另一侧加载 30lb 的载荷进行测试。样品磨损前后的质量磨损量由直接称重计量，精确度为 0.001g。测试前，应将各样品加工成平整的表面。

（2）测试结果分析 三种工艺得到的喷涂试样如图 3-46 所示，相比较来说，超音速火焰喷涂制备的涂层表面致密平整，等离子喷涂制备的试样表面较为疏松，等离子堆焊制备的试样存在细密的堆焊条纹。

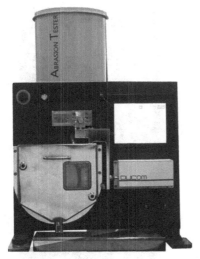

图 3-45 三维磨粒磨损试验机

图 3-46 喷涂试样（从左到右依次为超音速火焰喷涂、等离子喷涂、等离子弧焊试样）

通过硬度测试，可以得到超音速火焰喷涂制备的涂层（WY - M516）硬度为 1097HV，等离子堆焊制备的涂层硬度是 60.4HRC。

由图 3-47 可以清晰地看到各类试样在磨损测试后的痕迹。可以看出，不仅工艺方法会影响磨损痕迹的大小，喷涂材料也会对其产生影响。

在图 3-47 中可以观察到，等离子喷涂制备的涂层，其耐颗粒磨损性能往往低于超音速火焰喷涂和等离子堆焊制备的涂层，这是由于等离子喷涂过程中颗粒的撞击速度为 250m/s，而超音速火焰喷涂过程中颗粒的

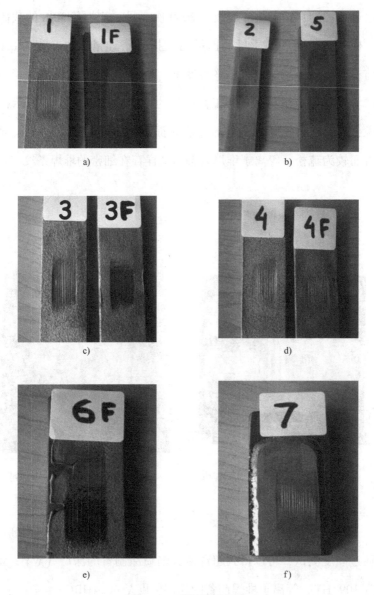

图 3-47　磨损测试痕迹

撞击速度为 400 ~ 800m/s。因此，等离子喷涂制备的涂层，其颗粒之间的结合强度远远低于超音速火焰喷涂制备的涂层，这使得其涂层致密度低于超音速火焰喷涂。

等离子喷涂过程中，中心弧的温度能够达到 10000℃，而硬质相会受到高温的破坏，导致 WC 分解，从而增加了表面颗粒杂质。在这一工艺中，硬质相对颗粒磨损起到两方面的作用：一方面是导致涂层中的硬质相抗流体颗粒磨损的能力增强；另一方面则是因为 WC 和熔融相之间存在一些结合缺陷，从而导致硬质相脱落，破坏了涂层结构。在颗粒冲蚀过程中，不同的冲蚀角度对涂层的破坏机理也不尽相同，尤其是发生垂直冲蚀的时候，往往会对冲蚀点造成疲劳变形，从而导致涂层脱落；倾斜冲蚀会导致侧向切削，将冲蚀掉相对较软的基体材料。

对于以上情况，往往通过采用等离子喷涂和熔敷处理来提高颗粒间的结合强度。

由表 3-16、表 3-17 可以看出，采用上述工艺的试样，其磨损量相较于仅采用等离子喷涂处理的涂层更小。试样 3F 和 4F 的耐磨性能高于试样 3 和 4，这是由于在熔敷工艺过程中会形成共晶组织，从而对涂层产生了弥散强化和固溶强化作用，增强了 WC 硬质相的结合力；另外，涂层之间发生了合金的相互扩散，从而提高了涂层的韧性，对样品的耐磨性也产生了增益作用。除此之外，为了提高涂层的耐磨性，可以直接去掉硬质相，而选用更为耐磨并且无内部缺陷的材料作为喷涂材料，如试样 6F。

表 3-16　磨损试验结果（1）（2000r）

工艺方法	样　品　号	喷涂粉末成分	磨损量/g
等离子喷涂	1	35WC 镍基合金	0.06
	3	Ni-17Cr-3.7B-4Si	0.27
	4	17.5Ni-4.3 Cr	0.23

表 3-17　磨损试验结果（2）（2000r）

工艺方法	样　品　号	喷涂粉末成分	磨损量/g
等离子喷涂 + 熔敷	1F	35WC 镍基合金	0.08
	3F	Ni-17Cr-3.7B-4Si	0.11
	4F	17.5Ni-4.3 Cr	0.17
	6F	40WC-Ni-17Cr	0.09

由表 3-18 可见，由于 HVOF 工艺可以产生致密的喷涂层，经过该工艺喷涂过的样品 2 的磨损量较小，尤其是样品 5 的磨损量最小。

表 3-18 磨损试验结果 （3） （2000r）

工艺方法	样 品 号	喷涂粉末成分	磨损量/g
HVOF	2	WC-10Co4Cr	0.03
	5	WC-12Co	0.01
等离子堆焊	7	60WC	0.05

对于样品 7，对比测试后发现，等离子堆焊的涂层比较耐磨。这是由于金属基体在喷涂过程中彻底熔融，与硬质相产生了冶金结合。当然，由于金属基体与硬质相之间存在较大的物理性能差异，造成其可以容纳硬质相的能力受到很大制约，金属相的结合能力越强，其耐颗粒磨损的能力往往越差。上述综合效果往往是等离子堆焊涂层的耐磨性能介于等离子喷涂和 HVOF 涂层之间，但由于等离子堆焊有熔池冶金扩散过程，可以形成较均匀的金属结构厚壁涂层，因此其综合耐磨性能非常好。

8. 试样微观结构研究

采用钻石锯对试样进行切割，并进行抛光，通过电子显微镜（SEM）观察涂层的微观结构。试样 1F 通过等离子喷涂制备并熔融涂层，所用粉末为 35WC 镍基自熔性合金，能够得到韧性较高的共晶组织。另外，等离子喷涂工艺中的温度相对较高，因此，碳化物将被氧化，而后在基体中发生溶解。在等离子喷涂涂层中可以发现典型的层状结构，较为明亮的颗粒是 WC-Co 颗粒；此外，通过高倍显微镜观察，可以看到存在明显的 WC 颗粒（图 3-48）。

在试样 3F 和 4F 的等离子喷涂涂层中，存在 WC 的自熔性合金粉末，其微观结构中存在较大尺寸的 WC 颗粒，如图 3-49 所示，并且 WC 与其周围合金生成了共晶组织，从而使得 WC 硬质相的结合力增强，提高了涂层的耐磨性。

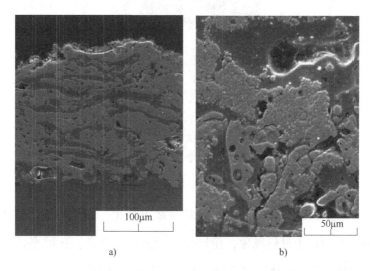

图 3-48 等离子喷涂试样 1F（经过熔敷处理）

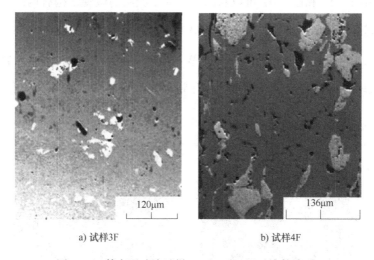

图 3-49 等离子喷涂试样 3F 和 4F（经过熔敷处理）

样品 6F 的材质为 Ni－17Cr 合金，如图 3-50 所示，其中不存在其他硬质合金相。其结构致密，存在少量孔隙，基体与涂层之间形成了良好的表面结合，与含有 WC 颗粒的等离子喷涂涂层相比，其耐磨性更好。

图 3-50　等离子喷涂试样 6F（经过熔敷处理）

与等离子喷涂不同，在 HVOF 热喷涂过程中，粒子的撞击速度高达 800m/s，不会产生过热现象，涂层受压应力，密度高，孔隙率低于 2%。因此，试样 2 和 5 的表面都比较致密，没有孔眼和分层。

由图 3-51 和图 3-52 可以看出，试样 2 涂层的微观结构有两层，分别是金属基体和 WC 颗粒；试样 5 的喷涂层也有相似的 WC 晶粒分布。在同等放大比例下，可以看到试样 5 的 WC 颗粒比试样 2 的小，而且密度大、孔隙率低，所以试样 5 的耐磨性高于试样 2。

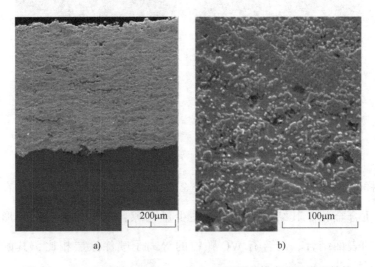

a)　　　　　　　　　　　　　　b)

图 3-51　HVOF 试样 2（WC－12Co）在不同分辨率下的微观结构

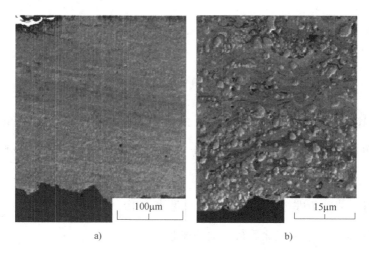

图 3-52　HVOF 试样 5（WC-10Co）在不同分辨率下的微观结构

　　等离子堆焊层中有很大的 WC 颗粒，且其形状不是规则的圆形（图 3-53 中的明亮部分），这些颗粒在整个堆焊层中的分布不均匀；同时，PTA 堆焊时温度比较高，WC 被分解，形成新的物质 W_2C，W_2C 比 WC 脆，使涂层耐磨性降低。但是，从图 3-53 中可以看出，WC 颗粒有"上浮"现象，在涂层表面附近 WC 分布得比较密集，WC 与合金元素形成复合相化合物，使耐磨性增强。

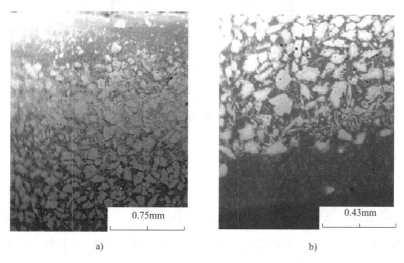

图 3-53　PTA 堆焊样件 7（40% WC-Ni-Cr-B）表层区和涂层基体界面处的微观结构

3.1.6 球芯超微进给磨削技术

1. 砂条的选择

喷涂层的硬度在1000HV以上，砂轮砂条的选择不但影响工件的加工精度和表面粗糙度，而且影响砂条的损耗、使用寿命、生产率和生产成本。

对三种砂条进行对比试验，结果见表3-19。选择砂条2作为磨削砂条，图3-54所示为喷涂后待磨削的球芯。

表3-19 试验砂条成分对比

砂条代号	厂商	磨料种类	粒度	浓度	磨料厚度/mm	硬度	结合剂	尺寸/mm
1	A	金刚石	120#	100%	15	中硬	陶瓷	$20 \times 20 \times 60$
2	A	金刚石	400#	100%	15	中硬	陶瓷	$20 \times 20 \times 60$
3	B	立方氮化硼	240#	100%	15	中硬	树脂	$20 \times 20 \times 60$

图3-54 喷涂后球芯（待磨削）

2. 磨削液的选择

磨削时，磨削速度快，发热量大，容易引起工件表面烧伤、由于热应力的作用而产生的表面裂纹及工件变形，以及砂轮的磨损钝化。磨削液可以将大量的磨削热带走，降低磨削区的温度，把砂条磨削面冲刷干净，提高磨削效率。

经过对比验证发现，使用"马思特" C270 磨削液效果较好。

3. 超微进给磨削加工技术

（1）磨削头转速的确定　根据球芯大小，给定不同的磨削头转速，观察磨削头运行是否平稳，是否有跳动、杂音等情况。

（2）磨削头转速与主轴转速的匹配　控制磨削头转速，调整主轴转速，观察球芯磨削质量、表面粗糙度是否符合要求。

（3）进给量的确定　磨削进给量在试验中得到，见表 3-20。

表 3-20　球芯磨削进给量

DN50 以下		DN65 ~ 150		DN150 ~ 250		DN250 以上	
步长/s	进给量/mm	步长/s	进给量/mm	步长/s	进给量/mm	步长/s	进给量/mm
4	0.002	5	0.0015	6	0.0015	8	0.001

由于喷涂材料为 WC－12Co，硬度为 1000HV，因此在加工中，不论是磨床砂条的选择，还是磨削头转速的匹配，都会影响球芯的磨削效率和加工精度。在保证磨削头转速的情况下，超微进给磨削以 0.001mm/s 的微小进给量对球芯进行磨削，可以有效地提高球芯圆度和降低其表面粗糙度值。图 3-55 所示为正在进行超微磨削的球芯。

图 3-55　正在进行超微磨削的球芯

3.2　智能制造技术

3.2.1　概述

人工智能（Artificial Intelligence，AI）技术作为计算机科学的一个重要组成部分，也是计算机领域最具代表性的前沿技术之一，其充分掌握智能化的本质，结合人类意识和思维，对人脑的思维功能进行模拟。人工智能属于交叉性综合学科，研究领域主要涉及语音识别、机器学习、逻辑程序设计、智能搜索和虚拟现实技术等。

当今的信息技术飞速发展，传统工业技术相比于人工智能，表现出效率低下、劳动成本高、误差大等缺点。信息处理和系统运行，需要依托高精度、高效率的计算机技术，而大多数传统工业技术受到其固有技术特点的限制，很难应用于自动化生产。人工智能技术具有运行效率高、计算准确的特点，将其与自动化控制相结合，可以提高生产率和质量，并节省人力、物力成本投入。因此，在自动化生产中应用人工智能是顺应时代发展的选择。在工业制造的许多环节都可以应用人工智能技术，如专家系统可应用于工艺优化、工程设计和故障诊断等，神经网络和模糊控制可以应用于生产调度、参数调整等，从而实现制造过程智能化。

3.2.2　人工智能技术改造装备制造业的技术机理

传统工业制造系统的生产模式一般都是标准化的大规模生产，而且大部分制造设备都需要通过人工实现操作、监督、检查，在一定程度上是对工人体力、脑力的一种浪费。智能制造是我国制造业创新发展的主要途径，其在传统制造系统的基础上引进了人-信息-物理系统（HCPS），以 HCPS 为支撑，通过人、智能装备和网络的深度融合，能够使整个生产过程变得高度智能化和柔性化。

信息系统是 HCPS 与 HPS 的主要区别。信息系统能通过人机接口对物理系统下达指令，同时也能通过传感装置接收来自物理系统的信息反馈并据此做出指令。信息系统大致包括信息交互与处理、分析决策和控制三个要素。工厂数字化程度的提高，使信息交互与处理部分能够从物理世界获取大量数字化了的生产信息，虽然这些信息大都是独立不成体系的。分析决策部分则是负责分析梳理这些海量数据，能够从数据资源中提取出有用信息，发现整个系统中不合理部分的存在，进而能够优化生产流程。控制部分则是代表信息系统向物理系统下达指令。

新一代智能制造技术在人和物理机器的基础上引入信息系统，通过信息系统部分替代人的感知、分析、控制等功能，将人的功能转入了信息系统，可以辅助操作人员控制物理系统，在一定程度上把人从脑力和体力劳动中解放出来。通过 HCPS，将普遍存在的传感器、智能控制系统以及通信设施形成智能网络，使信息世界与物理世界之间进行互联，进而推进机器、工作部件、系统、人类借助于网络长期保持沟通，这就是智能工厂的初步雏形。

具体的工作机理是在物理机器的传动系统、执行系统中的各个部分植入众多不同类别的传感器、处理器、存储设备等，通过这些智能器件来实时收集机器工作状态时的大量数据并进行有效处理，如机器运行的转速、切削力等，然后对这些数据进行存储并上传至智能控制系统中。

借助智能控制系统可以实现智能管控，根据生产原料、设备、任务等资源条件，优化生产作业流程，产生工作指令并进行自主决策，这就相当于给原来的工作系统装上了一个"大脑"，使生产过程"会说话会思考"。在这个过程中，通过智能网络中的专家系统和决策支持系统整合内外部动态数据，为管理人员提供及时有效的决策支持，避免由于决策失误而导致的风险和浪费，提高整个工厂的效率和效益。与传统制造系统相比，人的作用发生了转移。在传统制造系统中，大部分员工负责生产产品并对生产过程进行监控；但在智能制造系统中，大部分装备制造行业的生产过程由智能制造设备完成，把员工从生产线上解放出来，员工与生产过程的直接关联将慢慢被淡化，取而代之的是由员工开发维护的智能制造系统来管理生产过程并负责系统数据的判断和分析任务。因此，人的作用就转向了更加具有开放性的思维型工作。

3.2.3 人工智能技术在机械设计及其自动化中的应用

1. 在机械设计中的应用

随着社会的不断发展，传统设计理念和现代化设计理念在各个层面上的差异越来越大，特别是在现代化机械设计、制造及营销等，每个层面都融入了计算机技术。由此可以得出，传统设计模式已逐渐难以满足现代化社会的发展需求。机械设计领域要结合具体情况，运用人工智能技术，促使机械设计方法向多元化方向发展。因为是一种智能系统，在设计过程中应力争实现全过程的自动化，并减少设计过程中由主观因素产生的影响。同时，相对于传统设计模式，将人工智能技术引入现代化机械设计中将显示出明显优势，除了可以长期连续工作降低人工成本之外，还能帮助工作人员通过不同方法实现各类信息的存储，以便于将来查询学习。目前，大部分汽车制造商、飞机制造商已经开始借助人工智能技术辅助设计，完成创造性的机器设备零件设计，摆脱了人类设计师思维局限性的影响。整体来讲，在引进人工智能后，势必给机械设计领域带来许多新的发展机遇，而且能够对传统设计的缺陷进行有效弥补。

已经有阀门设计研究人员利用计算辅助设计，开发出阀门三维参数优化计算系统，采用 Mechanical Desktop（MDT）建立阀门三维尺寸基础数据库，通过可视化软件搭建界面友好、功能丰富的设计界面。最终设计的系统包含主界面、辅助计算器、参数编辑器、参数库、阀门设计库、MDT 三维设计平台六个模块，软件系统总体框架如图 3-56 所示。

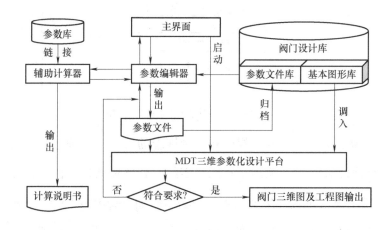

图 3-56 MDT 软件系统总体框架

验证表明，该计算系统设计的软密封胶板闸阀、撑开式平板闸阀和三偏心蝶阀均满足使用要求且性能良好，实现了系列化设计。

还有研究人员提出应用面向对象的程序设计语言（应用程序开发工具 Delphi）并借助三维实体设计软件（Inventor），将理论计算数据应用于阀门设计，开发了基于知识工程的阀门智能设计系统。该系统以三维实体阀门参数设计为基础，以图形数据库为支撑，将阀门的设计理论方法嵌入阀门智能设计系统的各模块中，实现了阀门的智能化软件设计，其结构如图 3-57 所示。

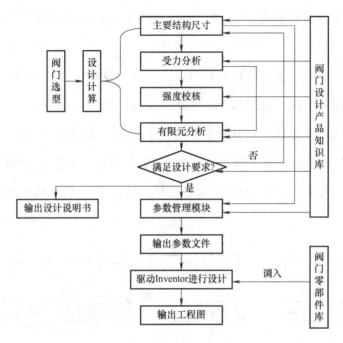

图 3-57　阀门智能设计系统的结构

　　另有研究人员提出基于规则和案例推理的协同设计理念并应用面向对象的知识表示方法，实现了从阀门零部件到整体结构的快速化分析与设计。基于规则和案例进行协同推理的逻辑结构模型如图 3-58 所示。首先将收集的案例资料储存于案例库中，设计时，应用案例推理机制在案例库中检索与分析对象最相似的案例，然后利用基于规则的推理机对相近案例进行校核和修改，最后将设计结果以案例形式保存在案例库中，从而高效地完成设计任务。

　　此外，还有研究人员采用专家系统设计理念，尝试对减压阀进行智能设计。专家系统主要包括知识库和推理机，知识库用来存储减压阀设计理论知识，其基于分析和设计的理论知识，利用面向对象的框架——产生式知识表示法构建减压阀知识库，实现了减压阀设计理论知识的有

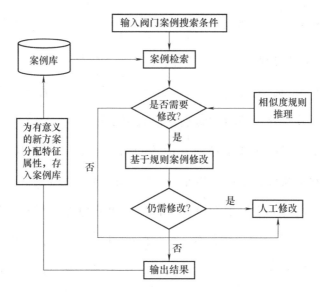

图 3-58 基于规则和案例进行协同推理的逻辑结构模型

效表达和管理。推理机决定智能设计的分析推理方式，通过分析具体减压阀的设计特点，提出将 CBR - RBR 联合规则矩阵作为系统推理机制，进而实现了减压阀设计的分析、推理与决策的智能化。减压阀智能设计系统如图 3-59 所示。

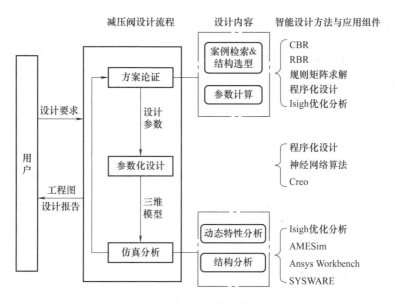

图 3-59 减压阀智能设计系统

2. 在机械制造中的应用

在机械制造过程中运用人工智能技术，不仅能提高生产率，还可以确保产品质量。运用人工智能技术，能对机械制造过程进行精确化控制，防止其受到外界环境的影响，以大幅度提高生产水平，确保产品质量。运用人工智能技术还能对生产过程进行智能调整和处理分析，满足柔性制造及市场个性化需求。目前，机器人和机械手在自动化车间中非常普遍，而人工智能可以使机器人更好地完成任务，让机器人从"机械化"过渡到"智能化"。在机械制造过程中，可以通过人工智能提高机器人的效率，使机器人能承担多线任务，甚至可以增强任务的多功能性。

研究人员应用大数据和智能制造理论，对埃美柯阀门车间智能制造系统进行改造，并采用生产规划和排程系统（APS）、制造执行管理系统（MES）和资源规划系统（ERP），获得了以下成果：

1）应用生产管理系统制定生产计划，可以对生产计划进行动态优化和调节，减少原料库存的并缩短产品生产周期。

2）及时收集和处理产品质量信息，有利于缩短影响产品质量数据的反馈时间，从而降低产品不合格率，减少损失。

3）实现动态采集现场生产状态信息，将设备情况和生产进度关键数据及时地提供给管理人员，提高设备利用率并降低生产成本。

4）优化生产现场物料流程和设备布置，对生产组织模式进行细胞化改造，可以提升生产柔性，有利于实现生产模式向小批量、多品种的灵活转变。

3. 在故障诊断中的应用

机械设计制造及其自动化面对复杂的工业过程，经常需要进行许多数据计算，例如，在论证与建模的过程中，需要计算和推导许多公式。若依靠人工计算，不但有可能发生计算错误，而且必须花费很多精力和时间，也不利于高效生产，因此，必须借助人工智能技术，使其自动归纳和分类信息，保证计算结果的准确性，防止后续发生故障。除此之外，人工智能也可辅助进行机械故障诊断，首先将机械监测获取的信号数据输入系统中，然后利用正向推理规则和推理机制计算得到诊断结果，并提出处理建议。最后，通过检索获取数据库中的类似案例，结合以往案例计算确定相似度，从而正确诊断机械故障。全球每年由于故障等因素导致停工的企业损失高达 6470 亿美元，因此在日常生产过程中，已经有许多大型制造业开始利用人工智能技术来探查潜在故障警告，并预测机械使用寿命，协助制定更加合理、科学的维护计划。早在 1967 年，美国海军研究院就已经开始研究故障诊断技术，并将故障诊断系统和专家维修系统应用在战斗机、海军军舰、陆军装甲车等机械设备中。

对于燃气阀门来说，以往的失效分析数据表明，输气管道中存在泄漏的阀门占比 5% ~ 10%，其中 1% ~ 2% 阀门的内漏量占总泄漏损失的 70%。在不采取停产和拆卸措施的情况下，借助人工智能技术对阀门的故障程度做出准确判断，为在役天然气管道阀门维修或更换提供数据依据和指导，有助于更大程度地减少泄漏，避免诱发重大安全事故。

人工神经网络是目前国内外常见的故障诊断方法。研究人员采用简化的数字模型，利用模式识别技术对核电站安全及电动隔离阀运行数据进行模糊处理，计算数据与标准故障模式间有较高的一致性，提高了诊断的可靠性，为检修人员提供了必要的指导和帮助。这种诊断方法可以针对多种故障模式进行很细致的表征，并能针对多种故障做出精确识别。也有研究人员基于人工智能学习系统 Keras，结合深度学习理论，构建了多层感知器 MLP 神经网络模型，用于预测燃气管道阀门故障。以上几种管道阀门泄漏模式识别方法与传统方法相比，均具有更强的实用性，识别准确率也有所提高。

第4章

控制阀关键材料及应用技术研究

4. 1　阀体材料及其成型技术

控制阀承压件和阀内件材料分别见表 4-1 和表 4-2。

表 4-1　承压件材料

序号	美标承压铸件材料	国标承压铸件材料	美标承压锻件材料
1	A216 − WCB	ZG25	A105 − 20
2	A216 − WCC	—	A105
3	A217 − WC6	ZG20CrMoV（WC6）	A182 − F11
4	A217 − WC9	ZG15CrMoV（WC9）	A182 − F22
5	A217 − C5	2Cr15Mo	A182 − F20
6	A217 − C12	—	A182 − F5a
7	A217 − C12A	1Cr9Mo1VNb	A182 − F2
8	A352 − LCC	—	A182 − F9
9	A352 − LCB	—	A350 − LF2
10	A352 − LC1	—	A350 − LF6
11	A351 − CF8	ZG06Cr19Ni10	A350 − LF1
12	A351 − CF8C	ZG06Cr18Ni9Nb	A182 − F6a
13	A351 − CF8M	ZG06Cr17Ni12Mo2	A182 − F91

（续）

序号	美标承压铸件材料	国标承压铸件材料	美标承压锻件材料
14	A351 − CF3	022Cr19Ni10	A182 − F302
15	A351 − CF3M	ZG022Cr17Ni12Mo2	A182 − F304
16	A351 − CF10	07Cr17Ni12Mo2	A182 − F304H
17	A351 − CF10M	ZG07Cr17Ni12Mo2	A182 − 310S
18	A351 − CK20	06Cr25Ni20	A182 − F310H
19	A487 − CA6NM	0Cr21Ni32AlTi	A182 − F316
20	A351 − CN7M	ALLOY20	A182 − F316H
21	A494 − C − 22	NS3308	A182 − F316Ti
22	A494 − C − 276	NS334	A182 − F317
23	A494 − C	—	A182 − F316L
24	A494 − CZ100	—	A182 − F317L
25	ASTM A494 − CW − 6MC	—	A182 − F321
26	A743 − CA15M	—	A182 − F321H
27	A743 − CA40	—	A182 − F347
28	A890 − 3A	—	A182 − F51
29	A995 − 2205（4A）	22CrNiMoN	A182 − F59
30	A995 − CE3MN	03Cr26Ni5Mo3N	A182 − F53
31	ASTM A890 Grade 1B CD4MCuN	—	A182 − F55
32	A995 − CD3MN	—	A182 − F60
33	A995 − CD6MN	—	A182 − F62
34	—	—	A694 − F65
35	—	—	B564 − C − 22
36	—	—	B564 − C − 276
37	—	—	B564 − Inconel625
38	—	—	B564 − 200
39	—	—	A182 − F904L

表 4-2　阀内件材料

序号	美标棒料材料	国标棒料材料	美标锻件材料
1	A276 - 316	06Cr17Ni12Mo2	A182 - F11
2	A276 - 316H	—	A182 - F22
3	A276 - 316Ti	06Cr17Ni12Mo2Ti	A182 - F20
4	A276 - 316L	022Cr17Ni12Mo2	A182 - F5a
5	A276 - 317	—	A182 - F91
6	A276 - 302	12Cr18Ni9	A182 - F302
7	A276 - 304	06Cr19Ni10	A182 - F304
8	A276 - 304H	—	A182 - F304H
9	A276 - 304L	022Cr19Ni10	A182 - 310S
10	A276 - 310S	06Cr25Ni20	A182 - F310H
11	A276 - 321	06Cr18Ni11Ti	A182 - F316
12	A276 - 321H	—	A182 - F316H
13	A276 - 347	06Cr18Ni11Nb	A182 - F316Ti
14	A479 - 410	12Cr13	A182 - F317
15	A473 - 416	—	A182 - F316L
16	A276 - 420	20Cr13	A182 - F317L
17	A276 - 440B	90Cr18MoV	A182 - F321
18	A276 - 440C	102Cr17Mo	A182 - F321H
19	A564 - 630	17 - 4PH	A182 - F347
20	A479 - XM - 19	00Cr22Ni13Mn5Mo2N	A182 - F51
21	B574 - C - 22	00Cr22Mo13W3	A182 - F59
22	B574 - C - 276	00Cr16Mo16W4	A182 - F53
23	B574 - C	00Cr15Ni60Mo16W4	A182 - F55
24	B574 - CZ100	—	A182 - F60
25	A276 - CD4MCu	00Cr25Ni6Mo2N	A182 - F62
26	A276 - 2205	00Cr22Ni5Mo3N	A694 - F65
27	A276 - 2507	022Cr25Ni7Mo4N	B564 - C - 22

（续）

序号	美标棒料材料	国标棒料材料	美标锻件材料
28	B446 – Inconel625	0Cr20Ni65Mo10Nb4	B564 – C – 276
29	B637 – Inconel718	GH4169	B564 – Inconel625
30	A240 – 904L	00Cr20Ni25Mo4. 5Cu1. 5N	B564 – 200
31	B 473 – 20Cb – 3	ALLOY20	A182 – F904L

阀体、阀盖、闸板（阀瓣、蝶板、球体）是阀门的承压件和控压件，直接承受介质压力，所选用的材料在规定的介质温度和压力作用下，必须能够达到力学性能要求，并具有良好的冷、热加工性能。

通常制造阀体、阀盖和闸板（阀瓣、蝶板、球体）的材料通常有碳素钢、不锈钢、高温和低温阀门用钢等。

4.1.1　碳素钢

碳素钢适用于非腐蚀性介质阀门，在某些特定条件下，如在一定温度范围和浓度条件下，也可以用于某些腐蚀性介质阀门，适用温度范围为 – 29 ~ 425℃。

1. 碳素铸钢

国家标准 GB/T 12229—2005《通用阀门 碳素钢铸件技术条件》规定了铸件钢种和化学元素的质量分数。

美国标准 ASTM A216/A216M—2016《可熔焊高温用碳钢铸件》规定了铸件钢种和化学元素的质量分数，以及铸件的力学性能和许用应力。

欧洲标准 EN 1503 – 1：2000《阀体、阀盖用阀门材料》规定了铸钢件的钢号和化学元素的质量分数，以及其热处理、力学性能和许用应力值。

承压件常用碳素铸钢见表4-3。

表4-3　承压件常用碳素铸钢

序号	美标棒料材料	国标棒料材料	美标锻件材料
1	A216－WCC	—	A105
2	ASTM A890 Grade 1B CD4MCuN	—	A182－F55
3	A216－WCB	ZG25	A105－20

2. 碳素锻钢

国家标准 GB/T 12228—2006《通用阀门　碳素钢锻件技术条件》规定了使用温度范围为 $-29 \sim 425℃$ 的锻钢件的材料牌号、化学成分、热处理温度、力学性能和检验项目。

美国标准 ASTM A105/A105M—2018《管道部件用碳素钢锻件》标准规定碳素钢锻件的化学元素质量分数及其力学性能和许用应力。

4.1.2　不锈钢

阀门中常用的不锈钢是奥氏体型不锈钢和双相不锈钢（既含奥氏体相又含铁素体相），用于承压件和腐蚀性介质，适用温度范围为 -269（液氮）$\sim 816℃$。常用的温度范围是 $-196 \sim 650℃$。

1. 不锈钢的耐蚀机理

奥氏体型不锈钢具有良好的耐蚀性、高温抗氧化性能和耐低温性能。因此，被广泛用于制作耐蚀阀门、高温阀门和低温阀门。

奥氏体型不锈钢的耐蚀性是相对的，并非能够承受所有腐蚀性介质。金属的腐蚀现象或所谓的耐蚀性，根据腐蚀性介质的种类、浓度、温度、压力、流速等环境条件，以及金属本身的性质和材料中各化学元素的质量分数、加工性，热处理等诸因素的差异，而有不同的腐蚀状态和腐蚀速度。例如，不锈钢具有良好的耐蚀性，但因为腐蚀环境或使用条件的不同，也可能发生意想不到的腐蚀破坏事故。因此，应充分地了解腐蚀介质和耐蚀材料的性能，才能正确选择耐蚀材料种类。

金属的腐蚀形态可分为两大类，即均匀（全面）腐蚀和局部腐蚀。均匀（全面）腐蚀包括全面成膜腐蚀和无膜腐蚀。

（1）全面成膜腐蚀　腐蚀在金属的全部或大部分面上进行，而且生成保护膜，具有保护性。例如，碳素钢在稀硫酸中腐蚀得很快，当硫酸含量（质量分数）大于50%时，腐蚀率达到最大值；此后如果硫酸含量继续增加，腐蚀率反而下降。这是由于浓硫酸的强氧化性使铁的表面生成一层组织致密的钝化膜，这种钝化膜不溶于浓硫酸，从而起到了阻碍腐蚀的作用。

（2）无膜腐蚀　无膜全面腐蚀很危险，因为它是保持一定腐蚀速度全面进行。

（3）局部腐蚀　局部腐蚀的形态有13种，如缝隙腐蚀、脱层腐蚀、晶间腐蚀、应力腐蚀等。据调查，化工装置中局部腐蚀约占70%。在诸多局部腐蚀形态中，与阀门制造有关且常见的是晶间腐蚀。

均匀腐蚀的程度一般用腐蚀率来表示，但对于如何评价腐蚀率则有不同规定。《石油化工企业管道设计器材选用通则》规定，金属材料按腐蚀能力可分为以下四类：年腐蚀速率不超过0.05mm的材料，为充分耐蚀材料；年腐蚀速率为0.05~0.1mm的材料，为耐蚀材料；年腐蚀速率为0.1~0.5mm的材料，为尚耐蚀材料；年腐蚀速率超过0.5mm的材料，为不耐蚀材料。

对均匀（全面）腐蚀的耐蚀性用均匀腐蚀率来评价，见表4-4和表4-5。

表 4-4　腐蚀性能评价

腐蚀率/(mm/年)	评价	腐蚀率/(mm/年)	评价
<0.05	优良	0.1~0.5	可用，但腐蚀较严重
0.05~0.1	良好	>0.5	不适用，腐蚀严重

表 4-5　金属材料耐蚀性的 10 级标准

腐蚀等级	1	2	3	4	5	6	7	8	9	10
腐蚀率/(mm/年)	<0.001	0.001~0.005	0.005~0.01	0.01~0.05	0.05~0.1	0.1~0.5	0.5~1.0	1.0~5.0	5.0~10.0	>10.0
耐蚀性类别	完全耐蚀	很耐蚀		充分耐蚀	耐蚀	尚耐蚀		欠耐蚀		不耐蚀

日本标准《配管》《装置用配管材料及其选定法》对耐蚀性能评价的规定见表 4-6。

表 4-6　耐蚀性能评价

腐蚀率/(mm/年)	评价	腐蚀率/(mm/年)	评价
0.005	可充分使用	0.05~0.5	尽量不要使用
0.005~0.05	可使用	>0.5	不使用

局部区域沿着结晶粒子边界向深度方向腐蚀的形式称晶间腐蚀。这种腐蚀形式从外表看不出腐蚀迹象，严重时可以贯穿整个机体厚度。

产生晶间腐蚀的原因是沿晶界边界析出碳化铬 $Cr_{23}C_6$ 或 FeCr 化合物，称 δ 相，使晶界周围贫铬，在适合的腐蚀介质（产生晶间腐蚀的介质）中，将形成碳化铬（阴极）-贫铬区（阳极）电池，使晶界贫铬区发生腐蚀。

可以看出，晶间腐蚀是有条件的，其内因是必须有碳化铬或 δ 相沿晶界析出，使晶界贫铬；其外因是必须有腐蚀贫铬区的介质，水和一些中性溶液并不腐蚀贫铬区，所以即使存在贫铬区也不会产生晶间腐蚀。如果晶界不贫铬，则即使有产生晶间腐蚀的介质，也不会产生晶间腐蚀，所以产生晶间腐蚀的内因、外因缺一不可。

产生贫铬区的原因：一是钢液化学成分不合格，如碳高、铬低或含钛、铌的不锈钢中，碳钛化或碳化铌不足；二是热处理工艺不正确或焊接、加工时加热至碳化物析出温度，但在 900～400℃冷却速度不够快而析出碳化物造成贫铬。

控制奥氏体型不锈钢晶间腐蚀有三种方法：①执行正确的热处理工艺，将钢加热至 1100℃水淬（急冷），使碳化物向固溶体中溶解；②加入固定碳的元素钛或铌；③采用含碳量（质量分数）不大于 0.03% 的超低碳不锈钢。

奥氏体型不锈钢可作为高温用钢，高温用钢是指在高温（350℃以上）下具有较高强度的钢材。一般来说，在没有耐腐蚀性问题的情况下，含碳量高（在规定范围内）的不锈钢，其高温强度也高。至于何种牌号的不锈钢的最高使用温度是多少，可通过查阅 GB/T 12224—2005《钢制阀门 一般要求》和 ASME B16.34—2017《法兰、螺纹和焊接连接的阀门》中的压力-温度额定值表得出。

2. 不锈钢铸件

国家标准 GB/T 12230—2016《通用阀门 不锈钢铸件技术条件》规定了不锈钢铸件的化学成分、热处理规范和力学性能。

美国标准 ASTM A351/A351M—2018《承压元件用奥氏体、奥氏体-铁素体（双相）铸件》规定了不锈钢铸件的钢种、化学成分要求、热处理要求、力学性能和许用应力。

3. 不锈钢锻件和棒材

国家标准 GB/T 1220—2007《不锈钢棒》规定了不锈钢锻件和棒材的钢种、化学成分和力学性能，以及不锈钢棒或试样的典型热处理制度。

美国标准 ASTM A182／A182M—2018《高温用锻制或轧制合金钢和不锈钢　管法兰、锻制管件、阀门与部件》规定了钢种及其化学成分、力学性能、热处理规范、焊补要求、许用拉应力、许用弯曲应力和许用切应力。

承压件和阀内件常用不锈钢材料见表4-7和表4-8。

表 4-7　承压件常用不锈钢材料

序　号	美标棒料材料	国标棒料材料	美标锻件材料
1	A351 − CF8	ZG06Cr19Ni10	A350 − LF1
2	A351 − CF8C	ZG06Cr19Ni10	A182 − F6a
3	A351 − CF8M	ZG06Cr17Ni12Mo2	A182 − F91
4	A351 − CF3	022Cr19Ni10	A182 − F302
5	A351 − CF3M	ZG022Cr17Ni12Mo2	A182 − F304
6	A351 − CF10	07Cr17Ni12Mo2	A182 − F304H
7	A351 − CF10M	ZG07Cr17Ni12Mo2	A182 − 310S
8	A351 − CK20	06Cr25Ni20	A182 − F310H
9	A487 − CA6NM	0Cr21Ni32AlTi	A182 − F316
10	A351 − CN7M	ALLOY20	A182 − F316H
11	A494 − C − 22	NS3308	A182 − F316Ti
12	A494 − C − 276	NS334	A182 − F317
13	A494 − C	—	A182 − F316L
14	A494 − CZ100	—	A182 − F317L
15	A494 − CW − 6MC	—	A182 − F321
16	A743 − CA15M	—	A182 − F321H
17	A743 − CA40	—	A182 − F347
18	A890 − 3A	—	A182 − F51
19	A995 − 2205（4A）	—	A182 − F59
20	A995 − CE3MN	03Cr26Ni5Mo3N	A182 − F53

（续）

序 号	美标棒料材料	国标棒料材料	美标锻件材料
21	A995 – CD3MN	—	A182 – F60
22	A995 – CD6MN	—	A182 – F62
23	—	—	A694 – F65
24	—	—	B564 – C – 22
25	—	—	B564 – C – 276
26	—	—	B564 – Inconel625
27	—	—	B564 – 200
28	—	—	A182 – F904L

表 4-8　阀内件常用不锈钢材料

序 号	美标棒料材料	国标棒料材料	美标锻件材料
1	A276 – 316	06Cr17Ni12Mo2	A182 – F11
2	A276 – 316H	—	A182 – F22
3	A276 – 316Ti	06Cr17Ni12Mo2Ti	A182 – F20
4	A276 – 316L	022Cr17Ni12Mo2	A182 – F5a
5	A276 – 317	—	A182 – F91
6	A276 – 302	12Cr18Ni9	A182 – F302
7	A276 – 304	06Cr19Ni10	A182 – F304
8	A276 – 304H	—	A182 – F304H
9	A276 – 304L	022Cr19Ni10	A182 – 310S
10	A276 – 310S	06Cr25Ni20	A182 – F310H
11	A276 – 321	06Cr18Ni10Ti	A182 – F316
12	A276 – 321H	—	A182 – F316H
13	A276 – 347	06Cr18Ni11Nb	A182 – F316Ti
14	A479 – 410	12Cr13	A182 – F317
15	A473 – 416	—	A182 – F316L
16	A276 – 420	20Cr13	A182 – F317L
17	A276 – 440B	90Cr18MoV	A182 – F321

（续）

序　号	美标棒料材料	国标棒料材料	美标锻件材料
18	A276 - 440C	102Cr17Mo	A182 - F321H
19	A564 - 630	17 - 4PH	A182 - F347
20	A479 - XM - 19	00Cr22Ni13Mn5Mo2N	A182 - F51
21	A276 - CD4MCu	00Cr25Ni6Mo2N	A182 - F62
22	A276 - 2205	00Cr22Ni5Mo3N	A694 - F65
23	A276 - 2507	022Cr25Ni7Mo4N	B564 - C - 22
24	A240 - 904L	00Cr20Ni25Mo4.5Cu1.5N	B564 - 200
25	B 473 - 20Cb - 3	ALLOY20	A182 - F904L

4.1.3　高温阀门用材料

高温阀门是指用于火力发电，介质为高温、高压蒸汽以及用于炼油厂催化系统，介质为有硫化物轻腐蚀的阀门。

1. 碳素钢和低合金钢铸件

（1）我国标准

1）JB/T 9625—1999《锅炉管道附件承压铸钢件 技术条件》规定了锅炉管道附件承压铸钢件的化学成分、力学性能及许用应力。

2）JB/T 5263—2005《电站阀门铸钢件技术条件》规定了电站阀门铸钢件的钢种、化学成分、力学性能、许用应力。

3）用于炼油厂催化系统、工作温度不高于550℃的阀门用铸钢材料。这种阀门用钢习惯上称为 Cr5Mo 钢，但其既无国家标准也无专业标准。长期以来，各阀门制造厂参照苏联标准制订各自的工厂标准，其牌号为 ZGCr5Mo，其碳的质量分数为 0.15% ~ 0.25%，因此实际牌号应为 ZCr5Mo，《阀门设计手册》给出的牌号就是 ZGZCr5Mo。制定 SH 3064—1994《石油化工钢制通用阀门选用　检验及验收》（已废止）标准时参照了 JISG 5151 中的 SCPH61、BS3100 中的 B5、ASTM A217/A217M 中的 C5 以及我国国家标准 GB/T 1221—1992 中的 1Cr5Mo 的化学成分，把这种材料的牌号定为 ZG1Cr5Mo，但并无标准规定其化学成分、力学性能、热处理规范等。引进装置中，这类阀门用材料为 ASTM A217/A217M 中的 C5，从化学成分上看相当于 ZG1Cr5Mo，建议用 ASTM A217/A217M 中的 C5 来制造这类阀门。这种钢具有良好的抗石油裂化过程介质腐蚀性，对含有硫化物的热石油介质耐蚀性良好，有抗氢腐蚀的能力，并有良好的热强性。

但是，这种钢的工艺性能较差，易产生铸造裂纹，焊接时热影响区会出现马氏体组织而产生明显的脆化。所以该钢种焊前需要预热，焊后要进行热处理，一般预热温度为 300 ~ 400℃，焊后热处理温度为 740 ~ 760℃。

(2) 美国标准　美国标准 ASTM A217/A217M—2014《高温承压件用马氏体不锈钢和合金钢铸件标准规范》规定了相关钢种的化学成分、力学性能要求、热处理温度和许用应力。

高温阀门承压件常用碳素钢和低合金钢见表 4-9。

表 4-9　高温阀门承压件常用碳素钢和低合金钢

序　号	美标棒料材料	国标棒料材料	美标锻件材料
1	A217 - WC6	ZG20CrMoV（WC6）	A182 - F11
2	A217 - WC9	ZG15CrMoV（WC9）	A182 - F22
3	A217 - C5	2Cr15Mo	A182 - F20
4	A217 - C12	—	A182 - F5a
5	A217 - C12A	1Cr9Mo1VNb	A182 - F2

2. 高温壳体材料用锻件

GB/T 1221—2007《耐热钢棒》规定了部分耐热钢钢种的化学成分、

力学性能和许用应力。GB/T 3077—2015《合金结构钢》规定了部分合金结构钢钢号的化学成分、力学性能和许用应力。

高温阀门壳体用锻件的美国标准见 ASTM A182/A182M—2018《高温用锻制或轧制合金钢和不锈钢 管法兰、锻制管件、阀门与部件》。

4.1.4 低温阀门用材料

低温一般是指 −196 ~ −29℃的温度范围，−269 ~ −196℃为超低温范围，石化企业规定低于 −20℃即为低温。一般碳素钢、低合金钢、铁素体型不锈钢在低温下韧性急剧下降，脆性上升，这种现象称为材料的冷脆。为了保证材料的使用性能，不但要求其在常温时有足够的强度，良好的韧性、加工性能及焊接性能，而且要求其在低温下也具有抗脆化的能力。另外，材料在低温时会发生收缩，各种零件的收缩率不同是导致某些密封部位产生泄漏的原因。因此，需要研究各部位的材料、结构，防止低温时产生间隙。

几种常用气体的液化温度见表 4-10。一些材料的最低使用温度见表 4-11。

表 4-10 几种常用气体的液化温度（一个大气压下的沸点）

液化气体	沸点/℃	液化气体	沸点/℃
氨	−33.4	液化天然气	−160
丙烷	−45	甲烷	−163
丙烯	−47.7	氧	−183
硫化碳酰	−50	氩	−186
硫化氢	−59.5	氟	−187
二氧化碳	−78.5	氮	−195.8
乙炔	−84	氖	−246
乙烷	−88.6	氘	−249.6
乙烯	−104	氢	−252.8
氪	−151	液氦	−269

表 4-11　一些材料的最低使用温度

材料名称	铸钢 （日本标准）	JISG （相当于 ASTM 钢号）	锻钢 （日本标准）	JISG （相当于 ASTM 钢号）	主要成分 （%）（铸钢）	标准最低 温度/℃
碳钢	SCPH2	A216－WCB	—	A181－G2	C0.3	－5
（低温）碳钢	SCPL1	A352－LCB	—	A350－LF1	C0.3	－45
（低温） 0.5Mo 钢	SCPL11	A352－LC1	—	A350LC2	Mo 0.5	－60
（低温） 2.5 Ni 钢	SCPL21	A352－LC2	—	A350LC3	Mo 2.5	－72
（低温） 3.5 Ni 钢	SCPL31	A352－LC3	—	A350－LF 3	Ni 3.5	－101
304 不锈钢	SCS13	A351－LF8	SUS304	A182－F304	Cr 19－Ni 9	－195
316 不锈钢	SCS14	A351－CF8M	SUS316	A182－F316	Cr 9－Ni 12－Mo 2.5	－195

　　在二十世纪六七十年代，我国制作低温阀门的材料为铜合金、不锈钢，没有低温阀门用钢标准，直到 1994 年，我国才制定了机械工业行业标准 JB/T 7248—1994《阀门用低温钢铸件　技术条件》，并于 2008 年进行了重新修订。

1. 阀门用低温钢铸件

　　JB/T 7248—2008《阀门用低温钢铸件　技术条件》规定了铸件的材料牌号及使用温度、化学成分（质量分数）、力学性能和最低预热温度（当清除铸件表面缺陷的方法会产生高温时，铸件至少应该预热到的温度），分别见该标准的表 1~表 4。

　　ASTM A352/A352M—2018《低温承压用铁素体和马氏体钢铸件》规定了铸件的牌号和通常最低试验温度、化学成分、力学性能、许用应力、热处理状态及回火温度。

低温阀门承压件常用钢见表4-12。

表 4-12　低温阀门承压件常用钢

序　　号	美标棒料材料	国标棒料材料	美标锻件材料
1	A352 - LCC	ZG10SiMn	A182 - F9
2	A352 - LCB	ZG25Mn	A350 - LF2
3	A352 - LC1	ZG20MnMo	A350 - LF6

2. 阀门用低温钢锻件

美国 ASTM A350/A350M—2018《需切口韧性试验的管道部件用碳钢和低合金钢锻件标准规范》规定了相关钢种的化学成分、力学性能、锻件许用应力、标准尺寸（10mm×10mm）试样的夏比 V 型缺口冲击能量要求、标准尺寸（10mm×10mm）试样的标准冲击试验温度、各种试样规格的最小当量吸收能量。

4.1.5　新材料的应用

1. 双相不锈钢

双相不锈钢（duplex stainless steel，DSS）是指铁素体与奥氏体各约占50%，两者中较少相的含量最少也应达到35%的不锈钢。

双相不锈钢从20世纪40年代在美国诞生以来，已经发展到第三代。它的主要特点是屈服强度可达400~550MPa，是普通不锈钢的2倍，因此可以节约用材，降低设备制造成本。在耐蚀性方面，特别是在介质环境比较恶劣（如海水、氯离子含量较高等）的条件下，双相不锈钢的抗点蚀、缝隙腐蚀、应力腐蚀及疲劳腐蚀性能明显优于普通奥氏体型不锈钢，可以与高合金奥氏体型不锈钢相媲美。

双相不锈钢具有良好的焊接性能，与铁素体型不锈钢及奥氏体型不锈钢相比，它既不像铁素体型不锈钢那样，焊接热影响区由于晶粒严重粗化而使塑韧性大幅降低，也不像奥氏体型不锈钢那样对焊接热裂纹比较敏感。

双相不锈钢由于具有上述特殊优点，被广泛用于石油化工设备，电站脱硫、脱硝及海水与废水处理设备，输油、输气管线，造纸机械等工业领域，近年来也被用于桥梁承重结构领域，具有很好的发展前景。表 4-13 所列为双相不锈钢的类型。

表 4-13　双相不锈钢类型

类　型	美国标准牌号	美国钢号	中国钢号	备注
低合金型	UNS32204	23Cr4Ni0.1N	00Cr23Ni4N	
中合金型	UNS31803	22Cr5Ni3Mo0.1N	00Cr22Ni5Mo3N	SAF2205
高合金型	UNS32250	25Cr6Ni3Mo2Cu0.2N	00Cr25Ni6Mo3CuN	
超级合金型	UNS32750	25Cr7Ni3.7Mo0.3N	00Cr25Ni7Mo4N	SAF2507

国内脱硫行业一般采用德国 DIN 标准，常用材料牌号有 DIN1.4529（00Cr20Ni25Mo6CuN）和 DIN1.4469（00Cr26Ni7Mo4CuN）。

选用双相不锈钢时应注意以下问题：

1）对相比没有硬性规定，应根据化学成分和热处理规范而定。

2）应采用正确的热处理方式，一般通过固溶处理（950℃）来消除内应力。

3）每种双相不锈钢都有一个对应需求，文献资料中的介绍与实际应用有一定差距，选用时要考虑实际工况条件，逐步积累经验。

4）如需焊接，则必须对零件进行预热。

2. 镍及镍基合金

一般来说，Ni 的质量分数大于 95% 时称为纯镍，否则称为镍基合金。镍合金一般有镍钼合金、镍铬铁合金、镍铬合金、蒙乃尔合金等。常用镍及镍基合金见表 4-14。

表 4-14　镍及镍基合金

材料牌号		化学成分（质量分数，%）																
		C	Si	Mn	P	S	Cr	Co	Mo	Ti	Al	B	Fe	Cu	Ni	Nb+Ta	W	V
Inconel718	UNS N07718	≤ 0.08	≤ 0.35	≤ 0.35	≤ 0.015	≤ 0.015	17.0~ 21.0	≤ 1.0	2.80~ 3.30	0.65~ 1.15	0.20~ 0.80	≤ 0.006	余量	≤ 0.30	50.0~ 55.0	4.75~ 5.50	—	—
Inconel625	UNS N06625	≤ 0.10	≤ 0.50	≤ 0.50	≤ 0.015	≤ 0.015	20.0~ 23.0	≤ 1.0	8.0~ 10.0	≤ 0.40	≤ 0.40	—	≤ 5.0	—	≥ 58.0	3.15~ 4.15	—	—
Monel 400	UNS N04400	≤ 0.15	≤ 0.50	≤ 1.25	—	≤ 0.02	28.0~ 34.0	—	—	—	≤ 0.50	—	1.0~ 2.5	28.0~ 34.0	≥63.0	—	—	—
Monel 500	UNS N05500	≤ 0.18	≤ 0.50	≤ 1.50	—	≤ 0.010	—	—	—	0.35~ 0.85	2.30~ 3.15	—	≤ 2.0	27.0~ 33.0	≥63.0	—	—	—
HC 276	UNS N10276	≤ 0.010	≤ 0.08	≤ 1.0	≤ 0.04	≤ 0.03	14.5~ 16.5	≤ 2.5	15.0~ 17.0	—	—	—	4.0~ 7.0	—	余量	—	3.0~ 4.5	≤ 0.35

1）镍钼合金。镍钼合金也称哈氏合金，其主要成分是镍和钼，常用牌号为哈氏合金 C 和哈氏合金 B。对于哈氏合金 C，除盐酸溶液对其有一定腐蚀外，可耐常见的各种酸碱盐腐蚀，特别适用于存在氧化性酸类腐蚀的场合，常用牌号为 C276（00Cr16Ni56Mo16Fe5Wu4）。哈氏合金 B 适用于非氧化性酸类，对盐酸的耐蚀性很好。

2）镍铬铁合金。镍铬铁合金通常称为因科洛伊（Incoloy）合金，其镍的质量分数一般为 30% ~ 50%，典型牌号为 Incoloy800。

3）镍铬合金。镍铬合金通常称为因科镍尔（Inconel）合金，其镍的质量分数一般不低于 50%，典型牌号为 Inconel600，其镍的质量分数高达 72%。

4）蒙乃尔（Monel）合金。蒙乃尔合金通常也称镍铜合金或铬铜合金。镍铜合金的常用牌号为 Monel400，主要成分（质量分数）为：镍 65%，铜 32%。铬铜合金的常用牌号为 Monel k500，主要成分（质量分数）为：铬 64%，铜 30%。

4.1.6 控制阀原材料技术条件

1. 金属型材原材料

（1）核电阀门金属原材料

1）引用标准。

GB/T 1220—2007《不锈钢棒》

GB/T 699—2015《优质碳素结构钢》

GB/T 3077—2015《合金结构钢》

GB/T 18983—2017《淬火-回火弹簧钢丝》

GB/T 222—2006《钢的成品化学成分允许偏差》

GB/T 23942—2009《化学试剂 电感耦合等离子体原子发射光谱法通则》

GB/T 16597—2019《冶金产品分析方法 X 射线荧光光谱法通则》

GB/T 228.1—2010《金属材料 拉伸试验 第 1 部分：室温试验方法》

GB/T 2975—2018《钢及钢产品　力学性能试验取样位置及试样制备》

GB/T 702—2017《热轧钢棒尺寸、外形、重量及允许偏差》

GB/T 17505—2016《钢及钢产品交货一般技术要求》

2）化学成分。化学成分应满足表4-14的要求，棒材成品分析的化学成分偏差应符合GB/T 222—2006中表3的规定。

3）供货状态。06Cr19Ni10棒材、12Cr13棒材、40Cr棒材、45钢棒材和板材、17-4PH棒材的供货状态及力学性能要求见表4-15～表4-20。

表4-15　06Cr19Ni10棒材

供货状态	固溶处理（1050±10）℃，水冷				
力学性能要求	室温拉伸试验				硬度　HBW
	抗拉强度 R_m /MPa	屈服强度 $R_{p0.2}$ /MPa	伸长率 A （%）	断面收缩率 Z （%）	
	≥520	≥205	≥40	≥50	＜187

表4-16　12Cr13棒材

供货状态	退火（850±10）℃，炉冷至（700±10）℃，然后空冷						
力学性能要求	室温拉伸试验				冲击吸收能量（常温）KU_2/J	硬度 HBW	硬度（退火态）HBW
	抗拉强度 R_m/MPa	屈服强度 $R_{p0.2}$/MPa	伸长率 A（%）	断面收缩率 Z（%）			
	≥540	≥345	≥22	≥55	≥78	≥159	≤200

表4-17　40Cr棒材

供货状态	调质处理（32～36HRC）				
力学性能要求	室温拉伸试验				冲击吸收能量（常温）KU_2/J
	抗拉强度 R_m/MPa	屈服强度 $R_{p0.2}$/MPa	伸长率 A（%）	断面收缩率 Z（%）	
	≥980	≥785	≥9	≥45	≥47

表4-18　45钢棒材

供货状态	正火态（860±10）℃，空冷				
力学性能要求	室温拉伸试验				冲击吸收能量（常温）KU_2/J
	抗拉强度 R_m/MPa	屈服强度 $R_{p0.2}$/MPa	伸长率 A（%）	断面收缩率 Z（%）	
	≥600	≥355	≥16	≥40	≥39

表 4-19　45 钢板材

供货状态	热轧	
力学性能要求	室温拉伸试验	
	抗拉强度 R_{m}/MPa	伸长率 A（%）
	≥600	≥17

表 4-20　17-4PH（ASME A564-630）棒材

供货状态	固溶处理（1050±10）℃，水冷，沉淀硬化（480±8）℃×240min，空冷；处理后硬度为 38~45HRC
试样要求	供方提供，要求在供货材料上截取，试样直径至少 25mm，长度至少 500mm

（2）A276-410、A479-410、12Cr13 金属原材料

1）引用标准。

GB/T 1220—2007《不锈钢棒》

ASME A276/A276M—2017《不锈钢棒材和型材》

ASME A479/A479M—2018《锅炉和其他压力容器用不锈钢棒与型材的标准规范》

GB/T 222—2006《钢的成品化学成分允许偏差》

GB/T 23942—2009《化学试剂　电感耦合等离子体原子发射光谱法通则》

GB/T 16597—2019《冶金产品分析方法 X 射线荧光光谱法通则》

GB/T 228.1—2010《金属材料　拉伸试验　第 1 部分：室温试验方法》

GB/T 2975—2018《钢及钢产品　力学性能试验取样位置及试样制备》

GB/T 702—2017《热轧钢棒尺寸、外形、重量及允许偏差》

GB/T 17505—2016《钢及钢产品交货一般技术要求》

2）化学成分。化学成分应满足表 4-21 中的要求，棒材成品分析的化学成分偏差应符合 GB/T 222—2006 中表 3 的规定。

表 4-21　化学成分

材料牌号	化学成分（质量分数,%）										
	C	Si	Mn	P	S	Ni	Cr	Mo	N	Nb	Cu
12Cr13、 A276－410 A479－410	0. 11 ~ 0. 15	1. 00	1. 0	0. 040	0. 030	0. 60	12. 5 ~ 13. 5	—	—	—	—

注：未示出范围者均为最大值。

3）供货状态及力学性能标准（表4-22）。

表 4-22　**12Cr13、A276－410、A479－410 棒材**

供货状态	退火（880±10）℃，然后缓冷					
力学性能 要求	室温拉伸试验				冲击吸收 能量（常温） KU_2/J	硬度 （退火态） HBW
	抗拉强度 R_m/MPa	屈服强度 $R_{p0.2}$/MPa	伸长率 A （%）	断面收缩率 Z（%）		
	≥540	≥345	≥22	≥55	≥78	≤200

（3）冷轧钢板引用标准

1）引用标准。

GB/T 222—2006《钢的成品化学成分允许偏差》

GB/T 223《钢铁及合金化学分析方法》

GB/T 224—2019《钢的脱碳层深度测定法》

GB/T 228.1—2010《金属材料 拉伸试验 第一部分：室温试验方法》

GB/T 229—2020《金属材料 夏比摆锤冲击试验方法》

GB/T 232—2010《金属材料 弯曲试验方法》

GB/T 247—2008《钢板和钢带包装、标志及质量证明书的一般规定》

GB/T 708—2019《冷轧钢板和钢带的尺寸、外形、重量及允许偏差》

GB/T 2975—2018《钢及钢产品 力学性能试验取样位置及试样制备》

GB/T 4156—2020《金属材料 薄板和薄带 埃里克森杯突试验》

GB/T 4336—2016《碳素钢和中低合金钢 多元素含量的测定 火花放电原子发射光谱法（常规法)》

GB/T 6394—2017《金属平均晶粒度测定方法》

GB/T 13298—2015《金属显微组织检验方法》

GB/T 13299—1991《钢的显微组织评定方法》

GB/T 17505—2016《钢及钢产品交货一般技术要求》

GB/T 20066—2006《钢和铁 化学成分测定用试样的取样和制样方法》

GB/T 20123—2006《钢铁 总碳硫含量的测定 高频感应炉燃烧后红外吸收法（常规方法)》

GB/T 20125—2006《低合金钢 多元素的测定 电感耦合等离子体发射光谱法》

2）钢板规格范围应符合表 4-23 的规定。

表 4-23 钢板规格范围 （单位：mm)

厚　　度	宽　　度	长　　度
1.5 ~ 1.8	1000 ~ 1200	1000 ~ 2500
>1.8 ~ 2.5	1000 ~ 1500	1000 ~ 2500
>2.5 ~ 8.0	1000 ~ 2000	1000 ~ 6000

3）钢板厚度允许偏差应符合表 4-24 的规定。

表 4-24 钢板厚度允许偏差 （单位：mm)

公称厚度	厚度允许偏差		
	宽度 ≥1000 ~ 1200	宽度 >1200 ~ 1500	宽度 >1500 ~ 2000
1.5	±0.11	—	—
>1.5 ~ 1.8	±0.12	—	—
>1.8 ~ 2.0	±0.13	±0.15	—
>2.0 ~ 2.5	±0.14	±0.16	—
>2.5 ~ 3.0	±0.17	±0.18	±0.20
>3.0 ~ 3.5	±0.18	±0.20	±0.21
>3.5 ~ 4.0	±0.19	±0.22	±0.24
>4.0 ~ 6.5	±0.22	±0.26	±0.28
>6.5 ~ 8.0	±0.24	±0.28	±0.30

切边钢板的宽度允许偏差应符合表 4-25 的规定。

表 4-25 切边钢板的宽度允许偏差 （单位：mm）

公称厚度	允许偏差		
	长度≤2000	长度 >2000 ~4000	长度 >4000
≤4.0	0 ~2	0 ~4	0 ~6
>4.0 ~6.0	0 ~6		0 ~10
>6.0 ~8.0	有需求时，由供需双方协商，并在合同中注明		

钢板长度允许偏差应符合表 4-26 的规定。

表 4-26 钢板长度允许偏差 （单位：mm）

公称厚度	允许偏差	
	长度≤2500	长度 >2500
≤4.0	0 ~3	0 ~6
>4.0 ~8.0	0 ~10	

钢板平面度允许偏差应符合表 4-27 的规定。

表 4-27 钢板平面度允许偏差 （单位：mm）

公称厚度	钢板不平度
1.5 ~2.0	≤14mm/m
2.0 ~2.5	≤12mm/m
2.5 ~8.0	≤8mm/m；允许剪切尾部不大于200mm，部分平面度≤12mm/m

4）化学成分。

① 钢的牌号、化学成分（熔炼分析）应满足表 4-28 ~ 表 4-30 的要求，化学成分未规定的其他事项执行 GB/T 11253—2019。

② 钢板化学成分偏差应符合 GB/T 222—2006 的规定。

表 4-28 优质碳素结构钢的化学成分

牌　号	化学成分（质量分数，%）								
	C	Si	Mn	Al_s	P	S	Ni	Cr	Cu
					≤				
08Al	≤0.10	≤0.03	≤0.45	0.015 ~ 0.065	0.030	0.030	0.30	0.10	0.25
08	0.05 ~ 0.11	0.17 ~ 0.37	0.35 ~ 0.65	—	0.035	0.035	0.30	0.10	0.25
10	0.07 ~ 0.13	0.17 ~ 0.37	0.35 ~ 0.65	—	0.035	0.035	0.30	0.15	0.25

（续）

牌 号	化学成分（质量分数,%）								
	C	Si	Mn	Al$_s$	P	S	Ni	Cr	Cu
					≤				
15	0.12 ~ 0.18	0.17 ~ 0.37	0.35 ~ 0.65	—	0.035	0.035	0.30	0.25	0.25
20	0.17 ~ 0.23	0.17 ~ 0.37	0.35 ~ 0.65	—	0.035	0.035	0.30	0.25	0.25
25	0.22 ~ 0.29	0.17 ~ 0.37	0.50 ~ 0.80	—	0.035	0.035	0.30	0.25	0.25
30	0.27 ~ 0.34	0.17 ~ 0.37	0.50 ~ 0.80	—	0.035	0.035	0.30	0.25	0.25
35	0.32 ~ 0.39	0.17 ~ 0.37	0.50 ~ 0.80	—	0.035	0.035	0.30	0.25	0.25
40	0.37 ~ 0.44	0.17 ~ 0.37	0.50 ~ 0.80	—	0.035	0.035	0.30	0.25	0.25
45	0.42 ~ 0.50	0.17 ~ 0.37	0.50 ~ 0.80	—	0.035	0.035	0.30	0.25	0.25
50	0.47 ~ 0.55	0.17 ~ 0.37	0.50 ~ 0.80	—	0.035	0.035	0.30	0.25	0.25

注：可用 Al$_t$ 代替 Al$_s$ 的测定，此时 Al$_t$ 应为 0.020% ~ 0.070%。

表 4-29 碳素结构钢的化学成分

牌 号	化学成分（质量分数）（%）				
	C	Si	Mn	P	S
Q195	≤0.12	≤0.30	≤0.50	≤0.035	≤0.040
Q215A	≤0.15	≤0.35	≤1.20	≤0.045	≤0.050
Q215B	≤0.15	≤0.35	≤1.20	≤0.045	≤0.045
Q235A	≤0.22	≤0.35	≤1.40	≤0.045	≤0.050
Q235B	≤0.20[①]	≤0.35	≤1.40	≤0.045	≤0.045

注：化学成分未规定的其他事项执行 GB/T 11253—2019。
① 经需方同意，碳的质量分数可为不大于 0.22%。

表 4-30 低合金高强度结构钢

牌 号	化学成分（质量分数）（%）									
	C		Si	Mn	P	S	Cr	Ni	Cu	N
	公称厚度或直径/mm									
	≤40	>40								
Q355B	0.24		0.55	1.60	0.035	0.035	0.30	0.50	0.40	0.012
Q355C	0.20	0.22	0.55	1.60	0.030	0.030	0.30	0.50	0.40	0.012

注：表中所列为最大值，化学成分未规定的其他事项执行 GB/T 1591—2018。

5）力学性能。

① 拉伸试验。钢板的力学性能指标应符合表 4-31 ~ 表 4-33 的要求。

表 4-31　优质碳素结构钢的力学性能

牌　号	抗拉强度[①,②] R_m/MPa	以下公称厚度（mm）的断后伸长率[③] A_{80mm}（%）（$L_0 = 80mm$，$b = 20mm$）			
		1.5	>1.5 ~ 2.0	>2.0 ~ 2.5	>2.5
08Al	275 ~ 410	≥26	≥27	≥28	≥30
08	275 ~ 410	≥26	≥27	≥28	≥30
10	295 ~ 430	≥26	≥27	≥28	≥30
15	335 ~ 470	≥23	≥24	≥25	≥26
20	355 ~ 500	≥22	≥23	≥24	≥25
25	375 ~ 490	≥21	≥22	≥23	≥24
30	390 ~ 510	≥19	≥21	≥21	≥22
35	410 ~ 530	≥18	≥19	≥19	≥20
40	430 ~ 550	≥17	≥18	≥18	≥19
45	450 ~ 570	≥15	≥16	≥16	≥17
50	470 ~ 590	≥15	≥14	≥14	≥15

① 拉伸试验取横向试样。

② 在需方同意的情况下，25、30、35、40、45 和 50 牌号的钢板抗拉强度上限值允许比规定值提高 50MPa。

③ 经供需双方协商，可采用其他标距。

表 4-32　碳素结构钢的力学性能

牌号	下屈服强度[①] R_{eL}/（N/mm²）	抗拉强度[②] R_m/（N/mm²）	断后伸长率[③] A_{80mm}（%）
Q195	≥195	315 ~ 430	≥24
Q215A	≥215	335 ~ 450	≥22
Q215B	≥215	335 ~ 450	≥22
Q235A	≥235	370 ~ 500	≥20
Q235B	≥235	370 ~ 500	≥20

① 无明显屈服时采用 $R_{p0.2}$。

② 拉伸试验取横向试样。

③ 经供需双方协商，可采用其他标距。

表 4-33　低合金高强度结构钢的力学性能

牌号	下屈服强度 R_{eL} /（N/mm²）	抗拉强度 R_m /（N/mm²）	断后伸长率 A（%）
Q345A	≥345	470~630	≥20
Q345B	≥345	470~630	≥20

② 弯曲试验。弯曲性能应满足表 4-34 和表 4-35 的要求。试样弯曲处的外面和侧面水应有肉眼可见的裂纹。

表 4-34　优质碳素结构钢 180°弯曲试验条件

牌　　号	试样方向	公称厚度/mm	
		≤2	>2
		弯曲直径	
08Al 08 10 15 20 25	横向	0	1a

注：a—试样厚度。

表 4-35　碳素结构钢、低合金高强度结构钢弯曲试验条件

牌号	试样方向	180°弯曲试验的弯曲直径 d
Q195	横向	0.5a
Q215A	横向	a
Q215B	横向	a
Q235A	横向	1.5a
Q235B	横向	1.5a
Q355A	横向	2a
Q355B	横向	2a

注：a—试样厚度。

6）表面质量要求。

① 钢板表面不得有气泡、裂纹、结疤、拉裂和夹杂，钢板不得有分层。

② 钢板表面上的局部缺陷应用修磨方法去除，但不得使钢板厚度小于最小允许厚度。

③ 钢板的表面质量应符合表 4-36 的规定。但表面允许有的缺陷深度，不应使钢板厚度小于最小厚度。钢板表面的蓝色和经酸洗后出现的轻微黄色薄膜不作为报废的依据。

表 4-36　钢板表面质量要求

组　　别	表面质量
较高级的精整表面 Ⅱ	两面允许有在厚度公差一半范围内的下列缺陷：轻微麻点、轻微划痕。允许有局部的蓝色氧化色和经酸洗后（厚度 2mm 以上者）有浅黄色薄膜
普通的精整表面 Ⅲ	正面允许有在厚度公差一半范围内的下列缺陷：轻微麻点及局部的深麻点、小气泡、小拉裂、划伤、轻微划痕及轧辊压痕 反面允许有在厚度公差范围内的下列缺陷：轻微麻点及局部的深麻点、小气泡、小拉裂、划伤、轻微划痕和轧辊压痕 两面允许有局部的蓝色氧化色和经酸洗后的浅黄色薄膜，蓝色氧化色的面积不大于 30%

2. 涂层合金粉末

（1）引用标准

注：凡未注明日期的引用标准均以最新版本为准。

GB/T 230.1—2018《金属材料　洛氏硬度试验　第 1 部分：试验方法》

GB/T 232—2010《金属材料　弯曲试验方法》

GB/T 1480—2012《金属粉末　干筛分法测定粒度》

GB/T 5314—2011《粉末冶金用粉末　取样方法》

GB/T 1482—2010《金属粉末　流动性的测定 标准漏斗法（霍尔流速计）》

GB/T 1479《金属粉末　松装密度的测定》

GB/T 5158—2011《金属粉末　还原法测定氧含量》

GB/T 9790—1988《金属覆盖层及其他有关覆盖层维氏和努氏显微硬度测试》

GB/T 13298—2015《金属显微组织检测方法》

GB/T 8642—2002《热喷涂　抗拉结合强度的测定》

JBT 7744—2011《阀门密封面等离子弧堆焊用合金粉末》

YS/T 539.1—2009《镍基合金粉化学分析方法　第1部分：硼量的测定　酸碱滴定法》

YS/T 539.3—2009《镍基合金粉化学分析方法　第3部分：硅量的测定　高氯酸脱水称量法》

YS/T 539.4—2009《镍基合金粉化学分析方法　第4部分：铬量的测定　过硫酸铵氧化滴定法》

YS/T 539.6—2009《镍基合金粉化学分析方法　第6部分：铁量的测定　三氯化钛-重铬酸钾　滴定法》

YS/T 539.13—2009《镍基合金粉化学分析方法　第13部分：氧量的测定　脉冲加热惰气熔融-红外线吸收法》

NF A05 – 152《钢制品　强无机酸浸蚀宏观检查》

NF A09 – 120《液体渗透检查的一般原理》

（2）粉末的种类及性质　粉末的种类及牌号见表4-37。

表 4-37　粉末的种类及牌号

序　号	类　型	牌　号
1	超音速火焰喷涂粉末	WC – 12Co
2		WC – 17Co
3		WC – 10Co – 4Cr
4		Cr3C2 – 75Ni – 25Cr

（续）

序　号	类　型	牌　号
5		Co106F
6	等离子堆焊粉末	Co112F
7		Ni55A
8		Ni50A
9		Ni60A
10	熔覆粉末	Ni60C
11		Ni55A

超音速火焰喷涂粉末的化学成分、物理性能、涂层性能分别见表4-38 ~ 表4-40。

表 4-38　超音速火焰喷涂粉末的化学成分

元素（质量分数）（%）	Co	Fe	W	Cr	Ni	O	C	其他
WC – 12Co	11 ~ 13	< 0.2	余量	—	—	≤1.0	3.6 ~ 4.6	< 0.2
WC – 17Co	16 ~ 18	< 0.2	余量	—	—	≤1.0	3.6 ~ 4.6	< 0.2
WC – 10Co – 4Cr	9.5 ~ 11.5	< 0.2	余量	3.5 ~ 4.5	—	≤1.0	4.8 ~ 5.6	< 0.2
Cr3C2 – 75Ni – 25Cr	—	< 0.2	—	73.0 ~ 77.0	23.0 ~ 27.0	≤0.6	9.0 ~ 11.0	< 0.5

表 4-39　超音速火焰喷涂粉末的物理性能

性能指标	粉末形状	粉末粒度/μm	流动性/（s/50g）	松装密度/（g/cm³）
WC – 12Co	球状	45/15	12 ~ 20	3.8 ~ 4.8
WC – 17Co	球状	45/15	12 ~ 20	3.8 ~ 4.8
WC – 10Co – 4Cr	球状	45/15	12 ~ 20	4.6 ~ 5.3
Cr3C2 – 75Ni – 25Cr	球状	45/15	12 ~ 20	2.3 ~ 3.0

表 4-40　超音速火焰喷涂的涂层性能

性能指标	结合强度/MPa	孔隙率（%）	涂层未熔颗粒（%）	180°弯曲（弯心 1/2″）	涂层渗透检测	硬度　HV
WC – 12Co	≥70	< 1.0	< 1.0	无裂纹	无缺陷	1000 ~ 1200
WC – 17Co	≥70	< 1.0	< 1.0	无裂纹	无缺陷	1000 ~ 1200
WC – 10Co – 4Cr	≥70	< 1.0	< 1.0	无裂纹	无缺陷	1000 ~ 1200
Cr3C2 – 75Ni – 25Cr	≥70	< 1.0	< 1.0	无裂纹	无缺陷	820 ~ 1000

等离子堆焊粉末的化学成分、物理性能、涂层性能分别见表 4-41 ~ 表 4-43。

表 4-41　等离子堆焊粉末的化学成分

元素（质量分数）（%）	Co	Fe	W	Cr	Ni	C	Si	Mn	Mo	B	O	P、S
Co106F	余量	<3.0	3.0 ~ 6.0	26.0 ~ 32.0	<3.0	0.9 ~ 1.4	<2.0	<1.0	<1.0	—	—	<0.03
Co112F	余量	<3.0	7.0 ~ 9.5	26.0 ~ 32.0	<3.0	1.2 ~ 1.7	<2.0	<1.0	<1.0	—	—	<0.03
Ni55A	—	≤5.0	—	14.0 ~ 17.0	余量	0.5 ~ 0.9	2.5 ~ 4.0	—	—	3.5 ~ 5.0	<0.08	—
Ni50A	—	≤5.0	—	13.0 ~ 16.0	余量	0.4 ~ 0.8	2.5 ~ 3.5	—	—	3.0 ~ 4.5	<0.08	—

表 4-42　等离子堆焊粉末的物理性能

性能指标	粉末形状	粉末粒度 /mesh	流动性 /(s/50g)	松装密度 /(g/cm^3)
Co106F	球状	80/270	12.0 ~ 17.0	4.2 ~ 4.9
Co112F	球状	80/270	12.0 ~ 17.0	4.2 ~ 4.9
Ni55A	球状	100/270	12.0 ~ 17.0	4.0 ~ 4.8
Ni50A	球状	100/270	12.0 ~ 17.0	2.3 ~ 3.0

表 4-43　等离子堆焊的涂层性能

性能指标	宏观金相（5 倍）	涂层渗透检测	硬度　HRC
Co106F	无裂纹	无缺陷	38 ~ 45
Co112F	无裂纹	无缺陷	42 ~ 49
Ni55A	无裂纹	无缺陷	55 ~ 60
Ni50A	无裂纹	无缺陷	50 ~ 55

熔覆粉末的化学成分、物理性能、涂层性能分别见表 4-44 ~ 表 4-46。

表 4-44　熔覆粉末的化学成分

元素 （质量分数） （%）	Fe	Cr	Ni	O	C	B	Si	Cu	Mo	Nb
Ni60A	≤5.0	15.0 ~ 20.0	余量	≤0.08	0.5 ~ 1.1	3.0 ~ 4.5	3.0 ~ 5.0	—	—	—
Ni60C	≤5.0	16.0 ~ 20.0	余量	≤0.08	0.7 ~ 1.1	3.0 ~ 4.0	3.5 ~ 5.0	1.5 ~ 3.0	1.5 ~ 3.0	0.01 ~ 0.5
Ni55A	≤5.0	13.0 ~ 16.0	余量	≤0.08	0.5 ~ 0.8	2.0 ~ 3.0	3.0 ~ 4.0	1.0 ~ 2.0	1.5 ~ 2.5	0.01 ~ 0.5

表 4-45　熔覆粉末的物理性能

性能指标	粉末形状	粉末粒度分布比例 （%）（200 ~ 220mesh 区间）	粉末粒度 /mesh	流动性 /（s/50g）	松装密度 /（g/cm³）
Ni60A	球状	40 ~ 45	150/300	12.0 ~ 17.0	4.2 ~ 4.9
Ni60C	球状	40 ~ 45	150/300	12.0 ~ 17.0	4.2 ~ 4.9
Ni55A	球状	40 ~ 45	150/300	12.0 ~ 17.0	4.0 ~ 4.8

表 4-46　熔覆粉末的涂层性能

性能指标	标称熔点/℃	熔点偏差/℃	孔隙率（%）	缩孔/（个/cm²）	硬度　HRC
Ni60A	1040	±5	<0.5	≤1	55 ~ 60
Ni60C	1040	±5	<0.5	≤1	58 ~ 62
Ni55A	1050	±5	<0.5	≤1	50 ~ 55

3. 焊材

（1）焊条

1）引用标准。

GB/T 5117—2012《非合金钢及细晶粒钢焊条》

GB/T 5118—2012《热强钢焊条》

GB/T 983—2012《不锈钢焊条》

GB/T 984—2001《堆焊焊条》

GB/T 13814—2008《镍及镍合金焊条》

GB/T 5293—2018《埋弧焊用非合金钢及细晶粒实心焊丝、药心焊丝

和焊丝-焊剂组合分类要求》

GB/T 12470—2018《埋弧焊用热强钢实心焊丝、药芯焊丝和焊丝-焊剂组合分类要求》

GB/T 10045—2018《非合金钢及细晶粒钢药芯焊丝》

GB/T 17493—2018《热强钢药芯焊丝》

GB/T 29713—2013《不锈钢焊丝和焊带》

GB/T 15620—2008《镍及镍合金焊丝》

GB/T 8110—2008《气体保护电弧焊用碳钢、低合金钢焊丝》

GB/T 25775—2010《焊接材料供货技术条件 产品类型、尺寸、公差和标志》

NB/T 47018《承压设备用焊接材料订货技术条件》

2) 焊条的使用。

焊条应符合 NB/T 47018.2—2017《承压设备用焊接材料订货技术条件 第 2 部分：钢焊条》的要求，仅限于以下标准焊条：不锈钢焊条（GB/T 983—2012）、非合金钢及细晶粒钢焊条（GB/T 5117—2012）、热强钢焊条（GB/T 5118—2012）。

常用钢焊条的硫、磷含量要求见表 4-47。

表 4-47　常用钢焊条的硫、磷含量要求

焊条型号	牌号示例	质量分数（%）	
		S	P
E4303	J422	≤0.020	≤0.030
E4315	J427	≤0.015	≤0.025
E5015	J507		
E308 - 16	A102		
E316L - 16	A022	≤0.020	≤0.020
E309 - 16	A302		
所有不锈钢焊条			

非合金钢及细晶粒钢焊条和热强钢焊条熔敷金属的抗拉强度与相应标准规定的下限值之差不应超过 120MPa。

焊条熔敷金属夏比 V 型缺口冲击试验结果平均值规定见表 4-48。

表 4-48　焊条熔敷金属夏比 V 型缺口冲击试验结果平均值规定

焊条型号	牌号示例	试验温度/℃	冲击吸收能量 KV_2/J
E4303	J422	0	≥27
E4315	J427	−30	
E5015	J507		

（2）焊丝　焊丝的采购应符合 NB/T 47018.3—2017《承压设备用焊接材料订货技术条件　第 3 部分：气体保护电弧焊丝和填充丝》的要求，仅限于以下标准：GB/T 8110—2020《熔化极气体保护电弧焊用非合金钢及细晶粒钢实心焊丝》

常用焊丝的硫、磷含量要求见表 4-49。

表 4-49　常用焊丝的硫、磷含量要求

焊丝型号	质量分数（%）	
	S	P
ER50−6	≤0.015	≤0.025

常用焊丝熔敷金属夏比 V 型缺口冲击试验结果见表 4-50。

表 4-50　常用焊丝熔敷金属夏比 V 型缺口冲击试验结果

焊丝型号	试验温度/℃	冲击吸收能量 KV_2/J
ER50−6	−30	≥47

（3）钴基合金焊材　钴基合金焊条应符合 NB/T 47018.5—2017《承压设备用焊接材料订货技术条件　第 5 部分：堆焊用不锈钢焊带和焊剂》要求，仅限于 GB/T 984—2001《堆焊焊条》标准。

6 级钴基合金焊条熔敷金属的化学成分应符合表 4-51 的要求。

表4-51 6级钴基合金焊条熔敷金属的化学成分

元素	质量分数（%）								
	C	Cr	W	Ni	Mo	Mn	Si	Fe	Co
6级	0.7~1.4	25.0~32.0	3.0~6.0	≤3.0	≤1.0	≤2.0	≤2.0	≤5.0	余量

注：6级钴基合金焊条熔敷金属的硬度为39~47 HRC。

6级钴基合金焊丝的化学成分应符合表4-52的要求。

表4-52 6级钴基合金焊丝熔敷金属的化学成分

元素	质量分数（%）								
	C	Cr	W	Ni	Mo	Mn	Si	Fe	Co
6级	0.9~1.4	26.0~32.0	3.0~6.0	≤3.0	≤1.0	≤1.0	≤2.0	≤3.0	余量

注：6级钴基合金焊丝熔敷金属的硬度为39~47 HRC。

4.1.7　球阀阀体的加工

1. 结构特点和技术要求

（1）球阀阀体的结构特点

1）侧装式球阀阀体。一般工业用球阀大部分采用侧装式结构，由两片或三片阀体组成阀腔。两片阀体的一般称为右阀体（主阀体，图4-1a）和左阀体（副阀体），三片阀体的则一般称为主阀体（图4-1b、e、f）和副阀体（也称左、右阀体，图4-1c、d），左阀体及副阀体的结构比较简单，主阀体的结构比较复杂。

2）上装式球阀阀体。核电站及LNG接收站为减少管道应力作用对阀门的影响，大部分采用上装式结构，上装式球阀的阀体是中空对称零件，如图4-2所示。

（2）球阀阀体的技术要求

1）侧装式球阀阀体。右（主）阀体内腔有精度较高的镶嵌阀座的孔，一端是与管道连接的端法兰（也可以是内螺纹、外螺纹、焊接等接口结构）；另一端是与左阀体连接的侧法兰，侧法兰面上有密封垫安装孔，上面有止推密封垫安装孔、阀杆的支承孔及填料函。

　　右（主）阀体内腔的阀座孔、阀杆的支承孔及填料函孔的表面粗糙度值一般为 $Ra1.6\mu m$，侧法兰面上密封垫安装孔的表面粗糙度值一般为 $Ra6.3\mu m$，其他加工表面的表面粗糙度为 $Ra12.5\mu m$。

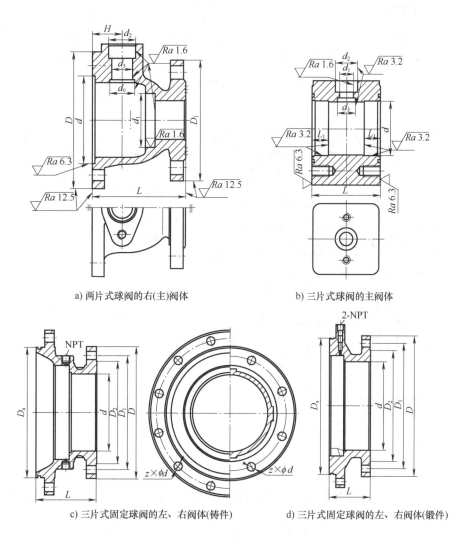

a) 两片式球阀的右(主)阀体　　　　　b) 三片式球阀的主阀体

c) 三片式固定球阀的左、右阀体(铸件)　　d) 三片式固定球阀的左、右阀体(锻件)

图 4-1　侧装式球阀阀体

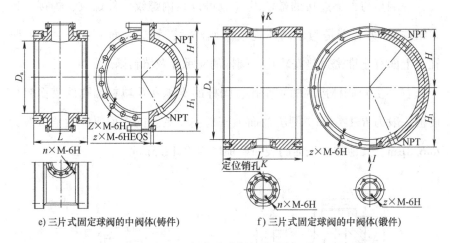

e) 三片式固定球阀的中阀体(铸件)　　f) 三片式固定球阀的中阀体(锻件)

图 4-1　侧装式球阀阀体（续）

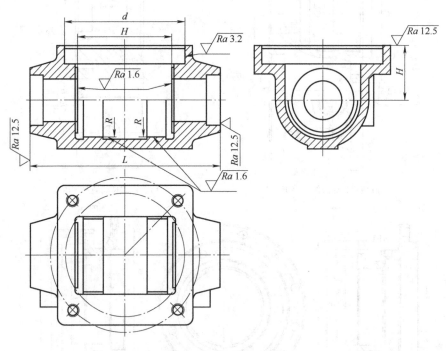

图 4-2　上装式球阀阀体

2）上装式球阀阀体。上装式球阀阀体内腔有精度较高的镶嵌阀座的孔，上面有与阀盖连接的定位结构及密封垫安装孔或台肩，阀体上有阀门与管道连接的法兰、内螺纹、外螺纹和焊接等接口结构。

上装式球阀阀体内腔的阀座孔及两阀座底平面的开档宽度的表面粗糙度值一般为 $Ra1.6\mu m$，上面与阀盖连接的定位孔的表面粗糙度值一般为 $Ra3.2\mu m$，其他加工表面的表面粗糙度值为 $Ra12.5\mu m$。

阀体中法兰面上密封垫安装孔与阀体内腔阀座孔的同轴度公差等级为 9 级，中法兰端面与阀座孔底平面的平行度公差等级为 9 级，阀杆的支承孔中心线与中法兰端面的平行度公差等级为 9 级，阀杆的支承孔中心线与密封垫安装孔、阀体内腔阀座孔中心线的位置度公差等级为 9 级。

上装式球阀阀体内腔两阀座底平面的开档对称度公差等级为 9 级，阀杆的支承孔中心线与上端面的垂直度公差等级为 9 级。

2. 工艺分析及典型工艺过程

（1）侧装式阀体

1）图 4-1a 所示阀体 图 4-1a 所示阀体的形体结构比较复杂，其外表面大部分不需要加工，因此零件毛坯一般都选用铸件。图 4-1a 所示阀体的主要加工表面大多是旋转表面，一般用车削方法加工，由于镶嵌阀座部位的孔及阀杆支承部位的孔的尺寸精度及表面粗糙度要求很高，而铸件毛坯的加工余量又较大，因此右阀体可以分粗、精加工两个阶段，见表 4-53。

表 4-53 图 4-1a 所示阀体的典型工艺过程

序 号	工序内容	定位基准	装夹方法
1	粗车中法兰端面、内孔和止口	端法兰外圆	自定心卡盘
2	粗车端法兰端面、外圆	中法兰端面及止口	自定心卡盘
3	划侧端轴孔中心线	—	—
4	粗车侧端法兰端面、阀杆支承孔及填料函孔	中法兰端面及止口	专用工装
5	精车中法兰端面、内孔、止口及阀座孔	端法兰端面及外圆	自定心卡盘
6	粗车端法兰端面、外圆、背面及倒角	中法兰端面及止口	专用工装

（续）

序　号	工序内容	定位基准	装夹方法
7	精车侧端法兰端面、阀杆支承孔及填料函孔	中法兰端面及止口	专用工装
8	钻中法兰孔，攻螺纹孔	—	钻夹具
9	钻端法兰孔	—	钻夹具
10	钻侧端法兰孔，攻螺纹孔	—	钻夹具

2）图 4-1b 所示阀体　图 4-1b 所示阀体的形体结构比较复杂，其外表面大部分不需要加工，主要加工表面大多是旋转表面，一般用车削方法加工。由于镶嵌阀座部位的孔及阀杆支承部位的孔的尺寸精度及表面粗糙度要求很高，而铸件毛坯的加工余量又较大，因此主阀体可以分粗、精加工两个阶段，见表 4-54。

表 4-54　图 4-1b 所示阀体的典型工艺过程

序　号	工序内容	定位基准	装夹方法
1	粗车左端面、内孔，切槽	右端面及外表面	单动卡盘
2	粗车右端面、内孔，切槽	左端面及内孔	单动卡盘
3	划上端轴孔中心线	—	—
4	粗车上法兰端面、阀杆支承孔及填料函孔	左端面及内孔	专用工装
5	精车左法兰端面、内孔、切槽及阀座孔	右法兰面及内孔	四爪卡盘
6	精车右端法兰端面、内孔、切槽及阀座孔	左法兰端面及内孔	专用工装
7	精车上法兰端面、阀杆支承孔及填料函孔	左法兰端面及内孔	专用工装
8	钻上法兰孔、攻螺纹孔	—	钻夹具
9	钻左端法兰孔、攻螺纹孔	—	钻夹具
10	钻右端法兰孔、攻螺纹孔	—	钻夹具

3）图 4-1c、d 所示固定球阀的左、右阀体　固定球阀左、右阀体的形体结构比较复杂，其外表面大部分不需要加工（锻件需要粗车，锻件毛坯粗车部分工序省略），主要加工表面大多是旋转表面，一般用车削方法加工。由于镶嵌阀座部位的孔的尺寸精度及表面粗糙度要求很高，而铸件毛坯的加工余量又较大，因此主阀体可以分粗、精加工两个阶段，

见表 4-55。

表 4-55　固定球阀左、右阀体典型工艺过程

序号	工序名称	工序内容	定位基准	装夹方法
1	车	车端法兰、内孔、倒角	中法兰外圆	卡盘
2	车	车中法兰端面、定位台阶孔、阀座孔、倒角	端法兰外圆及端面	卡盘
3	—	钻上阀杆孔、填料函孔，车法兰外圆、端面各部尺寸，按夹具中心线划出通过阀杆孔中心并垂直于中法兰端面的中心线	中法兰端面及定位台阶孔	带回转盘弯板夹具
4	—	回转盘旋转 180°，钻下阀杆孔，车法兰外圆、端面各部尺寸	中法兰端面及定位台阶孔	带回转盘弯板夹具
5	钻	钻中法兰螺纹孔	钻模对中心线	压板
6	攻螺纹	攻中法兰螺纹孔螺纹	平放在工作台上	压板
7	钻	钻端法兰螺纹孔	钻模对中心线	压板
8	钻	钻上盖螺纹孔	钻模对中心线	压板
9	攻螺纹	攻上盖螺纹孔螺纹	立放在工作台侧面	压板
10	钻	钻下端盖螺纹孔	钻模对中心线	压板
11	攻螺纹	攻下端盖螺纹孔螺纹	倒立放在工作台侧面	压板
12	划线	以中法兰面、上下轴孔中心线为基准，划出阀体侧面安装排污阀、泄压阀以及阀座注脂阀螺纹孔中心，打样冲眼	端法兰，上、下轴孔中心线	平台、分度盘
13	钻	钻阀体侧面安装排污阀、泄压阀以及阀座注脂阀螺纹孔	中法兰面	压板
14	铰	用 1:16 铰刀铰阀体侧面的安装排污阀、泄压阀及阀座注脂阀上的螺纹孔	中法兰面	压板
15	攻螺纹	攻阀体侧面安装排污阀、泄压阀及阀座注脂阀螺纹	中法兰面	压板
16	钳	钳工去毛刺	—	—

表 4-55 所列工艺过程一般适用于 DN150（NPS6）以下规格阀体，大于或等于该规格时，建议轴孔尽可能采用镗床加工。同时，可以利用坐标镗床的坐标刻度和工作台的回转刻度，钻出阀体侧面排污阀、泄压阀

及阀座注脂阀的螺纹孔。

4）图 4-1e、f 所示三片式固定球阀阀体　阀体毛坯通常有铸件和锻件两种，锻件多为自由锻的圆筒状，应在粗加工后进行热处理。中阀体的典型工艺过程（锻件毛坯粗车部分工序省略）见表 4-56。

表 4-56　中阀体的典型工艺过程

序号	工序名称	工序内容	定位基准	装夹方法
1	车	车右端中法兰端面、外圆、密封垫止口、内孔、倒角	左端中法兰外圆	单动卡盘
2	车	车左端中法兰端面、外圆、密封垫止口、内孔、倒角	右端中法兰外圆，百分表找正	单动卡盘（对于铸件阀体，可采用定位盘定位，压板夹紧）
3	—	镗上阀杆孔，车法兰外圆、端面各部尺寸，用钻床顶尖划出通过阀杆孔中心并垂直于中法兰端面的中心线	中法兰端面及定位台阶孔	工作台、定位盘
4	—	工作台回转 180°，钻下阀杆孔，车法兰外圆、端面各部尺寸，用钻床顶尖划出通过阀杆孔中心并垂直于中法兰端面的中心线	中法兰端面及定位台阶孔	工作台、定位盘
5	钻	工作台按设计角度偏转，或移动主轴箱，钻阀体侧面安装排污阀、泄压阀及阀座注脂阀螺纹孔	中法兰端面及定位台阶孔	工作台、定位盘
6	铰	用 1:16 铰刀铰阀体侧面安装排污阀、泄压阀及阀座注脂阀螺纹孔	中法兰端面及定位台阶孔	工作台、定位盘
7	攻螺纹	攻阀体侧面安装排污阀、泄压阀及阀座注脂阀螺纹	中法兰端面及定位台阶孔	工作台、定位盘
8	钻	钻中法兰螺纹孔	钻模对中心线	压板
9	攻螺纹	机攻中法兰螺纹孔螺纹	平放在工作台上	压板
10	钻	钻上轴套（盖）螺纹孔	立放在工作台侧面	压板
11	攻螺纹	机攻上轴套（盖）螺纹孔螺纹	立放在工作台侧面	压板
12	钻	钻下端盖螺纹孔	钻模对中心线	压板
13	攻螺纹	机攻下端盖螺纹孔螺纹	倒立放在工作台侧面	压板
14	钳	钳工去毛刺	—	—

　　从固定球阀的结构原理分析可知，球体与上、下轴组成一个绕轴心旋转的启闭机构。为了保证阀门运行可靠，加工中必须保证上、下轴孔的同轴度，以及上、下轴孔中心线与阀座活塞孔中心线的对称度和垂直度。对于口径规格较大的阀体，使用坐标钻床或数显镗床通常能较好地保证加工精度。对于采用带回转盘的弯板夹具（图 4-3）加工的小规格阀体，必须保证夹具自身的精度能够满足产品的精度要求，并具有足够的刚性和抗疲劳性能，夹具应定期检测、按时维护，发现精度不能满足产品设计要求时要及时更换。

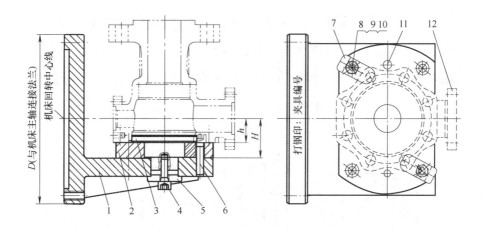

图 4-3　带回转盘的弯板夹具

1—夹具体　2—回转盘　3—定位盘　4、6—内六角螺钉　5—垫片

7—压板　8—双头螺柱　9—平垫圈　10—六角螺母　11—圆锥销　12—工件（左阀体）

　　（2）上装式阀体　上装式阀体是中空对称零件，其外表面大部分不需要加工，因此零件毛坯均选用铸件。图 4-1c 所示阀体的主要加工表面都是旋转表面，多用车削方法加工。由于镶嵌阀座部位的孔及两阀座底平面开档宽度的尺寸精度及表面粗糙度要求很高，而铸件毛坯的加工余量又较大，因此右阀体分粗、精加工两个阶段，见表 4-57。

表 4-57　上装式阀体的典型工艺过程

序　号	工序内容	定位基准	装夹方法
1	粗车上端面、内孔	下端面及外形	单动卡盘
2	粗车左右端面、内孔	上端面及内孔	专用工装
3	精车上端面、内孔、平面槽及倒角	左右端面及内孔	单动卡盘
4	精车左右端面、内孔、扩孔	上端面及内孔	专用工装
5	镗两阀座底平面开档内腔底面圆弧	上端面及止口	圆弧卡板
6	钻上端面法兰孔，攻螺纹孔	上端面及止口	钻模板

1）图 4-1a 所示阀体。主要加工面是镶嵌阀座的孔，其基本的加工顺序是先按工艺要求车中法兰端面、内孔、止口及阀座孔，再以中法兰端面及止口为定位基，准将阀体安装在专用夹具上，加工端法兰及侧法兰，确保中法兰、侧法兰及端法兰的加工精度和位置精度。右（主）阀体加工夹具如图 4-4 所示。中法兰钻孔夹具如图 4-5 所示。

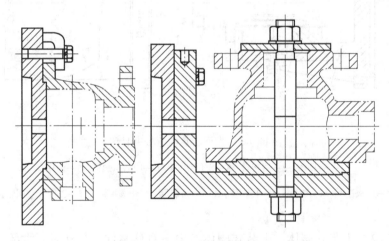

图 4-4　右（主）阀体加工夹具

2）图 4-1c 所示阀体。主要加工面是镶嵌阀座的孔，其基本加工顺序是先按工艺要求车上端面及内孔，再以上端面及内孔为定位基准，将阀体安装在角式夹具上，加工左右两端阀座孔，确保两侧阀座孔的加工精度及位置精度，夹具如图 4-6 所示。

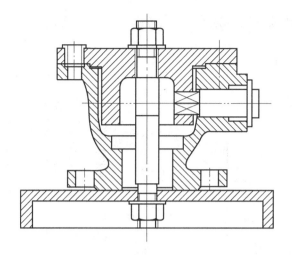

图 4-5　中法兰钻孔夹具

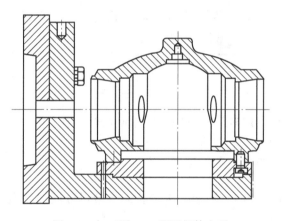

图 4-6　加工图 4-1c 所示阀体夹具

　　上装式球阀的阀体和阀盖连接部位不承受管道的应力作用，因此被普遍采用，大口径上装式球阀已有许多应用案例。图 4-7 所示为在数控立式车床上加工大口径对接焊连接上装式球阀阀体中法兰的夹具。该夹具以阀体毛坯两支管的外径、阀体底部凹槽的外径及阀体中腔一侧的外表面为定位基准，采用六点定位原则，由于所有定位面均为毛坯面，因此该基准为粗基准。阀体毛坯两支管以专用夹具 V 形座定位，通过左右螺纹联动机构找正，手动夹紧。该工装主要用于车削中法兰各部尺寸及阀体内腔下端的轴孔尺寸。中法兰加工好后，作为精基准定位，在卧式加工中心的专用夹具上车削阀体其余各部。

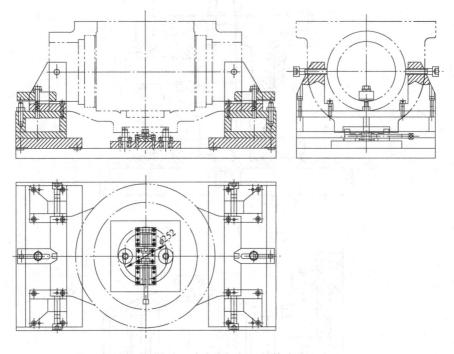

图4-7　数控立式车床上加工阀体中法兰夹具

3. 卧式加工中心加工球阀阀体

卧式加工中心的主轴处于水平状态，带可分度回转运动的数控方工作台，数控加工主轴；多配备4轴3联动，工件在一次装夹后能够完成除安装面和顶面以外的其余四个面的加工，最适合加工箱体类零件。一般具有分度工作台或数控转换工作台，可加工工件的各个侧面；也可做多个坐标的联合运动，以对复杂的空间曲面进行数控加工。其加工精度、重复定位精度远远高于普通卧式钻铣床，已被广泛应用于机械制造行业。

卧式加工中心可配双交换工作台，在对位于工作位置的工作台上的工件进行加工的同时，可以对位于装卸位置的工作台上的工件进行装卸，从而大大缩短辅助时间，提高加工效率。对于多品种小批量生产的零件，其效率是普通设备的5~10倍。

国外阀门制造企业多采用卧式加工中心加工球阀的阀体，在卧式加工中心上加工球阀阀体，生产率高，产品切换迅速。根据阀体规格大小，可一次装夹一个或多个阀体进行加工，如图 4-8 所示。能够确保阀杆孔的同轴度及阀杆孔相对于阀座安装孔中心线的垂直度。对于批量生产的球阀阀体，一般可采用专用夹具来实现快速装夹。

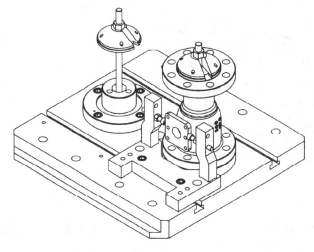

图 4-8 在卧式加工中心上加工阀体（一次两件）

18in（1in＝2.54cm）以上的大规格球阀阀体（包括其他种类阀体）可在数控刨台镗铣床或数控落地镗铣床上加工。

数控加工编程多采用 MASTERCAM 或者 UG 等编程软件。采用软件编程快速实用，并可在计算机上进行模拟切削，以验证工装夹具、刀具及加工程序，从而避免首件的报废。在计算机上模拟切削对于大尺寸规格阀体的试加工来说可以做到一劳永逸，避免企业承担不必要的浪费。

图 4-9 所示为在卧式加工中心上加工两片式球阀右阀体中法兰端面、阀杆孔的专用夹具，该夹具以阀体端法兰面、止口等为定位基准，以端法兰圆周上的螺纹通孔或阀杆法兰外圈铸造面角限位，手动、气动或液压夹紧。该夹具适用于单件生产。

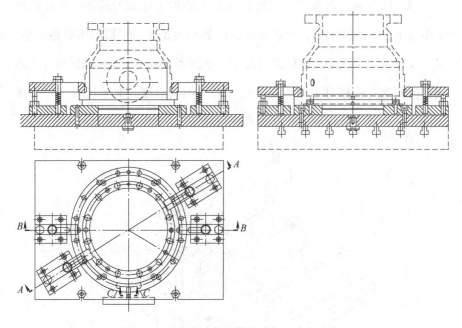

图 4-9　两片式球阀阀体卧式加工中心夹具

图 4-10 所示为在大型卧式加工中心或数控镗铣床上加工大口径对焊连接上装式球阀的夹具，该夹具以在立式车床上车好的中法兰端面、止口、工艺定位孔等精基准为定位基准，手动夹紧。先加工阀体一侧的各部尺寸，然后将工作台旋转 180°，加工另一侧各部尺寸，一次装夹即可加工完成阀体内阀座安装孔、端面、焊接坡口的各部尺寸，可有效保证两侧阀座安装孔及焊接坡口的同轴度，以及流道中心轴线与上法兰面的垂直度，既保证了阀体要求的加工精度，也大大提高了生产率。

图 4-11 所示为在卧式加工中心上加工 T 形球阀右阀体阀杆法兰端面、阀杆孔的专用夹具，夹具定位基准面平行于工作台。该夹具以阀体中法兰端面、止口等精基准定位，以阀杆法兰外圆铸造表面粗基准为角度限位，手动夹紧。一次装夹两件以减少辅助工作时间，提高生产率，该夹具适用于多品种小批量生产，易于进行加工产品的频繁切换。该夹具适

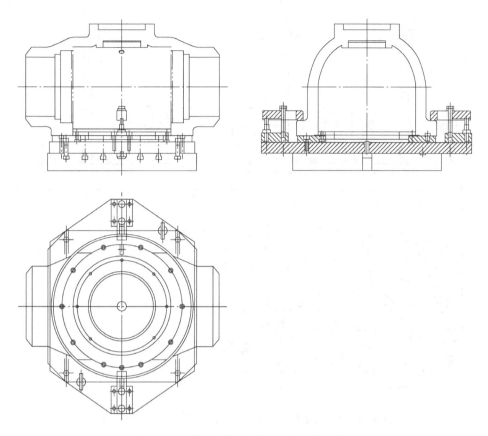

图 4-10　上装式球阀阀体卧式加工中心夹具

用于小型卧式加工中心。

　　图 4-12 所示为在卧式加工中心上加工两片式球阀右阀体中法兰及端法兰端面、阀杆孔等的专用夹具，夹具以 V 形块，通过中法兰外圆、端法兰外圆及阀杆法兰外圈铸造面定位，手动夹紧。一次装夹两件，减少了辅助工作时间，提高了生产率。使用该夹具可在卧式加工中心上一次装夹完成所有工序内容（水线除外），可省去车削工序，两端法兰孔、阀杆孔采用定尺寸镗刀加工，端面采用面铣刀插补铣削加工。

　　但是，由于该夹具使用粗基准作为定位基准，故只适用于采用熔模精密铸造工艺浇注的中小口径阀体，其缺点是无法加工端法兰面水线。

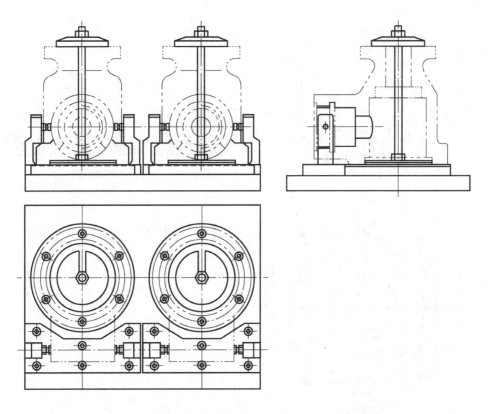

图 4-11 T形球阀阀体卧式加工中心夹具（一次装夹两件）

图 4-13 所示为在卧式加工中心上加工两片式球阀右阀体阀杆孔及法兰端面专用夹具。该夹具采用立式基础座结构，夹具定位基准面垂直于工作台，以阀体中法兰端面、止口等精基准及阀杆法兰外圈铸造面粗基准作为定位基准，手动夹紧。一次装夹四件阀体，可减少辅助工作时间，大大提高生产率，适用于中、大批量生产。大批量生产时，如果对该夹具加以改造，在立式基础座背部也设计和正面同样的定位凸台及装夹定位零件，则可以一次装夹八台阀体，先加工一面的四件阀体，将工作台旋转180°，再加工背面的四件阀体。同时可完成端法兰螺纹通孔的钻削工序。该夹具适用于中型卧式加工中心。

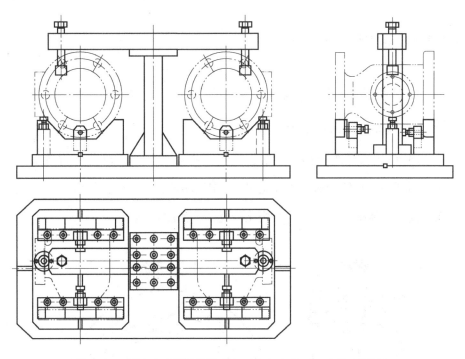

图 4-12　两片式球阀阀体卧式加工中心夹具（一次装夹两件）

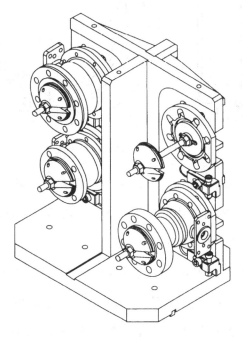

图 4-13　两片式球阀阀体卧式加工中心夹具（一次装夹四件）

4.1.8 蝶阀阀体的加工

1. 结构特点及技术要求

(1) 蝶阀阀体的结构特点

1) 中线型蝶阀阀体。中线型蝶阀是中心对称的，双向密封效果一样。阀杆的中心位于阀体的中心线和阀座的密封截面上，阀座采用合成橡胶嵌在阀体槽内，阀体的结构比较复杂，如图 4-14 所示。

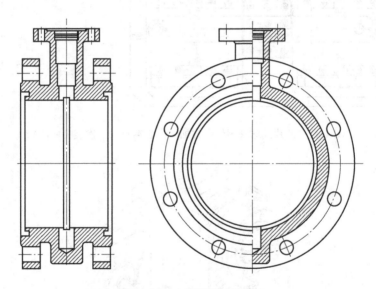

图 4-14 中线型蝶阀阀体

2) 单偏心型蝶阀阀体。单偏心蝶阀两个方向的密封效果不一致，一般正向易于密封。阀杆的中心位于阀体的中心线上，且与阀座密封截面形成一个偏置尺寸，如图 4-15 所示。

3) 双偏心型蝶阀阀体。双偏心型蝶阀是在单偏心型蝶阀的基础上，将阀杆回转轴线与阀体通道轴线再偏置一个尺寸，如图 4-16 所示。

4) 三偏心型蝶阀阀体。三偏心型蝶阀是在双偏心型蝶阀的基础上，使阀座回转轴线与阀体通道轴线形成一个角度 α，如图 4-17 所示。

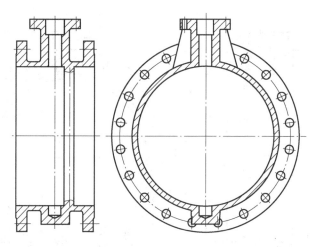

图 4-15　单偏心型蝶阀阀体

（2）蝶阀阀体的技术要求

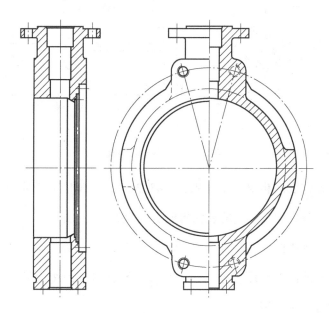

图 4-16　双偏心型蝶阀阀体

1）中线型蝶阀阀体。中线型蝶阀阀体中心对称，阀体上有精度较高的阀轴支承孔及填料函孔，阀体两端面有阀座槽。

中线型蝶阀阀体两端轴承孔的表面粗糙度值一般为 $Ra1.6\mu m$，配合

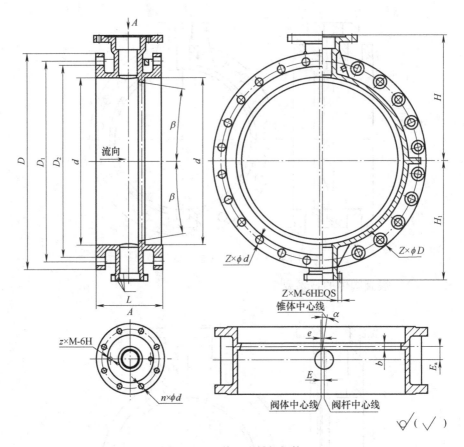

图 4-17 三偏心型蝶阀阀体

于填料函孔的表面粗糙度值一般为 $Ra3.2\mu m$，阀座槽的表面粗糙度值为 $Ra6.3\mu m$，其他加工表面的表面粗糙度值为 $Ra12.5\mu m$。

中线型蝶阀阀体两轴孔的同轴度公差等级为 9 级，阀体两法兰平面与轴孔中心线的对称度公差等级为 9 级，轴孔对阀座配合孔中心线的位置度公差等级为 9 级。

2）偏心型蝶阀阀体。单偏心型、双偏心型及三偏心型蝶阀阀体上、下法兰均有精度较高的阀轴支承孔及填料函孔，阀体上有精度较高的阀座密封面，阀体上法兰上有与支架及配合于填料函的连接孔，下法兰上有与端盖连接的螺纹孔，阀体上有与管道连接的法兰接口。

单偏心型、双偏心型及三偏心型蝶阀阀体两端轴承孔的表面粗糙度值一般为 $Ra1.6\mu m$，配合于填料函孔的表面粗糙度值一般为 $Ra3.2\mu m$，阀座密封面的表面粗糙度值一般为 $Ra1.6\mu m$，其他加工表面的表面粗糙度值为 $Ra12.5\mu m$。

单偏心型、双偏心型及三偏心型蝶阀阀体两轴孔的同轴度公差等级为 9 级，轴孔对阀座密封面中心线的位置度公差等级为 9 级。

2. 工艺分析及典型工艺过程

（1）中线型蝶阀阀体　中线型蝶阀阀体的外表面大部分不需要加工，因此零件毛坯一般选用铸件。阀体的主要加工面为内孔及切槽，一般用车削的方法加工；上、下法兰端面及轴孔的尺寸精度、表面粗糙度及同轴度要求较高，一般用镗削加工。首先用镗刀盘加工轴孔端面及止口，然后用镗刀杆镗孔，一端轴孔镗完后将工作台回转 180°，再加工另一端，批量较大时应采用专用工装。中线型蝶阀阀体的典型工艺过程见表 4-58。

表 4-58　中线型蝶阀阀体的典型工艺过程

序　号	工序内容	定位基准	装夹方法
1	车一端法兰端面、内孔、切槽	端法兰外圆及端面	自定心卡盘
2	车另一端法兰端面、切槽	内孔及端面	自定心卡盘
3	划两轴孔中心线	—	—
4	镗上、下法兰端面、内孔、轴座孔	内孔及端面	自定心卡盘
5	划上、下法兰螺纹孔中心线	—	—
6	钻底孔，攻螺纹孔	—	—
7	钻连接法兰螺纹孔	内孔及端面	钻模板

（2）偏心型蝶阀阀体　单偏心型和双偏心型蝶阀阀体的主要加工面为外圆面及阀座密封面，一般用车削的方法加工；上、下法兰端面及轴孔的尺寸精度、表面粗糙度及同轴度要求较高，一般采用镗削加工。首

先用镗刀盘加工轴孔端面及止口，然后以镗刀杆镗孔，一端轴孔镗完后将工作台回转180°，再加工另一端单偏心型和双偏心型蝶阀阀体的典型工艺过程见表4-59。

表 4-59 单偏心型和双偏心型蝶阀阀体的典型工艺过程

序　号	工序内容	定位基准	装夹方法
1	车一端法兰端面、外圆	端法兰外圆及端面	自定心卡盘
2	车另一端法兰端面、外圆、密封面	端法兰外圆及端面	自定心卡盘
3	划两轴孔中心线	—	—
4	镗上、下法兰端面、内孔、轴座孔	内孔及端面	自定心卡盘
5	划上、下法兰螺纹孔中心线	—	—
6	钻底孔，攻螺纹孔	—	—
7	钻连接法兰螺纹孔	外圆及端面	钻模板

三偏心型蝶阀阀体的典型工艺过程见表4-60。

表 4-60 三偏心型蝶阀阀体的典型工艺过程

序号	工序名称	工序内容	定位基准	装夹方法
1	车	粗车进口（左）端法兰、内孔，留精车余量。内孔车出一段定位孔	出口（右）端法兰外圆	单动卡盘
2	车	粗车出口（右）端法兰、内孔，留精车余量	进口（左）端定位孔	定位法兰盘、压板
3	划线	以上、下轴孔为基准，划出两端法兰中心线	—	工作台
4	车	车阀座密封面，堆焊基面	进口（左）端定位孔，车床小滑板按圆锥半角 β 偏转	斜度盘、过渡定位盘
5	焊	堆焊阀座密封面，保证最终焊层厚度	—	—
6	车	精车出口（右）端法兰、内孔，保证阀座面宽度	进口（左）端定位孔	定位法兰盘、压板

（续）

序号	工序名称	工序内容	定位基准	装夹方法
7	车	精车进口（左）端法兰、内孔，保证阀座面宽度	出口（右）端内孔	定位法兰盘、压板
8	车	精车阀座面，留磨削余 0.3～0.5mm	进口（左）端定位孔，车床小滑板按圆锥半角 β 偏转	斜度盘、过渡定位盘
9	磨	将自制磨头安装在车床上，精磨阀座密封面	进口（左）端定位孔，车床小滑板按圆锥半角 β 偏转	斜度盘、过渡定位盘
10	镗	粗镗上、下轴孔及法兰，留精镗余量，利用坐标镗床划出上、下轴孔中心线	出口（右）端内孔，工作台按 E（见图 4-17）偏心	定位盘
11	镗	与蝶板配合精镗轴孔、上下法兰。利用坐标镗床划出上、下轴孔中心线，两端法兰中心线	出口（右）端内孔，工作台按 E 偏心	定位盘、配锤夹具
12	钻	钻两端法兰螺栓孔	钻模对中心线	压板
13	镗	镗平两端法兰螺栓孔背面	平放在工作台上	压板
14	钻	钻上轴向法兰螺栓孔	钻模对中心线	压板
15	攻螺纹	机攻上轴向法兰螺栓孔螺纹	立放在工作台上	压板
16	钻	钻下轴向法兰螺栓孔	钻模对中心线	压板
17	攻螺纹	机攻下轴向法兰螺栓孔螺纹	倒立放在工作台上	压板
18	钳	钳工去毛刺		

3. 主要表面或部位的加工方法

蝶阀阀体的主要加工表面大多是旋转表面，大、中口径蝶阀的阀体除阀体轴座法兰端面和内孔在镗床上加工外，其余表面均采用车削加工。小口径蝶阀阀体的轴座法兰端面及内孔一般安装在弯板式夹具上进行车削加工，如图 4-18 所示。

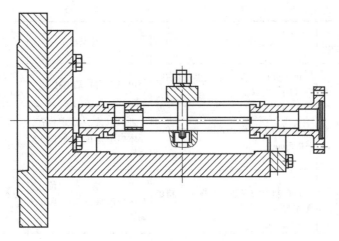

图 4-18　小口径蝶阀阀体加工

4.2　阀内件材料及其硬化技术

阀内件是指阀座密封面、启闭件密封面、阀杆、上密封座以及内部小零件等，不同的阀，其阀内件的名称、要求等不尽相同。

阀内件材料的选择应根据壳体材料、介质特性、结构特点、零件所起的作用以及受力情况等综合考虑。国内一些通用阀门标准已规定了阀内件材料，有的对某种零件规定了几种材料，设计者可以根据具体情况选用。国外标准规定得比较详细，不仅规定了材料，还规定了硬度，如 ISO 10434：2004 和 ANSI/API 600—2009 规定了 13Cr 的阀内件密封面最低硬度为 200HBW，配对密封面之间至少要有不小于 50HBW 的硬度差，阀杆的硬度为 200～275HBW，上密封座的最低硬度为 250HBW。有些产品没有标准规定，需要根据具体情况进行选择。

4.2.1　密封面材料（阀座和启闭件密封面）

阀座密封面和启闭件密封面都是阀门的重要工作面，其选材是否合理以及质量状况直接影响阀门的功能和寿命。

1. 对密封面材料的要求

理想的密封面要耐蚀、抗擦伤、耐冲蚀，有足够的挤压强度，在高温下有足够的抗氧化性和抗热疲劳性，密封面材料与本体材料有相近的线胀系数，有良好的焊接性能和冷热加工性能。

上述要求是理想状态，不可能有满足所有要求的材料，因此，选择材料时要根据具体情况，解决主要矛盾。

2. 密封面材料的种类

常用的密封面材料分为两大类：软质材料和硬质材料，即非金属材料和金属材料。

（1）软质材料（非金属材料）　软质材料包括各种橡胶、尼龙、氟塑料等，具体名称、代号、适用温度和适用介质见表 4-61。

表 4-61　软质密封面材料

序号	名称	代号	适用温度 /℃	抗拉强度 /MPa	抗压强度 /MPa	适用介质
1	天然橡胶	NR	−55 ~ 70	—	—	盐类、盐酸、金属涂层溶液、水等
2	氯丁橡胶	CR	−40 ~ 120	—	—	动物油、植物油、无机润滑油、pH 值变化很大的腐蚀性泥浆等
3	丁基橡胶	NR	−40 ~ 130	—	—	耐蚀、耐磨损、能耐绝大多数无机酸腐蚀
4	丁腈橡胶	NBR	−10 ~ 120	—	—	水、油品、废液等
5	三元乙丙橡胶	EPDM	−50 ~ 130	15 ~ 25	—	盐水、40%的硼水、5% ~ 15%的硝酸及氯化钠等
6	氯磺化聚乙烯橡胶	CSM	−30 ~ 130	7 ~ 20	—	耐酸性好
7	硅橡胶	SI	−100 ~ 250	4 ~ 10	—	耐高温、低温，电绝缘性好、化学稳定性好

（续）

序号	名称	代号	适用温度/℃	抗拉强度/MPa	抗压强度/MPa	适用介质
8	氟橡胶	FPM	-10 ~ 280	20 ~ 22	—	耐介质腐蚀性优于其他橡胶、抗辐射，耐酸
9	聚四氟乙烯	PTFE	-180 ~ 121	14 ~ 25	12	耐热、耐寒性优越，耐一般化学药品、溶剂和几乎所有液体
10	聚全氟乙烯	F46	-200 ~ 70	20 ~ 25	—	有极好的耐化学性，耐阳光、耐候性好
11	增强聚四氟乙烯	RPTFE	-180 ~ 121	28.9	58.6	石油、含硫天然气
12	改性聚四氟乙烯	MOLON	-180 ~ 150	75	140	油品、含硫天然气、海水
13	改性聚四氟乙烯	DEVLON	-180 ~ 150	79 ~ 92	140	油品、含硫天然气、海水
14	聚醚醚酮	PEEK	-180 ~ 150	93	130	油品、含硫天然气、海水
15	对位聚苯	—	< 300	—	—	耐一般化学药品、溶剂和几乎所有液体
16	尼龙	NYLON	< 80	60 ~ 80	75.8	耐碱、氨、液化石油气、天然气

注：1. 表中的适用温度范围是指这类产品的一般温度范围，每种产品都有多种牌号，适用温度范围也不尽相同。因此，使用场合不同，推荐的使用温度范围也不同。

    2. 表中的名称是这类材料的统称，每种材料都有几个牌号，性能也不一样，如尼龙就有尼龙100、尼龙6、尼龙66等，丁腈橡胶有丁腈18、丁腈26、丁腈40等，增强聚四氟乙烯有15%玻璃纤维、5% MoS_2 等，选用时要注意不同牌号的性能。

    3. 塑料具有冷流倾向，即在应力达到一定值时开始流动，如聚四氟乙烯。如果在结构上没有考虑保护措施，在一定应力下，则会产生冷流失效。

    4. 表中的适用介质只是推荐的，也是笼统的，应用时要查这些材料与某种介质的相溶性数据。

（2）硬质材料（金属材料）　硬质材料的密封面主要是各种金属，如铜合金、不锈钢、硬质合金、碳化钨等。

1）铜合金。JB/T 5300—2008《工业用阀门材料　选用导则》规定，灰铸铁制阀门、可锻铸铁制阀门、球墨铸铁制阀门的铜合金密封面材料牌号有铸铝黄铜 ZCuZn25Al6Fe3Mn3、铸锰黄铜 ZCnZn38Mn2Pb2、铸铝青铜 ZCuAl9Mn2 和 ZCuAl9Fe4Ni4Mn2；铜合金制阀门的启闭件材料有黄铜 H62、HPb59‑1，铝青铜 QAl9‑2、QAl9‑4 等。

铜合金在水或蒸汽中的耐蚀性和耐磨性都较好，但硬度低、强度低，不耐氨和氨水腐蚀，适用介质温度不高于 250℃；巴氏合金耐氨及氨水腐蚀，其熔点低、强度低，适用于介质温度不高于 70℃、$PN \leqslant 250MPa$ 的氨阀。

2）铬不锈钢。铬不锈钢有较好的耐蚀性，常用于水、蒸汽、油品等非腐蚀性介质，工作温度为 −29~425℃ 的碳素钢阀门。但其耐擦伤性能较差，特别是在大比压的情况下使用时很容易擦伤，试验表明，当比压在 20MPa 以下时，其耐擦伤性能较好。高压小口径阀门常采用棒材或锻件，多为用 12Cr13、20Cr13、30Cr13 制作的整体阀瓣，密封面经表面淬火（或整体淬火），其硬度值 20Cr13 为 41~47HRC，30Cr13 为 46~52HRC。国外标准对 13Cr 密封面的硬度要求为最小 250HBW，硬度差 50HBW。对于公称尺寸较大的阀门，其密封面往往采用堆焊工艺，下面介绍几种堆焊焊条。

① 堆 507。符合 GB/T 984—2001（EDCr‑A1‑15），堆焊金属为 12Cr13 半铁素体高铬钢，堆焊层有空淬特性，一般不需要热处理，硬度均匀，也可在 750~800℃ 退火软化，加热至 900~1000℃ 时空冷或油淬后可重新硬化，焊前须将工件预热至 300℃ 以上。焊后空冷，硬度达 40HRC，焊后如进行不同热处理，则可获得相应硬度。

② 堆 507 钼。符合 GB/T 984—2001（EDCr‑A2‑15），堆焊金属为 12Cr13 半铁素体高铬钢，有空淬特性，焊前不需预热，焊后不需处理，焊后空冷，硬度达 37HRC。

③ 堆 577 铬锰。符合 GB/T 984—2001（EDCrMn - C - 15），焊前不需预热，焊后不需处理，抗裂性好，硬度达 28HRC，与堆 507 钼配合使用。

3）硬质合金。硬质合金中最常用的是钴基硬质合金，也称钴铬钨硬质合金，它的特点是耐蚀、耐磨、抗擦伤，特别是热硬性好，在高温下也能保持足够的硬度。此外，其加工性能适中，许用比压为 80～100MPa，适用温度范围为 -196～650℃，特殊场合可达 816℃。但是，其在硫酸、高温盐酸中不耐腐蚀，在一些氯化物中也不耐腐蚀。

常用牌号有：STELUTE No. 6，符合 AWS（美国焊接协会）的 ECoCr - A；堆 802（D802），符合我国国家标准 GB/T 984—2001（EDCoCr - A - 03）。焊前根据工件大小进行 250～400℃ 的预热，焊时控制层间温度 250℃，焊后在 600～750℃ 保温 1～2h 后随炉缓冷，或将工件置于干燥的草灰等中缓冷。

其他牌号还有 STELUTE No. 12，符合 AWS ECoCr - B；堆 812（D812），符合我国国家标准 EDCoCr - B - 03，焊后硬度达 41HRC。

以上两种是钴基硬质合金焊条。钴基硬质合金还可用作焊丝，可以进行氧乙炔堆焊或钨极氩弧焊。常用牌号有 STELUTE No. 6 焊丝，符合 AWS RCoCr - A，也相当于 HS111，常温硬度为 40～46HRC；STELUTE No. 12，符合 AWS RCoCr - B，也相当于 HS112，常温硬度为 44～50HRC。

焊接硬质合金（钴基）材料时，都要对工件进行预热，焊时控制层间温度，焊后进行热处理，要根据经评定的焊接工艺施焊。

4）等离子喷焊用合金粉末。等离子喷焊用合金粉末的类型有铁基合金粉末、镍基合金粉末、钴基合金粉末等。喷焊有许多优点：节省材料、质量好、易进行机械加工，但需要喷焊设备，焊前需做焊接工艺评定。

常用的表面处理方法有镀硬铬、化学镀镍、镀镍磷合金、渗氮、多元复合渗氮等。

5）奥氏体型不锈钢。奥氏体型不锈钢密封面大多以本体材料作为密封面。即在 ASTM A351/A351M 中的 CF3、CF8、CF3M、CF8M、CF8C、CN7M 和 ASTM A182/A182M 中的 F304、F316、F304L、F316L 等材料的阀体上直接加工出密封面。这种材料的密封面硬度较低，但抗擦伤性较好，同时能够耐蚀和耐高温。

有些阀类的启闭件不能堆焊，如球阀的球体，用 Cr 不锈钢制作的球体可以通过热处理来提高表面硬度；如果是用奥氏体型不锈钢制作的球体，由于其表面很软，则需要采用表面处理的方法来提高表面硬度。在提高硬度的同时，还要考虑处理后表面的耐磨蚀性。

（3）密封面材料的配对 JB/T 308—2004《阀门 型号编制方法》规定了密封面材料的代号：H—Cr13 系不锈钢；Y—硬质合金；W—阀门本体材料。同时规定，当两密封面材料不同时，用低硬度的材料表示。

代号 H 的配对：13Cr/13Cr、13Cr/STL 等。

代号 Y 的配对：STL/STL。

代号 W 的配对：W/W、W/STL。

随着阀门行业的发展，密封面的配对远不止以上示例，以上只是常用的内件组合。

4.2.2 阀杆或阀座材料

阀杆或阀座材料常用棒材或锻件。

（1）我国标准　碳素钢棒材或锻件的化学成分和力学性能见 GB/T 699—2015《优质碳素结构钢》。不锈钢棒材或锻件的化学成分、力学性能及许用应力见 GB/T 1220—2007《不锈钢棒》。

（2）美国标准　ASTM A182/A182M—2018《高温用锻制或轧制合金钢和不锈钢法兰、锻制管件、阀门和部件》规定的钢种。

4.2.3　常用的内件材料组合

常用的内件材料组合件见表4-62。

表4-62　常用的内件材料组合

零件	组合编号 CN	材料说明	硬度　HBW	零件	组合编号 CN	材料说明	硬度　HBW
阀杆①	1 和 4 ~ 8	13Cr	最低 200 最高 275	密封面②	7	3Cr/13Cr	最低 250 最低 750
	2	18Cr - 8Ni	③		8 或 8A	13Cr/HF	最低 250 最低 350
	3	25Cr - 20Ni	③				
	9 或 11	NiCu 合金	③		9	NiCu 合金	③
	10 或 12	l8Cr - 8Ni - Mo	③		10	18Cr - 8Ni - Mo	③
	13 或 14	19Cr - 29Ni	③		11 或 11A	NiCu 合金/HF	③ 最低 350
密封面⑧	1	13Cr	最低 250		12 或 I2A	18Cr - 8Ni - Mo/HF	③ 最低 350
	2	18Cr - 8Ni	③				
	3	25Cr - 20Ni	③		13	19Cr - 29Ni	③
	4	13Cr	最低 750				
	5 或 5A	HF	最低 350		14 或 14A	19Cr - 29Ni/HF	最低 350
	6	13Cr/CuNi	最低 250 最低 175				

注：1. HF—硬质敷焊材料，用 CoCr 或 NiCr 焊接合金，使用 NiCr 时组合编号添加后缀 "A"。

　　2. 不应使用13Cr易切削钢。

　　3. CN1 配对密封面之间的硬度差应大于 50HBW。

　　4. 当两种材料之间用一条斜线分隔开时，表示两种单独的材料，一种用于阀体密封面，另一种用于闸板密封面，不需要区分哪种材料优先适用于哪种零件。

① 阀杆应为锻制材料。

② 用于 CN1 和 CN4 ~ 8 的上密封座，其最低硬度为250HBW。

③ 未做规定。

4.2.4　阀门的硬化原则

阀门硬化的基本原则根据阀门形式的不同而不尽相同，其中最主要的是成本，即在保证正常使用的情况下，选择成本最低的硬化工艺及硬化材料。这里介绍金属单座控制阀、硬密封球阀两种通用阀门的硬化原则。

（1）金属单座控制阀　阀芯与阀座的硬化材料及厚度一般是相同的，所以两者的硬度等参数是一样的，并且阀门生产厂家在出售阀内件时，大多都是按一整套即阀芯、阀座、阀杆出售的，因此两者在更换时一般是同时更换。

（2）硬密封球阀　球芯的硬化硬度要稍高于阀座的硬化硬度，一般球芯硬度比阀座高 5 ~ 10HRC 硬度。其目的主要有两个：一是避免两者因材质相同长时间接触不动作而造成咬合（因为两者的接触面积比较大）；二是从损坏的角度来讲，要保护阀球而放弃阀座，因为阀座的更换成本比阀球低得多。

另外需要注意的是，当阀芯和阀座的硬化材料不同时，需要结合工艺介质进行分析，防止出现电化学腐蚀现象。

4.2.5　阀门常用硬化技术及其特点

阀门常用的硬化技术有堆焊、镀硬铬、渗氮及喷涂等。

1. 堆焊硬质合金

硬度可达 30HRC 以上。阀内件表面堆焊硬质合金工艺复杂，生产率低，且大面积堆焊易使零件产生变形和裂纹，目前在球阀表面硬化中使用较少，对金属单座阀等阀门的堆焊较为常见。

2. 镀硬铬

硬度可达 40 ~ 55HRC，厚度为 0.07 ~ 0.10mm。镀铬层硬度高、耐磨、耐蚀，并能长期保持表面光亮，而且工艺相对简单、成本较低。但硬铬镀层的硬度在温度升高时会因其内应力的释放而迅速降低，其工作温度不能高于 427℃。另外，镀铬层的结合力低，镀层易发生脱落。镀硬铬工艺一般用在耐磨阀门上，如金属球阀，在其他阀门上则应用较少。随着硬化技术的发展进步，镀硬铬正逐渐被喷涂工艺所取代。

3. （等）离子渗氮

表面硬度可达 800 ~ 1200HV，氮化层厚度为 0.05 ~ 0.10mm。（等）离子渗氮处理硬化工艺由于耐蚀性较差，不能在化工强腐蚀等领域使用。

4. 超音速火焰喷涂工艺

硬度最高可达 60 ~ 70HRC，厚度为 0.3 ~ 0.4mm。超音速火焰喷涂是球阀等表面需硬化面积较大阀门的主要硬化手段。在火力发电厂、石油化工系统、煤化工领域的高黏性流体，带粉尘及固体颗粒的混合流体，强腐蚀流体介质中工作的阀门大部分采用该硬化工艺。超音速火焰喷涂工艺是用氧燃料燃烧产生的高速气流加速粉末粒子撞击工件表面，从而形成致密表面涂层的一种工艺方法。在撞击过程中，由于粒子的速度较快（500 ~ 750m/s）且温度较高（3000℃左右），因此撞击工件表面后，可以获得高结合强度、低孔隙率、低氧化物含量的涂层。

超音速火焰喷涂的特点是合金粉末粒子的速度超过声速，甚至是声速的 2 ~ 3 倍，气流速度是声速的 4 倍。它是一种新的加工工艺，喷涂厚度为 0.3 ~ 0.4mm，涂层与工件之间是机械结合，结合强度高、涂层孔隙率低（小于 1%）。该工艺对工件的加热温度低（低于 93℃），工件不变形，可进行冷喷涂。喷涂时，粉末粒子焰流速度高（1370m/s），无热影响区，工件的成分和组织无变化，涂层硬度高，可进行机械加工。

5. 喷涂融合工艺

基体材质在经超音速火焰喷涂后，再重新加热到1000℃以上，硬化层与基材会发生部分熔化，达到冶金结合的目的，其得到的结合强度可达超音速火焰喷涂的7倍，最低为480MPa，可使阀球、阀座表面与颗粒摩擦相撞时不会发生脱落。

由于喷涂融合工艺需要将基体再次加热到1000℃以上，因此基材须选用Inconel718高镍基材料，以满足强度要求。同时，由于被再次加热，硬化层的表面硬度有所降低，较处理前下降 3～5HRC，其加工制造成本也将大幅提高。

6. 喷焊

喷焊是通过热源将粉末（金属粉末、合金粉末、陶瓷粉末均可）加热到熔融或达到高塑性状态后，依靠气流将其喷射并沉积到预先处理过的工件表面上，形成一层与工件表面（基材）结合牢固的涂（焊）层。在喷焊和堆焊硬化工艺中，硬质合金与基体均具有熔融过程，硬质合金与基体结合处有热熔区，为完全达到喷焊或堆焊硬质合金层性能要求，避免加工后的焊接热熔区为金属接触面，建议喷焊或堆焊硬质合金厚度大于3mm。

4.3　填料材料

填料是动密封的填充材料，用来填充填料箱空间，以防止介质经由阀杆和填料箱空间产生泄漏。填料密封是阀门产品的关键部位之一，要想达到好的密封效果，一方面，填料自身的材质、结构要适应介质的工况需要；另一方面，应采用合理的填料安装方法和填料函结构，来保证可靠的密封。

对填料自身的要求是，降低填料对阀杆的摩擦力、防止填料对阀杆和填料函产生腐蚀、适应介质工况的需要。

1. 常用的填料品种

(1) 盘根型填料

1) 高温高压阀门专用盘根。这种盘根以柔性石墨为结构线，在每一根结构线的内部用五根耐高温合金丝进行增强，外部再编织耐高温合金丝，其结构为方形交叉内锁编织。工作温度：非氧化气氛为 −250 ~ 850℃，氧化气氛为 −250 ~ 550℃；工作压力为 45.0MPa，pH 值（除强氧化剂外）为 0 ~ 14；适用介质为酸、原油、合成石油、溶剂、蒸汽、水等；截面尺寸为 3mm × 3mm ~ 25mm × 25mm。

2) 石墨填充 PTFE 纤维盘根。这种盘根填充了石墨粉，克服了纯 PTFE 的缺点，使产品具有优良的导热性、耐高速性和低膨胀性以及广泛的耐化学腐蚀性。采用 100% 的高性能改性 PTFE 纤维，以方形交叉内锁编织。工作温度为 −200 ~ 280℃；适用压力为旋转 3.0MPa、往复 10.0MPa、阀杆 20.0MPa；轴线速度为 22m/s；除强氧化剂外；pH 值为 0 ~ 14；截面尺寸为 3mm × 3mm ~ 25mm × 25mm。

3) 高温、高压经济型泵阀盘根。这种盘根是由经高温碳化处理的耐焰纤维，浸渍准纳米级石墨粉后制成，可以阻止气体/液体的渗漏，同时加入特殊的润滑剂，自润滑性良好，摩擦热减少。它采用方形交叉内锁编织，工作温度为 −50 ~ 600℃，适用压力为 25.0MPa；轴线速度为 18m/s；除强氧化剂外，pH 值为 0 ~ 13（除强氧化剂外）；适用介质为中强度酸碱、热油、溶剂、锅炉给水、蒸汽等；截面尺寸为 3mm × 3mm ~ 25mm × 25mm。

4）超强耐磨损专用盘根。这种盘根以有机交联聚合纤维为基体材料，采用特殊工艺处理，经高速精密盘根编织机加工而成。其绝热性能优异，在瞬间 2500℃ 火焰中不熔化、不燃烧，具有耐蚀、耐磨损、强度高等优异性能。工作温度为 −100 ~ 280℃；工作压力为旋转 8.0MPa、往复 20.0MPa，阀杆 25.0MPa；轴线速度为 22m/s；除强氧化剂外，pH 值为 0 ~ 14；适用介质为有磨粒场合，含砂介质；截面尺寸为 3mm × 3mm ~ 25mm × 25mm。

5）耐磨损专用盘根。这种盘根以短切 aramid 纤维为原料，采用方形交叉内锁工艺编织而成，具有双倍的润滑剂含量，确保了对轴的高润滑和低磨损，其强度高、密度小、弹性好、耐热性和耐磨性好。工作温度为 −100 ~ 260℃；工作压力为旋转 8.0MPa、往复 20.0MPa，阀杆 25.0MPa；轴线速度为 18m/s；除强氧化剂外，pH 值为 2 ~ 12；适用介质为有磨粒场合，含砂介质；截面尺寸为 3mm × 3mm ~ 25mm × 25mm。

6）通用型合成纤维盘根。这种盘根以复合纤维为原料，采用方形交叉内锁编织，具有高强度、耐磨损、抗冲刷和防渗漏等性能。工作温度为 −100 ~ 250℃；工作压力为旋转 5.0MPa、往复 10.0MPa，阀杆 20.0MPa；轴线速度为 12m/s；除强氧化剂外，pH 值为 2 ~ 12；适用于各种泵、阀、往复杆、活塞、柱塞；截面尺寸为 3mm × 3mm ~ 25mm × 25mm。

7）纯 PTFE 盘根。这种盘根采用 100% 纯 PTFE 纤维，采用交叉内锁工艺编织而成，不含可挤出润滑剂，耐化学腐蚀性强。工作温度为 −200 ~ 260℃；工作压力为旋转 5.0MPa、往复 15.0MPa，阀杆 25.0MPa；轴线速度为 20m/s；pH 值为 0 ~ 14；适用介质为各种腐蚀性介质；截面尺寸为 3mm × 3mm ~ 25mm × 25mm。

8）洁净型特种盘根。这种盘根选用优质的高强度、高模量美塔丝纤维作为原料，采用方形交叉内锁工艺编织而成，具有双倍的润滑剂含量，确保了对轴的高润滑和低磨损，不污染介质。工作温度为 $-100 \sim 280℃$；工作压力为旋转 $5.0MPa$、往复 $20.0MPa$，阀杆 $25.0MPa$；轴线速度为 $20m/s$；除强氧化剂外，pH 值为 $1 \sim 13$；适用于各种泵、阀和往复设备；截面尺寸为 $3mm \times 3mm \sim 25mm \times 25mm$。

(2) 成形填料

1) 尼龙。

2) 橡胶。

3) 聚四氟乙烯。填充聚四氟乙烯（增强聚四氟乙烯）的增强材料为玻璃纤维（一般含 $8\% \sim 15\%$ 的玻璃纤维）。JB/T 1712—2008《阀门零部件 填料和填料垫》规定，填充聚四氟乙烯成分为聚四氟乙烯 + 20% 玻璃纤维 + 5% MoS_2 或聚四氟乙烯 + 20% 玻璃纤维 + 5% 石墨。

4) 柔性石墨环。阀杆专用高效密封组合环由若干个低密度的纯石墨中央环和两个高密度的端环组合而成，每个环的外形均呈杯锥状，且都起密封作用，并可改善压缩载荷的分布状况，以有选择性地压缩和控制填料的径向流动，使填料的径向变形远远超过平环填料的径向变形，从而能在填料内径和外径处获得更有效的密封效果。其工作温度为蒸汽中 $-200 \sim 650℃$，空气中 $-200 \sim 455℃$；工作压力为 $60.0MPa$；除强氧化剂外，pH 值为 $0 \sim 14$；适用于化学和石化行业的阀门，以及碳氢化合物、炼油、蒸汽、发电厂、核电厂控制阀。

(3) 泥状填料

1) 白色泥状填料。用白色 PTFE 混合经 FDA 认证的润滑剂制成。无污染、无毒，符合食品级别；工作温度为 $-40 \sim 260℃$；pH 值为 $0 \sim 14$；最大轴线速度为 $7.5m/s$；工作压力为旋转/离心 $2.0MPa$；适用介质为工业化学品、食品、饮用水、药剂等。

2) 黑色泥状填料。用黑色柔性石墨混合高温润滑剂制成，广泛应用

于高温等恶劣工况下的泵和阀门。工作用温度为 − 40 ~ 650℃；pH 值为
0 ~ 14；最大轴线速度为 20m/s；工作压力为旋转/离心 1.7MPa；适用介
质为水、工业化学品、蒸汽、石油燃料、碳氢化合物等。

2. 使用填料时的注意事项

1) 盘根型填料切断时应采用 45°切口，安装时每圈切口相错 180°。

2) 在高压下使用聚四氟乙烯成形填料时，要注意冷流特性。

3) 柔性石墨环单独使用时密封效果不好，应与柔性石墨编织填料组
合使用，填料函中间装柔性石墨环，两端装编织填料；也可隔层安装，
即一层柔性石墨环，一层编织填料；还可在填料函中间放隔环，隔环上
下分别安装两组组合填料。

4) 石墨对阀杆、填料函有腐蚀，使用时应选择加缓蚀剂的盘根。

5) 柔性石墨在王水、浓硫酸、浓硝酸等介质中不适用。

6) 填料函的尺寸精度、表面粗糙度，阀杆的尺寸精度和表面粗糙度
是影响成形填料密封性能的关键。

4.4　控制阀密封技术

对阀门密封性能的要求，要从防止泄漏的角度出发。根据阀门泄漏
的部位和程度不同，导致其泄漏的情况不同，因此，需要提出不同的防
漏措施。

4.4.1　阀门密封性原理

密封就是防止泄漏，那么，阀门密封性原理也是从防止泄漏的角度
来研究的。造成泄漏的原因主要有两个：一个是影响密封性能的最主要

的因素，即密封副之间存在着间隙；另一个则是密封副的两侧之间存在压差。阀门密封性原理需要从液体的密封性、气体的密封性、泄漏通道的密封原理和阀门密封副四个方面来分析。

1. 液体的密封性

液体的密封性是通过液体的黏度和表面张力来表现的。当阀门泄漏的毛细管充满气体时，表面张力可能对液体产生排斥，或者将液体引进毛细管内，这样就形成了相切角。当相切角小于90°时，液体将被注入毛细管内，此时就会发生泄漏。发生泄漏的原因在于介质的性质不同。用不同的介质，如水、空气或煤油等做试验，在条件相同的情况下，会得出不同的结果。而当相切角大于90°时，也会发生泄漏，这与金属表面上的油脂或蜡质薄膜有关。一旦这些表面上的薄膜被溶解掉，金属表面的特性就会发生变化，原来被排斥的液体就会润湿表面而发生泄漏。针对上述情况，根据泊松公式，可以通过减小毛细管直径和提高介质黏度来实现防止泄漏或减少泄漏量的目的。

2. 气体的密封性

根据泊松公式，气体的密封性与气体分子和气体的黏度有关。泄漏与毛细管的长度和气体的黏度成反比，与毛细管的直径和驱动力成正比。当毛细管的直径和气体分子的平均自由度相同时，气体分子就会以自由的热运动流进毛细管。因此，做阀门密封试验时介质必须使用水，这样才能起到密封的作用，用空气或其他气体则不能起到密封的作用。即使通过塑性变形的方式，将毛细管直径减小到气体分子以下，仍然不能阻止气体的流动。原因在于气体仍然可以通过金属壁扩散。所以在做气体试验时，一定要比液体试验更加严格。

3. 泄漏通道的密封原理

阀门的密封由散布在波形面上的不平整度和波峰间距离的波纹度构

成粗糙度两部分实现。在我国大部分金属材料的单性应变力都较低的情况下，如果要达到密封的状态，就需要对金属材料的压缩力提出更高的要求，即材料的压缩力要超过其弹性。因此，在进行阀门设计时，密封副要结合一定的硬度差来匹配，在压力的作用下，就会产生一定程度的塑性变形密封的效果。如果密封表面都是金属材料，那么表面不平整的凸出点就会最早出现，在最初只需要用较小的载荷就可以使这些不平整的凸出点产生塑性变形。当接触面积增大时，表面的不平整就会变成塑性-弹性变形。这时，处于凹处的两面就会存在粗糙度。应施加能使底层材料产生严重塑性变形的载荷，以使两表面接触紧密，并且应沿着连续线和环向方向施加载荷。

4. 阀门密封副

金属密封面在使用过程中容易受到介质腐蚀、颗粒磨损、汽蚀和冲蚀等的损害。如果磨损颗粒的尺寸比表面不平整度小，在密封面磨合时，其表面精度就会得到改善，而不会变差；相反，则会使表面精度降低。因此，在选择磨损颗粒时，要综合考虑其材料、工况、润滑性和对密封面的腐蚀情况等因素。在选择密封件时，应综合考虑影响其性能的各种因素，这样才能起到防止泄漏的作用。

4.4.2　影响阀门密封性的主要因素

影响阀门密封性的因素很多，主要有以下几种。

1. 密封副结构

当温度或密封力改变时，密封副的结构就会发生变化。这种变化会影响和改变密封副之间的作用力，从而使阀门的密封性变差。因此，在选择密封件时，一定要选择具有弹性变形的密封件。同时，应注意密封面的宽度。这是因为密封副的接触面不可能完全吻合，当密封面宽度增加时，就要加大密封所需要的作用力。

2. 密封面比压

密封面比压的大小影响着阀门的密封性和使用寿命。因此，密封面比压也是非常重要的影响因素。在其他因素相同的条件下，比压太大会引起阀门的损坏；比压太小，则会造成阀门泄漏。

3. 介质的物理性质

介质的物理性质也影响着阀门的密封性。这些物理性质包括温度、黏度和表面亲水性等。温度变化不仅影响着密封副的松弛度和零件的尺寸，还与气体的黏度有着密不可分的关系。气体黏度随着温度的升高或降低而变化。为了减少温度对阀门密封性能的影响，在进行密封副设计时，应将其设计成弹性阀座等具有热补偿性的阀门。黏度与流体的渗透能力有关。在相同条件下时，黏度越大，流体的渗透能力就越小。当金属表面有一层薄膜时，应去掉这层薄膜，因为这层很薄的油膜会破坏表面的亲水性而堵塞流体的通道。

4. 密封副的质量

要提高密封副的质量，需要从材料的选择、匹配和制造精度上进行把关。例如，阀瓣与阀座密封面很吻合时，能够提高密封性。

第5章

控制阀的典型失效形式及其诊断和检测

5.1 控制阀的典型失效形式

球阀因具有启闭迅速、操作方便、流体阻力小、密封性好及可靠性高等优点，被广泛应用于石化行业，特别是煤化工领域。煤化工管路中的原料介质通常具有腐蚀性，并且包含硬质颗粒，因此，应选用耐蚀、耐磨损且温度适用范围宽的材质作为球阀的金属硬密封材料，这类球阀是借助自身预紧力和流体压力的双重作用，使球体与阀座紧密接触来实现密封的，密封失效时将产生内漏。除此之外，典型的失效方式还有涂层脱落、拉伤、塑变、卡涩等。

1. 涂层脱落

涂层在阀门的正常使用中起着重要作用。首先，涂层有效减少了阀座和阀芯的磨损，通过添加耐磨的涂料，可以避免阀芯和阀座金属间的直接接触磨损，延长阀门的使用寿命。其次，阀门在实际使用时，中间流通的介质具有不同的化学特性，介质直接接触金属阀芯或者阀座时会发生化学反应，侵蚀金属，从而降低阀门的使用寿命。使用耐腐蚀或者耐高压的涂料可极大地保护过流部件，延长阀门的使用时间。

但是，在长时间使用过程中，阀芯与阀座内壁会因摩擦导致涂层受损甚至脱落（图5-1），使涂层对阀内件的保护失效，在后续使用中腐蚀和磨损情况会加重，最终导致阀门彻底损坏。

图5-1　硬化涂层脱落

2. 拉伤

在实际使用过程中，密封结构的失效有可能导致阀杆与上密封部位进入硬质金属碎屑，当阀杆转动时，与其配合动作的上阀座环内壁和填料隔套很容易发生划伤。拉伤多出现在阀芯和阀杆附近，如图5-2所示。造成拉伤的常见原因如下：

1）在复杂工况下，阀座密封面因受外力冲击而产生压痕，导致细小的硬质合金碎屑脱落，并进入阀杆与上阀座环和填料隔套的间隙中。

2）阀杆的径向跳动量过大，弯曲的阀杆进一步与阀座、填料隔套及填料压盖发生严重的磨损。

3）配合间隙问题。阀杆与其他密封件的配合间隙，尤其是与上阀座环的配合间隙过小，杂质落入并与阀杆剧烈摩擦，长时间将导致拉伤。

4）当阀体水平安装时，较重的阀板会对阀杆额外施加一个向下的力，在个别恶劣工况下，有可能导致阀杆发生疲劳，并使阀杆与上阀座环、填料隔套、填料压盖之间的间隙变小，造成摩擦力增大，而进入间隙的细小碎屑也不容易从水平方向落出。

5）自动控制装置的设计或安装不当。常见的情况有电动操作结构与原阀门配合不当；装配的电动机构轴心与原蜗杆装置不同心，容易导致阀杆弯曲；调试过程中，由于电动装置转速过快造成阀门发生过开或过关，或因电动装置转矩过高，在阀门全开或全关时，在阀杆或阀座上施加了额外的不平衡力，给阀门带来不良影响甚至造成损毁。

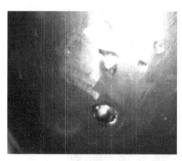 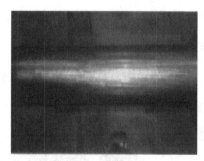

a) 阀芯拉伤　　　　　　　　　　b) 阀杆拉伤

图 5-2　拉伤

3. 塑变

塑变失效是指因外力过大，超过阀体可承受的外力阈值，导致撤掉外力后变形无法恢复，使阀体的某些重要部件变形，如图 5-3 所示。

产生过大外力的原因有很多，如阀内液体压力过高，阀内弹簧压缩后难以恢复，导致阀控制行程不完整，失去阀的控制作用；阀装配不当，在使用过程中密封圈发生变形，阀口挤压难以恢复，导致密封失效；阀

a) 密封面变形   b) 曲柄销轴锈蚀变形

图 5-3 塑变

零件腐蚀严重，外力阈值降低，发生变形；异物堵塞，阀在开启、关闭时也会产生塑变。

4. 卡涩

控制阀卡涩，常表现出流量变化幅度较大，阀对流体的控制减弱，如调节滞后、调节波动等；如果阀有自动模式，在自动状态下，液体流量难以保持稳定。根据以往经验，造成阀卡涩的原因如下：

1）阀芯异物。有些阀内流经液体黏度过高，或者是固体填料，在长时间停用或流速低的状态下易堵塞，影响阀的工作行程，进而出现卡涩，如图 5-4 所示。

图 5-4 异物堵塞导致阀门卡涩

2）套筒阀阀芯积炭。由于工艺介质中的碳类物质不断在环槽内部积聚，将环胀出，阀笼和环间隙变小，造成控制阀卡涩，相应的工艺变量就会从小的波动变成大的波动。

3）由于阀缺油，导致带注油螺栓的阀出现卡涩。

4）生产过程中填料填充过多或填料过紧造成卡涩。

5）阀杆造成的卡涩。阀杆受损（具体表现为阀杆表面粗糙度值增加、粗细不均匀、弯曲等），影响控制阀的行程，间接导致阀的卡涩；阀杆制造精度差，致使阀杆螺距不一致而造成卡涩。

6）阀内弹簧受损，不仅会造成阀卡涩，同时也伴有剧烈噪声。

7）阀内液体压力突变或者受热不均匀，导致阀体出现不均匀变形，阀座和阀芯之间的单边间隙过小，从而不能满足膨胀要求，造成阀座变成椭圆而引起阀芯卡涩。

8）对于手动蝶阀，手柄复位弹簧失效也是造成阀门卡涩的原因之一；对于电动控制阀，电动头齿轮箱内有硬物卡在齿轮啮合处，也会造成阀门卡涩。

5. 内漏

在启闭件与阀座密封面接触处发生的泄漏称为内漏。发生内漏后，在阀门关闭时，管路中仍有介质流通，使阀门失去了介质阻断能力。在填料与阀杆和填料函结合处发生的泄漏，以及阀体法兰连接处的泄漏称为外漏，发生外漏后，介质会从阀内部泄漏到阀外。阀门泄漏会给管线正常流通和安全生产带来不良影响，因此，对可能导致阀门产生泄漏的故障采取预防措施具有重要意义。导致阀门内漏的故障原因通常有以下方面：

1）阀门的球体、阀瓣和阀座等部件加工制造精度不达标。金属硬密封需要依靠较高的加工精度和配合精度，并在一定的压紧力下实现，其中任何一个因素出现问题，都将引起密封失效。若阀门组件加工制造质量差，球体、阀瓣、阀座等部件表面不平整，将导致组装后密封件无法紧密结合而产生泄漏。

2）阀门组件装配不合格。阀门装配未严格依照技术规范的要求，压力和泄漏检测不达标，导致阀门使用过程中出现内漏。

3）阀门运输和装卸过程中，由于处理不当而遭受较大外力冲击，造成阀体损伤、阀杆变形、密封件不紧密或错位，也有可能导致阀门内漏。

4）阀门完成进场检验后两端法兰不再重新密封，若保护措施不够，有硬质碎屑进入阀门并在启闭过程中划伤密封面，也会导致密封不严，这种情况对于软密封阀门影响更大。

5）阀门安装方向错误引起内漏。对于一些要求水平或垂直方向安装的阀门，若安装方向不正确，也会引发内漏。

6）软密封阀门内漏。软密封阀门多选用聚四氟乙烯作为密封材料，但其硬度较低，在阀门启闭过程中，管线中的杂质容易划伤或镶嵌到密封面上，造成阀门内漏。

7）密封脂或润滑脂的添加量不够、添加方式不合理，密封脂或润滑脂型号选用错误等，会造成滑动接触面缺少润滑而严重磨损，或密封不严而发生内漏。

8）阀门的仓储环境或安装环境差，引起阀座锈蚀、内部弹簧失效，致使阀座和球面不能紧密贴合而发生内漏。

9）阀门自动控制装置限位不合适或因误差导致阀门关闭不到位，而引起内漏。

10）软密封阀门的阀瓣与阀座不平行、阀座表面凹凸不平等自身原因，也有可能导致内漏发生。

6. 磨损

磨损是指基体表面由于一种或几种机理造成表面物质流失，具体分为摩擦磨损、粘结磨损、腐蚀、汽蚀、疲劳屈服以及接触磨损。其中，粘结磨损是被磨面的物质被摩擦面机械粘结而造成物质流失；接触磨损主要是配合面在切向上的振动引起的破损造成物质流失。其余磨损机理比较容易理解，此处不再一一赘述。

为了减少磨损，通常采用的工艺手段是热喷涂，具体工艺有等离子喷涂、超音速火焰喷涂、等离子堆焊、电弧喷涂、火焰喷涂和激光融覆等；还有一些其他的手段，包括表面渗硼、表面渗氮、电镀处理以及碳化钨烧结等。其中大部分工艺都围绕着被保护面上的附着涂层的凝固机理和物理特性而展开，这种研究主要着眼于涂层抗磨损能力，以涂层内部机理为考虑重点。

5.2　故障诊断过程

阀门故障的诊断，首先需要测量阀门在系统运行条件下的状态信息，随后对测量所得数据进行处理分析，结合阀门正常工作状态时的信息，判断阀门是否出现异常，进而决定是否需要采取相应的维护策略。阀门故障诊断工作的技术流程主要包括：阀门运行状态信号的采集与传输、状态信号数据的处理与故障特征信息的提取、阀门故障原因分析及维修方案的制定。故障诊断过程按顺序分为信号获取与传感、信号处理与分析、故障机理与征兆和智能决策。

5.2.1　信号获取与传感

运行状态信号的识别和获取是阀门故障诊断的首要任务，阀门诊断信号需要借助智能定位器进行获取，智能阀门定位器可以测试读取阀门响应时长、行程、弹簧刚度、摩擦力、控制信号和 I/P 转换等参数。通过这些信号数据，可以判断阀门工作状态是否正常。若阀门未安装智能定位器装置，为了获取上述参数信息，则需另行安装相应的传感测试装置，如在阀杆上贴应变片或安装精度稍低的钳形推力传感器，来测量阀杆的扭矩或推力。对阀门电动控制装置参数的测量，通常需要拆开电动装置，并将电流、电压、力矩、行程等相应传感器接入。

对于阀门内漏的检测，目前比较通用的方法是声发射检测技术。其测试原理依据为，发生内漏的承压阀门受介质冲击而产生连续的声发射信号，在一定条件下，其 RMS 值和泄漏率成正比关系。但声发射检测方法存在一定局限，例如，在阀门承受的压力不高时信号微弱，受噪声的影响较大；此外，阀门泄漏率和 RMS 值的定量比例关系，需要在内漏位置已知的情况下，依据传感器的位置标定来得到，而对于阀门内漏位置随机的实际工况则难以应对。这些问题决定了目前基于声发射的内漏检测技术在实际应用中的局限性。

针对应用于介质温度较高管路系统的阀门，可以在现场通过红外热成像仪对阀门的内漏、外漏和保温层材料的降级进行定性的检测。

5.2.2　信号处理与分析

现场通过传感器采集的信号数据通常含有噪声，不适合直接用于阀门状态分析，必须对原始信号进行处理，提取出特征信号，这是进行合理故障诊断的前提条件。通常传感器采集到的原始信号较弱，在数据分析前需要对信号进行放大，并将原始信号中的噪声滤除。有时，仅从传感器获得的时域信号无法分辨出故障特征，需要将时域信号通过快速傅里叶变换（FFT）转变为频域信号，然后再对转换后的信号进行频谱分析，若发生内漏，则频域信号中会有明显的特征频谱。目前，小波包变换方法被广泛应用于低频信号的处理，有助于对球阀内漏声发射信号进行更好的局部化分析。

5.2.3　故障机理与征兆

阀门发生故障的原因和故障的表现形式是进行故障诊断工作的基础。阀门内漏喷流的噪声源可通过四级子声源来近似表示，并建立阀门内漏喷流速度与喷流强度噪声之间的关系。发生内漏的阀门，其泄漏位置会出现波动压力场并发射湍流声源信号，即阀门泄漏检测的特征信号。对于核电站内电动阀门的即时监测，衡量电动闸阀杆推力的主要参数为阀杆因子，其定义为电动头输出力矩与阀杆推力的比值，即

$$SF = \frac{T_{\mathrm{act}}}{F_{\mathrm{stem}}} = \frac{d}{2} \cdot \frac{\cos\theta\tan\alpha + \mu_{\mathrm{s}}}{\cos\theta - \mu_{\mathrm{s}}\tan\alpha} \tag{5-1}$$

式中　d——阀杆螺纹节圆直径（mm）；

$\quad\quad\ \theta$——螺纹角度（°）；

$\quad\quad\ \alpha$——θ 的一半（°）；

$\quad\quad\ \mu_{\mathrm{s}}$——阀杆摩擦系数；

阀门的材质、滑动和旋转部件的润滑以及管道流体压差的变化都会对阀杆推力产生影响，考虑各因素并进行归一化处理，可以通过阀杆因子表示阀杆推力，阀杆因子的大小与阀杆推力成反比。式(5-1) 中，在阀杆摩擦系数大于 0.2 时，阀杆推力将不会显著减小。

5.2.4　智能决策

阀门故障诊断的智能决策，首先需要准确地获取诊断信息，并对信息

进行分析和处理，然后通过智能专家程序，对阀门工作状态或故障情况做出判断，最终给出故障解决策略。对于阀门的日常运行维护，智能决策系统在提高效率和降低成本方面具有重要意义。以核电站工程为例，在其建设过程中，设备投资总额的大约3.8%被用于阀门部件，而每年阀门部件的维护支出费用占总维修费用的一半左右。目前，人工神经网络技术已经被成功应用于对阀门故障进行分类，基于气动调节阀设计了多层向前人工神经网络故障诊断系统，将阀门死区、动态误差、回差和上下死点设定等作为参数输入，可以判断出阀门排气口堵塞、隔膜泄漏等故障。将人工神经网络技术应用于核电站止回阀故障诊断，通过训练，可以区分由落入异物或阀瓣磨损造成的内漏，并能推断出异物尺寸和阀瓣磨损量。

5.3　典型检测技术

5.3.1　超声波检测技术

当被检测管道或容器等壁面有破损时，超声波就会从破损处传递，尤其是当腔体内外有较大压力差或为流体时，在压力作用下，流体从破损处急速冲出形成湍流，产生振动频率与破损尺寸相关的声波。在另一面，可以利用超声波接收器检测到该超声波，超声波接收器距离破损处越近，检测到的信号就越强。

对于阀门内漏，泄漏产生的超声波频率与漏孔尺寸和阀门内外的压强差有关，当漏孔较大时，在一定距离范围内人耳就可以听到泄漏声；当漏孔很小且超出一定距离时，人耳则听不见泄漏声，而且泄漏还会产生频率大于20kHz的超声波，虽然其频率超出了人耳听力范围，但它们仍然能在空气中传播，通常称其为空载超声波。这种射流噪声具有较宽的频谱范围，其中心频率 $f = kv/d$，其中，k 为热力学参数，v 为泄漏速度，d 为泄漏孔直径。研究表明，发生泄漏时，压力差比泄漏孔径对泄漏喷射速度的影响要大。当压力差增大时，泄漏速度明显增加；而在一定范围内，泄漏孔径的微小改变则对泄漏速度的影响不大。对于阀门内漏，其泄漏产生的声波原理同外漏是一致的，仅是压力差特指阀座与阀芯密封面两边的压力差。综上，阀门内漏和外漏产生声波的原理是相同的，可以采用基于声波的泄漏检测方法，综合检测阀门的内漏和外漏问题。

阀门泄漏综合检测过程中，需要根据检测类型的不同来确定检测位置和检测传感器。外漏检测时，需要采用柔性传感器（图 5-5a），只需测量阀门密封点位置及其附近的环境本底值即可，根据两者的数据差异，来判断阀门是否发生泄漏。内漏检测时，需要采用接触式传感器（图 5-5b），按照图 5-6 所示检测位置，在 A、B、C 三点分别测量声波值，当 B 点的声波值大于 A 点和 C 点的声波检测值时，阀门发生内漏。需要注意的是，测量时传感器应紧贴设备表面，A 点和 B 点与阀门的距离为 1 倍的管径，C 点与阀门的距离为 2 倍的管径。

a) 柔性传感器　　　　　　　　b) 接触式传感器

图 5-5　泄漏检测传感器

5.3.2　声发射检测技术

声发射（acoustic emission，AE）是指材料中局域源快速释放能量产生瞬态弹性波的现象。当材料承受过大的应力时，其内部结构将发生变

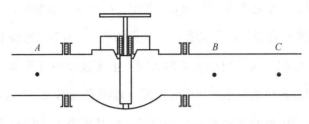

图 5-6　阀门泄漏检测示意图

化，同时引起应力的突然重新分布，机械能转变为声能，这时材料成为声发射源。而在未发生断裂时，形成的弹性波源（如流体泄漏、轻微碰撞、摩擦等）称为二次声发射源。阀门泄漏的声发射信号属于二次声发射源，它具有以下特点：①阀门声发射信号是由泄漏处喷射流体介质撞击管壁激发的弹性波形成的，属于连续型声发射信号；②泄漏声发射信号与流体介质种类、阀门类型、漏孔形状尺寸、内外压力差等因素相关，具有非平稳随机属性。

　　声发射检测是指通过对泄漏阀门的声发射信号进行采集、存储和分析，来进行阀门泄漏状态判断或阀门泄漏量的量化评价。如图 5-7 所示，阀门密封处有流体介质漏出时，伴随发出噪声信号，将声发射传感器置于阀门上采集声波信号，信号数据经过前置放大、滤波、处理后，显示出阀门泄漏状态和泄漏量估算情况，供技术人员进行综合评价。需要注意的是，阀门泄漏检测时测量点的选择对检测结果影响较大，图 5-8 给出了推荐测量点位置。此外，传感器的固定方式、耦合程度和阀门背压等因素也会对声发射信号的检测造成影响。

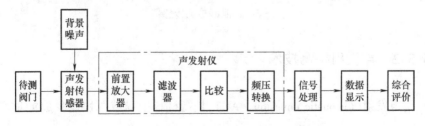

图 5-7　阀门内漏声发射检测原理框图

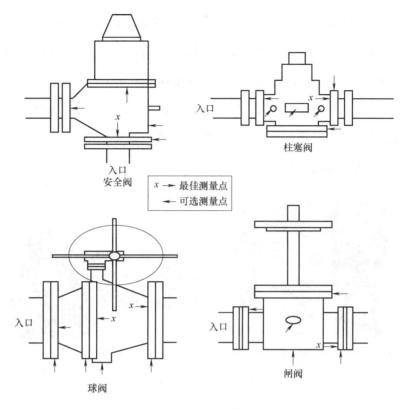

图 5-8　阀门内漏声发射检测的推荐测量点位置

声发射检测方法具有检测快速、可在线动态检测、环境（如高低温、核辐射、有毒性和易燃易爆等环境）适应性强等优点，并且是一种无损检测方法。但因阀门工作环境复杂，内漏的声发射信号极易受到其他噪声信号干扰，对背景噪声的过滤和排除以及泄漏特征信号的识别，一直是阀门声发射检测技术的难点，对检测设备的性能和信号数据处理水平提出了很高要求。

在工程应用设备领域，英国 Score Group 公司、美国物理声学公司（PAC）、日本富士公司和德国华伦（Vallen）公司等在声发射检测技术研发和设备研制方面较为领先。美国 PAC 公司开发了可应用于阀门内漏检测的声发射仪器系列产品，其中 VPAC II 为手持式声发射管线泄漏检测仪，可以测定阀门泄漏位置、泄漏状态，并对泄漏率进行估算，如图 5-9a 所示。

英国 Score Group 公司研制的 MIDAS 阀门泄漏诊断仪（图 5-9b），通过检测识别高频流体噪声来判断阀门是否泄漏，对高于 0.1L/min 的泄漏率均可以检测出；它还可以对阀门的泄漏量进行定量评估，当压差在 5bar 以上时，可以获得更好的检测效果。此外，德国 Vallen 公司的 AMSY - 6 型声发射测试仪器，对信号分辨力、数据传输、滤波和降噪等方面的技术进行了较大的改进升级。

a) VPACⅡ型手持式数字AE泄漏检测仪　　　b) MIDAS阀门泄漏诊断仪

图 5-9　泄漏检测仪

5.3.3　磁粉检测技术

对于铁磁性材料工件，若材料表面或近表面处因存在缺陷而产生了不连续性，当材料被磁化后，磁力线会在局部发生畸变形成漏磁场，从而使磁粉在缺陷处被吸附堆积，在宏观条件下即可目视分辨出对应的磁粉痕迹，并通过经验判断缺陷的位置、形状和尺寸。在进行阀门检测时，施加外磁场磁化工件，如果磁化部位无缺陷，磁力线将形成闭合回路；如果存在缺陷，磁力线则会在缺陷附近发生畸变形成漏磁场，并使磁粉聚集形成磁痕，其检测原理如图 5-10 所示。

磁粉检测法可以较直观地显示出缺陷的位置和大小，但只适用于工件表面及近表面的缺陷检测，且对被检试件的表面粗糙度有一定要求，不适用于工件内部较深处和延伸方向与磁力线方向的夹角小于 20° 的

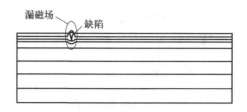

图 5-10　磁粉检测原理图

缺陷。

通常，金属阀门由铸造方法制备，导致其外表面粗糙度值较大，需要经打磨工序处理来满足检测规范要求。但对于发电站等一些特殊领域，较大体积阀门的打磨费时费力，而且对检测人员的技术和经验要求更高，严重限制了磁粉检测技术的应用。

5.3.4　渗透检测技术

渗透检测是基于毛细作用（或毛细现象）和染料在一定条件下发光的现象，进行非多孔性材料表面孔隙缺陷无损检测的一种技术。渗透检测的工作原理是：将含有着色染料的渗透剂喷涂于工件表面，渗透剂由毛细作用渗入表面的细小开口缺陷中；除去工件表面上多余的渗透液，经干燥后，再在工件表面施加显像剂，缺陷中的渗透剂通过毛细作用渗出到显像剂中，形成宏观可见的放大缺陷显示，这样就可检测出缺陷的位置和分布情况。

在进行阀门检测时，需要先用清洗剂（酒精等易挥发且无腐蚀性的有机溶剂）将待检测阀门表面清洗干净，然后在待检测表面均匀喷涂渗透剂，静置 5min 后用专门的清洗剂去除表面多余的渗透剂，最后在待检测表面喷涂一薄层显像剂，借助显色作用即可观察到缺陷（通常为红色）。渗透检测原理图如图 5-11 所示。

渗透检测技术的优点是，操作过程简单、显示直观，对操作人员要

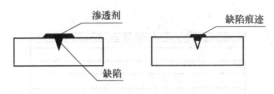

图 5-11 渗透检测原理图

求不高，不受被检测工件形状和尺寸的限制，检测成本低，适用范围非常广泛。其不足之处主要是，只能对表面开口缺陷进行检测，无法确定内部缺陷的状态，且不适用于多孔材料和表面粗糙度值较大工件的检测。

5.3.5 射线检测技术

射线是由放射性的原子、中子和电子等粒子在能量交换过程中发射出的，具有一定能量的粒子束或光子束流。射线与可见光在本质上并无区别，只是射线的粒子束能量远高于可见光。射线相较于可见光具有更强的穿透能力，并且穿透物体时会与物质相互作用，发生复杂的物理化学变化，可以使物质发生激发、电离、光化学反应等。如果工件存在缺陷，则会在局部区域引起穿透射线强度的变化，利用这一原理，可以借助感光胶片来进行工件缺陷的检测，判断缺陷的具体形状、尺寸和位置。射线检测基本原理的关系式为

$$\frac{\Delta I}{I} = \frac{-(\mu - \mu')\Delta T}{1 + n} \tag{5-2}$$

式中　$\Delta I/I$——物体对比度；

　　　I——射线强度；

　　　μ——线衰减系数；

　　　ΔT——射线照射方向上的厚度差；

　　　n——散射比。

由式(5-2) 可知，若在射线照射方向上工件存在一定尺寸的缺陷，并且缺陷与工件基体的线衰减系数存在差异，则将散射比控制在一定范围内，就可以获得由内部缺陷反映出的对比度变化，即可以检查出缺陷。

射线源发出的射线穿透工件时，由于缺陷与基体的衰减系数不同，会导致底片接收到的射线强度出现差异，从显影后的底片上通过对比度差异即可观察判断工件是否含有缺陷。射线检测原理图如图 5-12 所示。在底片上可以直观地查看分析射线检测结果，大多数存在一定空间体积的缺陷（如气孔等）都可以采用该方法进行检测，但是对于形状不规则的细小裂纹，则不太适合采用射线法检测。

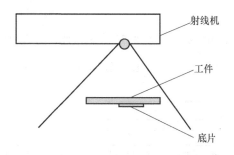

图 5-12 射线检测原理图

5.4 性能评估和故障诊断技术

5.4.1 性能评估和故障诊断技术概述

随着工业生产水平的进步，对产能提高和人力成本节约的要求越来越高，同时对生产设备智能化的需求也更加迫切。在专业化的制造企业中，总体发展趋势为设备规模不断扩大，设备功能呈现多元化；在提升效率的前提下，还要严格控制产品质量。设备经过长期运行后，难以避免老化的问题，设备的老化会导致其使用寿命降低，故障率将随之增加。

但系统中的关键设备不同于其他设备，关键设备一旦发生故障，不仅会影响设备和系统的正常运行，还可能导致生产事故发生。因此，有必要对系统中关键设备的状态进行评估和监控。通过对设备的性能评价和有效监测得到的大量数据，对设备的可靠性和潜在故障进行分析和评价，达到故障诊断的效果。设备性能评估和故障诊断技术是在设备性能退化的过程中，及时发现性能退化和早期故障，以完成故障排除或预防，防止设备发生异常故障的技术。

故障诊断技术的关键和核心是对设备性能参数数据的处理与分析，以便在重大故障发生之前及时排除潜在故障，保证设备可以长期稳定地健康运行。

设备性能评估和故障诊断方法主要有三种：①基于物理模型的方法；②基于定性经验知识的方法；③基于数据驱动的方法，如图 5-13 所示。

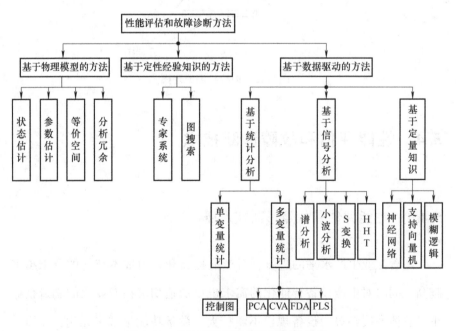

图 5-13　性能评估和故障诊断方法分类

1. 基于物理模型的方法

基于物理模型的故障诊断方法是指，将故障相关的因素参数化，并抽象构建出数学模型，通过系统的物理参数来描述故障模式。这种方法最初源于应用裂纹扩展模型来预测轴承裂纹尺寸和诊断轴承寿命，在此理论基础上，将正态随机变量函数引入模型中，从而获得随机滚动增长模型。基于物理模型故障诊断方法的准确性较高，但相应也对所需物理参数的可靠性和建立数学模型的精确性提出了极高要求，这使其在复杂设备和系统中的应用受到了一定的限制，并不适合在实际工业生产领域广泛应用。

2. 基于定性经验知识的方法

基于定性经验知识的故障诊断方法一般分为两类：有向图法和专家系统。有向图法也被称为图搜法，其算法过程是首先以图中某个顶点 V 起始，依次访问 V 点的相邻点或未被访问的附近点，逐步实现对全图的搜索，直到图上所有和 V 点路径相关的顶点都被访问为止。若此时图中还存在未被访问的顶点，则选取该顶点作为起点，同样执行以上步骤，当图中全部顶点都被访问时停止执行程序。专家系统是基于大量专业学术理论和实际技术经验形成数据库，并针对特定情况进行分析推理和做出判断的故障诊断系统。专家系统对相关领域技术经验的积累量和可靠性有较高要求，这也决定了要保证专家系统诊断的有效性和准确性，需要水平较高的资深专家参与，这种较高的门槛限制了专家系统的广泛应用。

3. 基于数据驱动的方法

以上两种故障诊断技术在许多企业中很难实现，目前较为实用的一种方法是，考虑企业自身情况和特点进行数据分析，即基于数据驱动的方法。对于企业而言，了解和掌握各生产环节设备的日常运行状态信息非常必要，如何通过合适的检测手段获得有价值的设备运行数据，便成为故障诊断技术亟须解决的问题。传感测试技术和设备的逐步发展，在很大程度上促进了基于数据驱动的故障诊断方法的推广和应用。基于数据驱动的故障诊断技术因分析依据和方法不同，一般可以分为三类：基于信号分析的故障诊断、基于统计分析的故障诊断和基于定量知识分析的故障诊断。

5.4.2　控制阀性能评估和故障诊断设备研发现状

控制阀性能评估和故障诊断技术起步于发达国家，目前在设备稳定安全运行要求较高的场合已经被广泛应用，随着传感测试技术和设备的不断发展，控制阀故障诊断设备也在逐步更新升级。本节主要针对控制阀性能评估和故障诊断设备进行简要介绍。

美国艾默生电器公司下属的费希尔阀门有限公司主要开展控制相关业务，相关系列产品有直行程控制阀、数字式阀门控制器、数字式液位控制器、球阀、蝶阀、蒸汽调节阀等，并配套有 AMS Valve Link 软件；此外，还提供仪表的现场安装调试和替换服务。

费希尔阀门有限公司在 1990 年开发的控制阀检测诊断系统 Flow Sorn 非常成功，为其在该领域长期处于领先地位奠定了基础。目前，其 FIELDVUE 型设备的配套软件为 AMS Valve Link（图 5-14），该系统可对安装的阀门进行精确的调试、校准和诊断；并且能实现控制阀工作状态和性能的远程实时在线监控，便于第一时间发现阀门或管线故障，及时采取措施保证系统稳定安全运行。这套系统可以应用于气体泄漏诊断，并可对阀的摩擦、时滞和死区进行动态测量，同时能够对故障的严重程度做出评价，并提供相应解决建议。该系统提供了良好的人机交互功能和方式，可依据操作人员的要求，按不同的时间周期（日、周或月）进行自动检测，并可以通过电子邮件、短信息等方式发送设备异常警报通知。

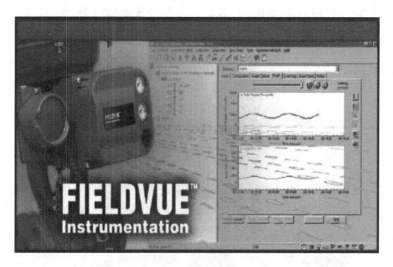

图 5-14　AMS Valve Link 软件

美国克瑞（CRANE）公司是一家综合工业技术产品制造商，其产品涉及多个工业领域，作为其分支机构的克瑞阀门公司，生产和销售多个系列型号的阀门产品并提供相关配套服务。早在 1985 年，克瑞阀门公司就研制出了便携式控制阀诊断设备，随后始终在该领域保持领先地位。随后，该公司又开发出 VIPER 20 诊断系统，其组件包括一部配置有 20 个通道的信号采集器以及相关配件和电缆等，可以对电动阀、气动阀、止回阀和电动机进行测试诊断。

在 2013 年，该公司推出了新型号的 VOTES® Infinity 系列诊断设备，在原有功能上进行了升级，其信号采集设备如图 5-15 所示，升级后的硬件具有以下特点：

1）配备 12 个输入/输出端口，可以实现 24 个通道（每个端口 2 通道）同步数据采集处理。

2）传感器的接口简单且通用，能够快速链接，并确保了传输的精准性。

3）能进行有线或者无线的数据传输。

4）由一块锂电池供电，可保证设备至少连续运行 3h。

5）外壳结构强度高，内置配件布局紧凑，达到 IP56 防水等级，耐用性优良。

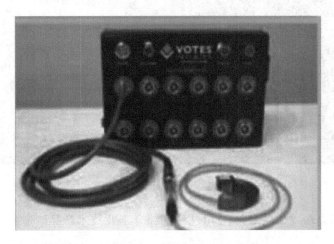

图 5-15　VOTES® Infinity 控制阀诊断设备

　　其在配套软件方面也进行了更新升级，信号数据处理系统更加智能化和人性化，可以自动识别和匹配采集的信号类型，节省了操作时间，并避免了人为误操作问题。此外，其人机对话界面的友好性也有较大改善，增设了自定义功能和模拟预测功能，提高了软件的可用性，还可以对被测控制阀提供预诊断服务。这套系统在很大程度上减少了人为操作，也避免了相关误差的引入，有利于提高测试效率和准确性，代表了控制阀诊断系统未来的发展方向。

　　此外，有必要介绍一下美国 TELEDYNE 分析仪器公司，与前面两家公司的不同之处在于，TELEDYNE 公司不涉足阀门制造行业，仅致力于研制分析仪表。该公司的仪表产品应用领域广泛，可以为各个行业输送管线提供气体和液体介质检测仪表。虽然其未开发专门的控制阀故障诊断设备，但其研制的 QUIKLOOK 系统配备相应部件后可以组成 QUG 设备，可以进行许多设备工作信息数据的采集，被认为是阀门故障诊断信息的基础，对这些数据进行分析和处理，即可实现阀门故障诊断。TELEDYNE 公司在 2013 年开发了基于 Window7 操作系统的 QUG7 设备，提高了信号采集和处理精度，并改善了系统的可操作性和可靠性。

以上对控制阀故障诊断行业内的先进测试设备进行了介绍，故障诊断技术的进步离不开基础理论的发展和测试设备的开发。目前，国内控制阀故障诊断技术水平与发达国家之间仍有较大差距，受制于国外同行的核心技术垄断和封锁，国内故障诊断技术尤其是高端设备系统的研发长期处于落后水平。但随着我国工业体系的不断发展，各领域的技术已经开始接近或达到国际领先水平，国外企业的垄断收益也在逐渐缩小。国内一些具有前瞻性和研发实力的公司，在面对竞争的同时，也在不断摸索并逐步完善自身而迎头赶上。

第6章

控制阀智能制造质量工程

6.1 多品种、小批量生产方式下的质量控制

在先进制造环境下，生产方式发生了由大批量生产转为多品种、小批量生产的变化。这种变化使控制图所依据的大样本条件的理论依据发生背离，在这种情况下，如何应用控制图，使这种经典质量控制技术的精髓也能为个性化生产所用，具有重要的意义。

由于多品种、小批量生产，在相同状况下加工同一规格的零件数目有限，如果直接按传统的统计过程控制（SPC）方法，仅把监视的对象着眼于零件的加工质量特征上，则很难保证统计所需的样本容量。为此，人们认为SPC方法不适用于这一环境下的质量控制，而应该从其他途径加以考虑，如采用高精度的自动化柔性加工设备，或直接分析加工误差来减少加工系统的不稳定因素。但毕竟失去了SPC方法的优点。

6.1.1 多品种小批量生产组织的复杂性

随着市场竞争的加剧，大部分制造企业都采用了多品种、小批量、定制化设计、供需协调、按订单准时生产和交付的制造模式，其复杂性特点如下：

1）反复性。订单产品规格的可变，导致零部件采购的多次反复；产品设计需反复分析，多次计算验证；排产方法依赖于试错过程的临时纠正；管理控制需采集每次反复所生成的信息和多版本数据，按照统一的规则加以综合决策。

2）多变性。产品设计、部件设计、使用材料和工艺参数设计多有约束及变更，进而延伸到整机产品的多次试验；需要建立随变更活动而发生的知识提炼机制和相应的知识管理机制，以促成变更带来的进化和创新成果。

3）交叉性。不同专业、不同分工的人员间的作业相互交叉，连带的数据文件、设计模型和采购订单内容不断修改；需引入智能识别技术，辨识并汇集出新的实体数据，以此消除因交叉作业而带来的产品质量退化；需引入机器学习技术，提取交叉性知识和关联性规则，促进不同专业人员向多专业自适应方向发展，创新技术协同机制。

4）异步性。上述"三性"导致本应并行的不同作业流程之间不能同步，其影响在底层的工艺执行过程中最为显著。为此，需在数字化车间既有基础上引入"观察器"，形成自底向上的闭环反馈系统，实现流程工业过程那样的实时感知、精准调控。

为此，需引入信息物理系统（Cyber – Physical Systems，CPS）技术，实现制造工程系统的实时感知、动态控制和信息服务。CPS 实现了计算、通信与物理系统的一体化设计，可使系统更加可靠、高效、实时协同，具有重要而广泛的应用前景。

6.1.2　引入工业 4.0 理念

更新生产过程周期管理技术，保证企业始终达到既高精又稳定的制造成熟度。为此，今后的制造企业，其生产过程的特点是不同时间长度的四个生命周期，即产品设计生命周期 L1、制造技术生命周期 L2、过程规划生命周期 L3、订单生产生命周期 L4 并行。

该"四生命周期"理念的提出，是对传统并行工程的补充，能够有效避免由于信息滞后造成的事后返工，显著提升离散制造企业的生产过程能力。这是因为只有前三个生命周期（产品设计、制造技术、过程规划）得到可靠的执行，第四个生命周期——订单生产才可以开始，即订单生产周期需要完整、有效的 IT 系统对前三个生命周期过程的数字化服务和信息系统进行支持。据此，四个生命周期的各时间点才能通过各信息系统功能统一到分布式生产过程管理时间轴上，按统一时间运作。

吴忠仪表的四生命周期模型如图 6-1 所示。

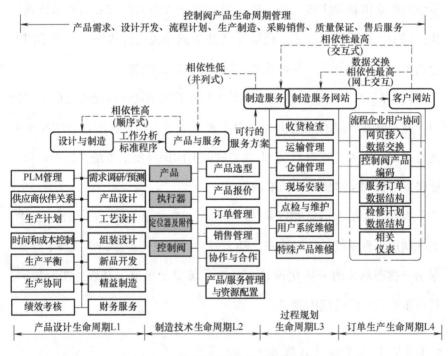

图 6-1　吴忠仪表的四生命周期模型

6.1.3　完善生产物流系统

对于成熟的制造企业，其生产过程的推进依靠的是对物流的深度管控。虽然工业机器人 + 自动物流设备（AGV）得到了应用，但是，还需要进一步解决以下问题：

1）AGV 必须能够更深入整合到既有生产过程之中，而不应局限于工件运输，如物流应与工艺、质量、时间进度相融合。

2）AGV 应与自动化系统有效整合，直接配合机械臂作业，以减少手工物流。

3）AGV 设备还应有接口与异构计算机数控系统（机床的）相集成，参与到工装替换等底层操作之中，进一步挤压物流时间。

6.2　智能制造技术优化质量控制方法

制造工厂或车间的智能体征体现在：制造车间具有自适应性，具有柔性、可重构能力和自组织能力，从而支持多品种、多批量和混流生产；产品、设备、软件之间实现相互通信，具有基于实时反馈信息的智能动态调度能力；建立预测制造机制（可见异常：设备停机、质量超差；不可见异常：设备性能衰退、制造过程失控），可实现对未来的设备状态、产品质量变化、生产系统性能等的预测，从而提前主动采取应对措施。

6.2.1　基于质量变差的分析方法

在制造过程中，在对过程输出的产品逐个进行测量时，会发现测量值存在波动，这种单个产品质量特性值存在的波动（或差别）称为变差。造成变差的原因可分为两类：普通原因和特殊原因。

（1）普通原因　普通原因又称偶然原因、随机原因，其造成的变差称为固有变差。普通原因有以下特点：

1）存在于任何过程中。

2）难以利用现有技术加以控制。例如，对于切削过程中由刀具磨损引起的尺寸改变，需要采用专门的刀具磨损补偿技术。

3）对过程的影响轻微且不确定。在实际过程控制中，约有85%属于固有变差。如果其不满足要求，则需要采取系统措施、管理措施，以便于纠正，其责任在管理人员。

（2）特殊原因　特殊原因又称可查明原因、非随机原因，是指造成始终作用于过程的变差的原因。出现特殊原因时，将造成整个过程的分布发生改变。

普通原因和特殊原因所引起的变差叠加为总变差。当出现特殊原因时，过程将不稳定，很可能会导致总变差大于公差。

就质量控制而言，目前对产品采用两种测量方法：一种是用直读式的测量仪来测量，直接得到某质量特性的测量值；另一种是用判读式测量仪来测量，只能得到某质量特性是否符合或不符合要求的结果。由于使用的测量仪不一，因此所得测量值的类型也不一，可以分成以下两类：

1）计量型数据。由直读式测量仪所得，如利用游标卡尺或千分表测量，其数据是连续的。

2）计数型数据。由判读式测量仪所得，如利用通止规测量，其数据是间断的。

6.2.2　基于大数据的质量控制

大数据的基本特点是具备4V，即规模性（Volume）、多样性（Variety）、高速性（Velocity）和价值性（Value），这是目前人们形容大数据时用得最多的，也是比较公认的大数据特点描述。

1. 大数据分析

大数据分析技术体系包含四个方面，即业务流程、业务实体、元数据规范、关键技术等，该体系以制造企业的业务展开大数据分析。

制造企业的智能化主要体现在虚实结合的数字化工厂，数字化工厂可以看作由数字化模型、方法和工具构成的综合网络，它是将信息技术、自动化技术、虚拟仿真技术、管理技术等应用于企业运行中，实现多层次业务、多视角信息的高度集成，实现生产运行自动化和智能化，支持动态环境中的快速变化和精准决策。

2. 6M + 6C

6M + 6C 的智能制造系统设计理念，由李杰教授于 2012 年 6 月 12 日在德国梅赛德斯-奔驰（Mercedes Benz）博物馆举办的 FORCAM 研讨会上所做的主题报告中最早提出，并于 2012 年 8 月 12 日在美国国家科学基金会"未来制造业论坛"上的主题报告中做了系统性阐述，随后公开发表于《Manufacturing Letters》期刊中。6M + 6C 的智能制造系统设计理念被我国多家媒体和众多学者在不同场合报道和引用，但是大多数人只看到了这个观念表面的新颖性，却并没有非常深入地对其进行研究和实践。

6M 是指将生产过程中深度涉及的质量大数据集中于六个方面，分别是材料（material）、装备（machine）、工艺（methods）、量测（measurement）、维护（maintenance）、建模（models）。

本书给出了基于 6M 理论的生产过程质量控制-大数据系统框架，如图 6-2 所示。

6C 是指生产过程底层的数据感知要素。通常，传感器只能解决数据来源问题，而不对数据加以分析是产生不了价值的。那么，为了使传感器、设备、群体乃至社区网络等之间的连接更有意义，到底该如何获取数据并从数据分析中萃取洞察力和新价值呢？这就离不开"6C"，即：

connection——连接，涉及传感器和网络、物联网等。

cloud——云，即在任何时间按需获取的存储和计算能力。

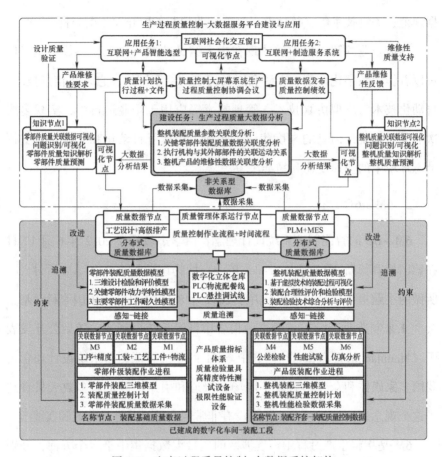

图 6-2 生产过程质量控制–大数据系统架构

cyber——虚拟网络，包括模型与记忆等。

content/context——数据内容与来源背景，包括相关性、含义、决策等。

community——社群，包括交互、分享、协同等。

customization——定制化，即个性化的服务与价值。

6.2.3 抑制过程波动

由于产品品种差异大且存在需求数量比例的波动性，会引发生产能力的不平衡，导致生产过程质量出现波动。

对此，应采用基于约束管理的推拉结合的生产计划控制技术来均衡生产过程的波动；引入自动检测和自动运输技术，适时捕捉生产过程中的实时状态；通过决策中心优化过程调度，调整车间生产人员和任务时间，保证生产与物流的进程同步。作为控制手段，可通过各个数字化工位的时间管理软件来自动记录产品的质量状态数据，分析和协调各个工位的生产进度。

造成生产过程质量波动的主要原因如下：

1）生产者对生产资源需求的变化。

2）生产系统会不时地出现微小错误。

3）制造执行系统等应用软件在与各个工位、人员和物流设备实施交互时会有错误发生。

4）生产过程的串行/并行进程，在不同时间段也会发生波动。例如，下游的需求波动会给生产资源带来紧张或闲置的局面，这可能会直接导致生产过程质量数据的波动。

这些问题往往会基于可靠性维护机制而不主动干预生产过程。因此，实际的生产过程资源会出现时而紧张、时而闲置的情况，从而导致波动要素的积累；一些决定生产过程质量的贵重资源往往数量不足，在并行生产过程中出现瓶颈，加之生产者的自身状态（生理的或心理的）存在波动，从而造成质量波动的累加，导致生产过程质量控制经常滞后。

1. 多级的生产过程数据

生产过程的并行和串行活动，是以其所在时空环境中的单级数据和多级数据来表现的。其中，基于远程监造/互联网平台，顾客应该能够感知到重要的质量数据子集，这种单级/多级的质量数据过程如图 6-3 所示。

图 6-3 隐含着一个道理，即质量的本质是隐藏于现象之后的，质量是通过现象来表现的。要认识本质，只有通过对现象的感知，然后经过一番思维过程（也是心理过程），去粗取精、去伪存真，由此及彼、由表及里，分析演绎，综合判断，才能把握。

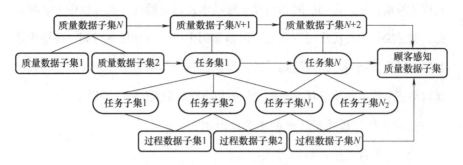

图 6-3　生产任务及其质量数据的过程感知模式（串行/并行）

然而，顾客要进行这样的感知，必须具备相应的前提条件：

1）顾客要能够直接接触产品，为其观察、感觉和体验提供机会。

2）顾客对产品要有相关的知识，才会知道产品的形状、体积、位置、色彩、声音、气味、滋味、温度等现象哪些与质量直接相关，需要去观察、感觉和体验。

3）顾客的感觉器官要能够感觉产品的形状、体积、位置、色彩、声音、气味、滋味、温度等。如果某项感觉器官有问题，不能感觉，或者感觉误差太大，则很难把握。

4）顾客如果不懂得或不能够借助相应的设备仪器，就不能真正感觉产品的某些特有现象。

据此，企业必须设法改进质量的认知过程，强化感官的作用，否则不管配置多少检测设备，不管配置的检测设备多么先进，不管检验人员经过多少培训，依然可能发生错检、漏检等问题，对顾客来说，感知偏差、感知错误存在的概率更大。

质量不是产品的表面现象，而是产品的特性，是产品的一种性质，与产品的本质相关联。这提示企业应当尽可能为顾客提供感知的条件，尽可能让顾客直接接触产品，尽可能普及相关产品质量知识，尽可能为顾客提供相应的观察、感觉和体验所必需的设备、仪器。如果企业对自己提供的产品质量具有信心，越是帮助顾客进行感知，越能赢得顾客信任，也就越能获得竞争力。

2. 多级数据导致的生产过程波动

波动（variation），是指任何两个事物（或进程）的时间没有同步、相互间作用发生的时间没有规律。波动是客观现实和无法回避的工业事实。离散制造过程中各个产线、工位所生成的多级质量数据十分繁杂，质量数据生成时间、工艺过程进度时间、过程事件处置时间以及设备/物流切换时间"各自为政"，构成了自在的、无规律的时间运行模式，从而导致质量事件发生，质量事件处理的时间没有固定模式，致使生产系统内部出现无规则的"启动→运行→转换→停止→再启动"的过程波动。

在产品制造过程中，波动是实现质量控制的大敌，一切质量活动的目的都是削减波动和持续改进。制造过程质量波动对产品的装配、性能和使用寿命等具有重大影响，持续度量、识别和控制波动是质量管理的重要任务。仅仅依靠操作者的知识和经验来识别波动源变得非常困难。

特别是控制图显示每一质量特性均受控，但多个质量特性非线性耦合、交联引发系统质量波动过大并导致质量问题。

由于缺乏波动源分析方法支撑工具，很多问题因根本原因排查困难而得不到及时、有效的解决，从而影响企业生产交付任务的完成。

研究和建立多元非线性指标的波动源识别方法是一个非常重要的工程问题。

识别多元非线性情况下影响产品制造过程的关键质量特性的主要波动源，可以为企业采用集成化的波动管理方法系统性地削减和控制制造过程的质量波动、改善产品质量与提升可靠性水平，提供定量化决策支持工具。

3. 局部质量影响全局质量

局部性的行为模式，是由人类解决问题的方式本身带来的。

质量控制的实践经验表明，生产过程的各个局部的质量，是决定整个生产过程质量的要素，生产过程的所有部分的质量，是实现生产过程质量控制的基础要素。可见，探索生产过程不同时间段的波动规律，是质量控制的根本目的。

6.2.4　数据采集

生产过程数据有不同的采集方式，对不同类型数据的采集可以并行地进行，故数据采集应按照生产过程任务的特征实施并行采集。本书参考 GB‑T 19114.44—2012《工业自动化系统与集成　工业制造管理数据　第44 部分：车间级数据采集的信息模型》，构建了吴忠仪表数字化车间质量控制项目的数据采集系统，其基本结构如图 6-4 所示。

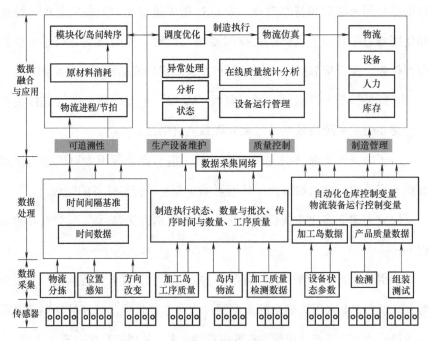

图 6-4　生产过程数据采集系统的基本结构

1. 生产过程质量波动的原因

生产过程总体上是多人、多工艺、多物料、多检验的并行过程。生产过程的串/并行模式，需要得到相应调度方法的支持。

质量的显著波动发生在以下情况中：

1）工件在水平空间维度上的并行。

2）工序在时间维度上的并行。

3）设备在功能维度上的并行。

4）上述三种并行在某一时刻同时发生。

质量的波动，主要依靠实施质量检验时从采集的数据中发现，并结合调度软件来诊断、消除或减少波动行为。为此，生产过程调度系统应能够支持以下并行过程：

1）将有波动的生产过程子过程临时调整为串行过程，并为若干不同任务增加处理时间或等待时间。

2）及时发现波动，依据质量控制原则控制波动源的行为和范围，尽快消除波动。

3）将有限的时空资源应用于关键质量环节，非关键质量环节处于等待状态。

4）调整过程时间，细分独立与关联，将独立存在的时空资源调整为可以共享的时空资源。

2. 传统过程控制的不足

传统的静态过程控制（statistical process control，SPC）技术——基于"小概率事件"原理和假设检验方法，通过绘制控制图来及时发现和监视波动变化情况，一般针对单个质量特性指标绘制一套控制图，但只能报警，无法识别波动源，需要辅以工程手段和方法加以识别。

事实上，即使每一特性波动均处于受控状态，但由于诸特性之间呈非线性关系，其交联耦合、偏差累积和传递将导致后续装配使用故障。这种加工装配模式的变化使得传统的 SPC 技术静态控制单一质量特性所依据的大样本、子组独立同分布等理论条件和应用场景不复存在。取而代之的是在线测量（on-line measurement）技术。

3. 对测量方法的控制

制造过程中的测量包括对材料、半成品和产成品的检查与检验，并与规定的标准值进行比较，确定其合格性并采取控制措施。测量分为离线测量和在线测量，离线测量是将需要检测的物品从生产线上取下，送到专门的检测设备上去测量；在线测量是对生产线上的物品进行测量，不需要将物品取下，从而可以提高效率，更好地保证质量。对测量方法的控制措施包括：确定测量任务及所要求的准确度，选择适用的、具有所需准确度和精密度的测量设备；定期对所有测量和试验设备进行确认、校准和调整；规定必要的校准规程，其内容包括设备类型、编号、地点、校验周期、校验方法、验收标准以及发生问题时应采取的措施；发现测量和试验设备未处于校准状态时，立即评定以前的测量和试验对结果的有效性，并记入有关文件。

6.3　基于虚拟制造的质量控制

6.3.1　以生产为中心的虚拟制造

以生产为中心的虚拟制造的核心思想：将仿真技术引入生产过程中，通过建立生产过程模型来评估和优化生产过程，以低费用快速地评价不同的工艺方案、资源需求计划、生产计划等。其主要目标是评价可生产性，主要解决"这样组织生产是否合理"的问题。它的近期目标是针对生产中的某个关注点（如生产调度计划）进行仿真，长远目标是对整个生产过程进行仿真，对各个生产计划进行评估。

虚拟制造技术为实现最好的质量提供了可能，它可以通过对多种制造方案进行仿真，来优化产品设计和工艺设计，弥补传统制造业靠经验决定加工方案的不足，提高产品质量。具体表现为以下方面：

1）虚拟制造技术不需要制造样机，可以随时在设计过程中检验产品的可制造性和可装配性，方便地修改模型，极大地缩短了产品的开发周期，信息反馈更为及时。

2）虚拟制造技术还能提供最好的服务。决策者可以在虚拟制造中了解产品性能、生产进度、订单、库存、物流等动态信息，从而准确地进行生产决策，把握订单交期，提升对客户的服务能力。

但是，我国目前使用的虚拟制造软件主要依靠进口。具体而言，我国制造业由于存在生产制造过程不够规范和标准化、数据采集程度低、协作程度低、研发能力差、设备少、高端人才匮乏，尤其是企业技术人才少，实用性技术资料和文献稀缺等问题，成为推广虚拟制造技术的制约因素。

6.3.2　产品模型

产品建模方法随着 CAD/CAM 技术和系统的发展，经历了面向结构的产品模型、面向几何的产品模型、面向特征的产品模型、面向知识的产品模型和集成产品模型五个阶段。

1. 面向结构的产品模型

产品结构是面向结构的产品模型的核心，为了表达产品结构，可以采用以下几种方法：材料结构（material-structure-types）、归类结构、版本表述结构和差异结构。

应用系统中的产品数据存储在产品结构中，订单信息的处理、产品的具体数据及格式、访问函数及网络地址都存储在面向结构的产品模型中，只有通过产品模型才能访问系统数据库。这种方法难以实现不同系统中功能模块的集成，也难以避免数据冗余。

2. 面向几何的产品模型

面向几何的产品模型采用线框、曲面、实体及混合模型表达产品的几何信息，在 CAD、数控编程及有限元分析（FEM）中获得了广泛的应用。有的企业还开发了自己的面向几何的产品模型，如丰田造型设计系统。该系统使用了一种新的曲面表达及操作方法，可以对汽车外形的自由曲面进行交互式定义与操作，生成概念化汽车外形的几何模型。

3. 面向特征的产品模型

面向特征的产品模型采用"特征"作为描述产品信息的载体，使产品的几何信息、拓扑关系和制造信息得到综合的描述。

特征是具有相同处理方式的几何形状和属性的集合，通过内置的处理方法表示为一组简单的参数。将特征的概念应用于不同的领域，形成了设计特征、制造特征、装配特征等。特征造型技术摆脱了传统的点、线、面造型元素的束缚，提供了一种在宏观基础上易于定义的描述模型和数据结构。它具有更高层次的几何描述和语义描述能力，支持整个产品开发的各个阶段，从产品需求分析、产品概念设计到详细设计、工艺及装配设计、数控编程到检测规划等。

目前，基于特征的建模方法进一步向面向功能建模的方向发展。利用零件定义语言（part definition language，PDL）定义功能特征，进而由功能特征产生零件几何模型和产品几何模型。

4. 面向知识的产品模型

面向知识的产品模型以人工智能的采用为特征，采用面向对象编程、基于规则和知识的推理、决策等人工智能方法，将关于产品、工艺和环境的专家知识及经验集成在产品模型中。这种方法将产品和工艺分类成各个抽象的对象，并在产品库中存储了过去设计、装配的零件及产品的设计和制造参数信息。

关于面向知识的产品模型的例子是 IDEEA（intelligent design environment for engineering application）。该系统集成了基于框架的表达、基于约束的语言、基于规则的作理、真值维护系统和面向对象方法，具有和分析程序、数据库、实体建模的接口。

5. 集成产品模型

集成产品模型包括面向结构、几何、特征以及知识的产品模型，所有这些类型的产品信息都可以存储在一个集成化产品模型中。集成包含语义集成，这就意味着需要对设计、工艺、制造等方面的语义进行扩展，以支持真正企业的应用集成。除了集成化的管理和产品信息的中性表达外，产品知识还必须支持产品的开发过程。产品知识包含产品历史、开发原理、顾客模型、技术要求以及失效模型。对产品知识的表达必须考虑产品生命周期中的各阶段信息。因此，集成产品模型是产品生命周期信息的完整表达。

6.3.3　虚拟制造技术与质量控制

1. 产品质量再认知

质量是产品生命周期的每个阶段中最重要的方面之一，但大多数人的焦点一直是制造方面的质量。真正的产品质量依赖于用户的感知价值。

产品生命周期管理界定了产品生命周期质量的不同方面，包括感知价值、需求、设计、规格、样例和性能。产品生命周期质量（PLQ）通过将质量等同于环境影响，还处理了从属于报废处置的质量问题。

产品的质量具有阶段性层次结构，一个阶段的质量影响着下一个阶段的质量。"质量控制"对于指出质量缺陷也有不同的描述方法。从需求到产品样例的映射，体现了产品设计的质量控制，为设计质量满足规格控制提供了比常规设计更好的效果。

在产品全生命周期中能真正追溯到产品质量的关键是，创建一个物理产品和一个虚拟产品。产品规格管理（PSM）是在物理产品正在进行创建的时候，对它进行检测。PSM包括四部分：一个控制中的虚拟产品，测量和获取物理特性的设备，用"以产品为中心"的方式处理这些物理特性的软件，以及用于检索和使用这些信息的系统。

随着产品经历生命周期的不同阶段，要想创造真正的产品质量，要更全面和整体地看待产品，使用信息替代物理资源是制造企业的重要发展方向。若能达到在工厂层面实现通过字节代替物理测试从而消除资源浪费的程度，则能超越传统的精益生产的观点。

基于虚拟制造的产品设计、制造和检验等模型，也会发生质量问题，如碰撞、干涉等现象，因此，虚拟制造的质量依然取决于设计虚拟制造的人的质量意识。

2. 基于虚拟制造技术的生产过程质量控制模型

基于虚拟制造技术的生产过程质量控制模型如图6-5所示。

6.3.4 工艺规划

1. 加工工艺系统

机械加工工艺系统由物质分系统、能量分系统和信息分系统组成。其中，物质分系统由工件、机床、工具和夹具组成；能量分系统即各类动力、能源和环境条件所组成的系统；信息分系统由数控机床、加工中心和生产线计算机系统组成。

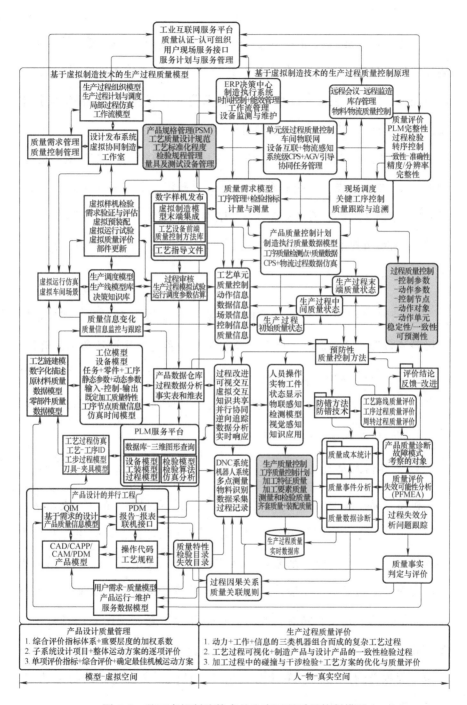

图 6-5　基于虚拟制造技术的生产过程质量控制模型

2. 工艺规划

工艺规划（process planning，PP），是将产品设计转换成产品加工和装配的具体过程，基于设计过程生成的产品、部件和零件的描述信息，形成加工、检测、装配、试验过程的技术路线和工艺计划，并生成技术文件。工艺规划决定了生产过程质量框架。

工艺规划包括制定工艺路线和编制工序。工艺路线主要描述毛坯选择、加工方法、加工路线、工装选择等。工序设计确定每个工序和组成工序的工步的顺序、装夹方案、刀具、夹具及切削参数。另外，还要确定工时、辅助条件，在需要安排数控加工时，数控程序的编制是工艺规划的重要内容。

3. 产品制造

生产计划基于工艺规划，其目的是有效地安排生产过程，高效地使用设备，合理地利用资源，科学地控制成本，实现产品设计和工艺规划。产品制造一般可划分为毛坯制备、零部件制造和产品装配三个阶段。基于产品设计和工艺规划，依据生产计划，实现从原材料到零部件、成品产出，即将产品设计物化的过程。

4. 产品信息单元化

机械产品在模型结构上呈现出单元化的特点，即产品的组成元素是具有一定工程意义的信息单元。产品信息单元化是在长期的生产实践中形成的，产品加工、设备制造和工具的数量限制决定了产品基本结构单元的有限性，为了实现互换性而制定的各种设计标准和规范又大大促进了产品信息的单元化。同时，产品信息单元化也是实现产品信息复用的基础和表达设计概念的需要，在机械产品设计中，设计师总是采用具有一定工程意义的产品信息单元来表达设计意图，实现产品的特定功能，继承成熟的产品信息资源。

第7章

控制阀再制造关键技术

7.1 再制造技术的概念和内涵

（1）再制造的概念　再制造（Remanufacture）就是让旧的机器设备重新焕发生命活力的过程。它以旧的机器设备为毛坯，采用专门的工艺和技术，在原有制造的基础上进行一次新的制造。国家标准《再制造术语》（GB/T 28619—2012）对"再制造"进行了定义：对再制造毛坯进行专业化修复或升级改造，使其质量特性（包括产品功能、技术性能、绿色性、安全性、经济性等）不低于原型新品水平的制造过程。传统的装备全生命周期是研制→使用→报废，其物流是开环系统；而再制造装备的全生命周期是研制→使用→报废→再生，其物流是闭环系统。再制造的出现，完善了产品全生命周期的内涵，使得产品在全寿命周期的末端，即报废阶段，不再成为固体垃圾。

（2）绿色再制造的特点　再制造的突出特征是将废旧产品回收后，按零部件的类型进行收集和检测，将有再制造价值的废旧产品作为再制造毛坯，利用高新技术对其进行批量化修复、性能升级，使其质量特性达到或优于原型新品的水平。

再制造是在维修工程、表面工程基础上发展起来的，大量应用了寿命评估技术、复合表面工程、纳米表面工程和自动化表面工程等先进技术，可以使旧件的尺寸精度恢复到原设计要求，并提升零件的质量和性能。这种以尺寸恢复和性能提升为主的再制造模式，在提升再制造产品质量的同时，还可大幅度提高旧件的再制造率。再制造迎合了传统生产和消费模式的巨大变革需求，是实现废旧机电产品循环利用的重要途径，是资源再生的高级形式，也是发展循环经济、建设资源节约型和环境友好型社会的重要举措，更是推进绿色发展、低碳发展，促进生态文明建设的重要载体。再制造优先考虑产品的可回收性、可拆解性、可再制造性和可维护性等属性的同时，保证产品的基本目标（优质、高效、节能、节材等），从而使退役产品在对环境的负面影响最小、资源利用率最高的情况下重新达到最佳的性能，并实现企业经济效益和社会效益的协调优化。

7.2　面向流程制造的服务特征

制造服务是制造业服务业务的融合发展新模式，是为了实现制造价值链中各利益相关者的价值增值，通过产品和服务的融合、客户全程参与、企业相互提供生产性服务和服务性生产，实现分散化制造资源的整合和各自核心竞争力的高度协同，达到高效创新的一种制造模式。

制造服务有五个主要特征：①面向生产的服务（production oriented service）；②面向服务的生产（service oriented production）；③顾客成为"合作生产者"（co-producer）；④自发形成和高度协同的服务型制造网络；⑤基于制造的服务，为服务的制造。

以过程仪表制造行业为例，上述面向生产的服务是指对过程仪表设备的产品维修，包括检查确认故障位置并予以排除，使其恢复原有功能。检查就是对使用中的产品进行观测，确认是否发生故障。如何使产品结构更容易实施检查，是设计工作的重要内容。故障的定位就是确定故障的位置、性质和波及范围。应根据故障的性质来选择故障排除方法（修理、更换、清扫等）。为了减少因故障停机造成的损失，故障的排除往往采用更换模块的方式。也就是检查确认故障模块后，用新模块代替故障模块，完成维修作业。被取代的故障模块进入模块检查过程。

由此可以看出，制造服务强调基于市场需求的产品和服务集成，不是盲目的生产、孤立的制造，而是从基于资源整合的协同制造发展出面向产品、面向客户的新型服务方案和现场服务能力。这种能力是多元的、综合型的，包括以下内容：

1）专有的技术能力。实施制造服务的企业应能够主动从服务客户需求的角度出发，给出富有专业性的技术咨询、技术改造，并能够以自主开发的产品专利、技术专利和销售专利，来支撑其可为客户提供的产品性能试验服务、产品运行试验服务、产品改进验证服务等。在此基础上，可按用户的时间要求、场地要求和系统要求开展有针对性的制造服务。

2）基于制造的服务。服务的对象，以制造企业自身生产的产品为主，既要符合与产品用户企业的合同要求，还要符合国家的技术法规规定；服务的对象可以以制造企业自身产品为主，也适用于其他厂家的同类产品的现场服务，为所服务的客户设计出符合其要求的服务流程。

3）服务的对象应具有当初设计制造合同规定的产品性能，确保其符合性、一致性和稳定性能够一直延续到产品应用全过程。

4）制造服务企业应拥有独特的核心资源，并有能力运用这些资源提供服务，并提升服务对象的价值和功效，确保服务结果符合所服务客户的权威性要求，始终保持顾客对企业产品的信任度。

7.2.1　面向过程仪表的制造服务

过程，即工业过程的简称。工业过程，是指采用自动化流程工艺加工、制造产品的过程，产品的原料是具有流动性的物质。典型的工业工程，如石油、化工生产过程，也叫作流程工业。例如，化工生产过程的主体一般是化学反应过程，化学反应过程中所需的化工原料首先送入输入设备，然后将原料送入前处理过程，对原料进行分离或精制，使其符合化学反应对原料提出的要求和规格。化学反应后的生成物进入后处理过程，在此处将半成品提纯为合格的产品，并回收未反应的原料和副产品，然后送入输出设备中储存。

工业过程的控制方案，是自动化控制人员与工艺人员在共同研究的基础上制定的。要把自动化控制设计提到一个较高的水平，自动化控制设计人员必须熟悉工艺，包括了解生产过程的机理，掌握工艺的操作条件和物料的性质等。然后，运用控制理论与过程控制工程的知识和实际经验，结合工艺情况确定所需控制点，并决定整个工艺流程的控制方案。然而，目前大多数是先定工艺，再确定设备，最后再配自动化控制系统。由工艺方面来决定自动化控制方案，而自动化方面的考虑不能影响到工艺设计的做法，是较为普遍的状况。从发展的观点来看，自动化控制人员长期处于被动状态并不是正常的现象。工艺、设备与自动化控制三者的整体化将是现代工程设计的标志。

仪表是自动化控制工程中，控制室内完成控制、显示、记录、报警、计算等功能的仪表，行业中常常称其为二次仪表，安装在现场的仪表（传感器、变送器、执行器、就地控制仪表等）称为一次仪表。工艺过程的温度、压力、流量、黏度、腐蚀性、毒性、脉动等因素，是决定仪表选型的主要条件，关系到仪表选用的合理性、仪表的使用寿命及车间的防火防爆安保等问题。

控制系统的仪表设备，在过程系统中具有仪表位号。在检测、控制系统中，构成一个回路的一组工业自动化仪表，其中每个仪表（或元件）

都用仪表位号来标示。仪表位号由字母代号组合和回路编号两部分组成，仪表位号中的第一位字母表示被测量，后续字母表示仪表的功能；回路的编号由工序号和顺序号组成，一般用 3~5 位阿拉伯数字表示。

以过程仪表为例，为了提高仪表的可靠性，必须做好仪表的维护与检修工作。化工仪表特别是大型化工装置的仪表检修有两个特点：①定期大检修。大型化工装置都要求安全、稳定、长周期运行，以提高经济效益。机械设备定期计划检修，仪表装量也需配合机械装置一起检修，从而保证下一个周期的正常运行。大检修一般是预防性检修，也可利用大检修来处理运行时不能处理的故障；②抢修。在装置运行过程中，如果出现仪表失灵现象，就要在不停车的情况下进行及时抢修。抢修人员应具有较高的专业素质、扎实的仪表知识，能够迅速分析判断问题所在，并能采取相应措施，在保证装置运行的前提下，及时排除问题。

有文献指出，制造业的服务化趋势在近些年更加明显，更多的制造企业向服务型制造转型，制造企业面临着智能制造发展的新机遇。制造服务是智能制造的重要内容，不论是生产性服务，还是制造服务化，都在学术界和产业界获得了重视，从引入服务业理论制造全生命周期，到为终端用户提供个性化的产品服务系统，都为制造服务研究提供了丰富的理论技术支持。智能制造来源于工业互联网，作为最新的中国制造战略，更依赖于制造业的服务化。

服务业在国民经济中所占的比例持续上升，发达国家的服务业比例都高于 60%，如美国 78.1%、英国 78.4%。一些发展中国家也达到了50% 以上，如印度 52.1%、菲律宾 53.2% 等。我国的服务业比例在 2015年达到了 50.5%。生产性服务是服务业中的重要组成部分，在制造业转型过程中，制造服务研究具有重要的战略意义。

面向流程工业企业的过程仪表制造服务业务流程概况，如图 7-1

所示。

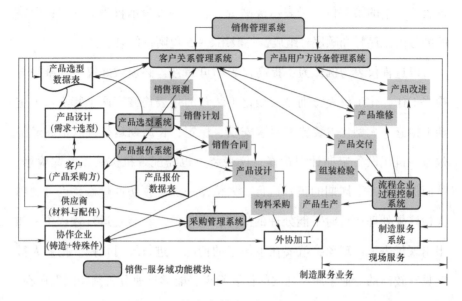

图 7-1　过程仪表制造服务业务流程概况

7.2.2　控制阀维修服务的重要性

1. 阀门是重要的维护对象

欧洲主要能源公司之一——法国 EDF 集团公司曾报道称，阀门代表着其压水堆核电站 2% 的资本费用。但是，阀门故障占停工事故的 20% 和总维修费用的 60%。在辐射环境下，在使用硼酸的热介质压力阀门中，填料函泄漏是一个严重的问题。某填料制造商通过十年的研发项目加上对用户员工的培训解决了这个问题，将费用降至可接受的程度，显著地提升了可靠性，并大幅缩短了维修时间。某些填料目前已经持续使用 5 年之久。

一份美国国家锅炉压力容器检验师协会（NBBI）的年报依据对 6486 次事故的调研，引用了下列有关管道工程和阀门的数字：管道，531 起事故；安全阀，210 起事故；压力控制，104 起事故；安全阀泄漏，38 起事故。

上述案例表明，阀门是导致现场频繁出现故障的重要因素。操作条件不正确可能是重要的关联因素；依据价格而不依照技术要求采购阀门是另一个问题所在。在工艺设计期间、阀门选择阶段以及制定故障处理规划时，必须考虑由阀门故障产生的费用。阀门的终身维护费用可能比其最初的采购费用高很多倍。

2. 阀门的日常维修

1）阀门的定期维修操作应包括外部目测检查、润滑和填料调整。操作人员必须注意拆卸阀门之前的隔离和减压程序。

2）当闸阀配备的不是自动驱动的电动驱动装置时，阀门压盖和驱动螺母一直保持有效的润滑是非常重要的。如有必要，应配备外加润滑器。

3）对于处理挥发性有机化合物（VOCs）或危险性流体的阀门，应定期进行填料函泄漏检查。用于危险的或受控制流体的阀门应在填料函上设置抽样孔，以方便检测。这些阀门的泄漏记录对于预测更换填料的日期是非常重要的。

4）有些阀门虽被安装但不需要经常操作或运行。在这种情况下，阀门会出现阀座和阀杆/主轴的密封问题。在选择阀门类型时，应考虑其工作环境。这类阀门的常规维护项目包括轴/阀杆动作，填料的润滑和调整，阀座/旋塞的检查和重新研磨。

7.2.3 制造服务创新模式

我国学者顾新建提出了制造服务创新模式，见表7-1。其中部分内容已得到应用，有的内容则尚待开发。这里将产品生命周期分为产品形成阶段、产品制造阶段和产品售后阶段，也可分为售前、售中和售后三个阶段。

表 7-1　制造服务创新模式的主要内容

阶　段	服务分类	已经出现的制造服务模式	未来可能出现的制造服务模式
产品形成阶段	阶段总体	产品开发设计服务	开放式协同开发设计服务；设计链服务模式等
	市场研究	客户需求调查服务；客户需求咨询服务；企业战略咨询服务	产品用户培养服务；产品用户网上体验服务；虚拟产品体验服务
	成品开发	产品开发知识服务；产品定制开发服务；专利转让服务；企业知识服务	用户参与研发服务；产品开发知识服务工具共享服务
	产品设计	产品设计知识服务；整体解决方案服务；零部件快速重用服务	大众化设计服务；产品设计知识服务工具共享服务
产品制造阶段	阶段总体	小企业集成外贸服务	制造价值链集成服务；制造价值链信息挖掘服务
	外部采购	采购过程监控服务；采购信息匹配服务；供应商供货平台服务；供应商供货信息服务	与客户协同产品外购件监控服务；培养供应商服务；供应商全面体验服务
	零件加工	制造能力服务；零件制造质量保障服务；产品定制服务；加工解决方案服务	可重构制造服务；零件远程监控服务
	产品装配	产品装配质量保障服务；大型产品的模块组合装配服务；模块化供货服务	智能远程装配服务；客户自主装配服务
	产品销售	产品销售创新服务；产品包装服务；产品融资租赁服务；产品成套销售服务；向零售商销售服务；基于网络的销售服务；供应商库存管理服务	用户体验营销服务
产品售后阶段	阶段总体	产品租赁服务	全责绩效服务；服务生命周期管理
	库存物流	基于库存物流优化的产品生产计划服务；面向客户动态需求的物流快速反应服务	智能物流管理服务；主动物流服务；统一物流管理服务
	产品使用	客户产品使用信息反馈服务；远程监控运行服务；产品共享使用服务；产品增值服务	运行节能智能保障服务；为客户的客户服务
	产品维护	产品维护信息反馈服务；零部件再制造服务；产品远程维护服务	产品智能维护服务；客户协同产品维护服务
	报废回收	生产者产品回收服务；零部件梯级重用服务；资产循环重用服务	智能回收处理服务

（续）

阶　段	服务分类	已经出现的制造服务模式	未来可能出现的制造服务模式
全生命周期	生命周期总体	企业知识服务；产品全生命周期管理服务	产品状态数据管理服务；专利协同分析服务；标准协同建设服务；客户参与的产品生命周期全程服务

7.3　绿色再制造关键技术体系

再制造实施步骤涉及清洗、寿命评估与无损鉴定、再制造成形与加工、性能检测与试验等诸多技术。高端控制阀再制造过程中所采用的关键技术如下。

（1）再制造性设计与评价技术　再制造性设计与评价技术是指在产品设计过程中或废旧产品再制造前，设计并评价其再制造性，确定其能否进行再制造及如何进行再制造的技术与方法。通过在研制阶段就考虑产品的再制造性设计，能够显著提高产品末端时的再制造能力，增加再制造效益；通过产品末端的再制造性评价，能够形成科学的再制造方法，优化再制造工艺流程。

（2）再制造清洗技术　再制造清洗技术是采用机械、物理、化学和电化学等方法清除产品或零部件表面各种污物（灰尘、油污、水垢、积炭、旧漆层和腐蚀层等）的技术与工艺过程。废旧产品及其零部件表面的清洗是检测零部件表面尺寸精度、几何形状精度、表面粗糙度、表面性能、腐蚀磨损及黏着情况等的前提，是对零部件进行再制造的基础。

（3）再制造零部件损伤检测与寿命评估技术　再制造零部件损伤检测与寿命评估技术是判断废旧零部件能否进行再制造的前提，直接影响产品的再制造质量、再制造成本、再制造时间和再制造后产品的使用寿命。再制造零部件的损伤检测是对拆解后的废旧零部件进行检测，能够准确地掌握零部件的技术状况，根据技术标准分析出可直接利用件、可再制造恢复件和报废件。再制造寿命评估技术主要是应用断裂力学、摩擦学、金属学等理论建立失效行为的数学模型，从而建立产品寿命的预测评价系统，评估零部件的剩余寿命。

（4）再制造成形与加工技术　产品在使用过程中，一些零件因磨损、变形、破损、断裂、腐蚀或其他损伤而改变了其原有的几何形状和尺寸，从而破坏了零件间的配合特性和工作能力，使部件、总成甚至整机的正常工作受到影响。再制造成形与加工的任务是恢复有再制造价值的损伤失效零件的几何参数和力学性能，所采用的方法包括表面工程技术和机械加工技术与方法。典型技术包括纳米复合电刷镀技术、高速电弧喷涂技术、微束等离子弧熔覆技术、激光熔覆技术等。

（5）再制造产品性能检测与试验技术　重要机械产品经过再制造后，在投入正常使用之前，必须进行性能检测与试验，其主要目的是发现再制造加工及装配中的缺陷，并及时加以排除；改善配合零件的表面质量，使其能承受额定的载荷；减少初始阶段的磨损量，保证正常的配合关系，延长产品的使用寿命；在磨合和试验中调整各机构，使零部件之间相互协调工作。磨合与试验是提高再制造质量、避免早期故障、延长产品使用寿命的有效途径。

（6）再制造产品涂装技术　再制造产品涂装技术是指对经综合质量检测合格的再制造产品进行涂漆和包装的工艺技术与方法。

（7）再制造智能升级技术　再制造智能升级技术是指运用信息技术、控制技术，实施废旧产品再制造生产或管理的技术和手段。再制造智能升级技术的应用，是实现废旧产品再制造效益最大化、再制造技术先进化和再制造管理正规化的基础，对提高再制造保障系统的运行效率发挥着重要作用。该技术包括柔性再制造技术、虚拟再制造技术、自动化再制造技术等。

7.4　再制造成形与加工技术典型方法

再制造成形技术以废旧零部件为对象，再制造方法丰富多样，从早期的以换件修理法和尺寸修理法为核心的再制造模式，发展到现在将表面修复和性能提升法作为再制造的主要技术方法，把先进的无损检测理论与技术、表面工程理论与技术和熔覆成形理论与技术引入再制造。

7.4.1　换件维修法和尺寸维修法

几十年来，欧美国家在传统制造业的基础上逐渐发展并完善了以换件修理法和尺寸修理法为核心的再制造模式。这种再制造模式的技术特点是：对于损伤程度较重的零件直接更换新件；对于损伤程度较轻的零件，则利用车、磨、镗等机械加工手段，在改变零件尺寸的同时恢复零件的几何精度，再与加大尺寸的非标新品零件配副。发动机再制造企业李斯特派特公司和康明斯公司都采用这种再制造方法，我国与欧美合资的再制造企业，如东风康明斯再制造公司、上海大众瑞贝德再制造公司等也采用了该法。

换件修理法和尺寸修理法再制造模式的缺点如下：

1）更换新件浪费很大，没有挖掘出零件中蕴含的高附加值。

2）尺寸变化后破坏了零件的互换性，不能保证再制造产品的寿命达到原型新品的水平。

3）只能对表面轻度损伤的零件进行再制造，很难对表面重度损伤的零件、更无法对三维体损伤的零件（如掉块等）进行再制造，造成旧件再制造率低、浪费大、节能减排效果欠佳。

下面以轨道阀常见故障及解决方案（见表7-2）为例，介绍换件修理法及尺寸修理法再制造工艺。

表 7-2 轨道阀常见故障及解决方案

序号	故障问题	维修方式
1	阀杆梯形传动螺纹易磨损或螺纹部位扭断，阀门动作不正常	维修方式一：车床加工修复梯形螺纹 维修方式二：测绘加工更换阀杆一件，材质选用 SUS630，进行固溶时效热处理后，硬度达到 38～40HRC。加工轨道槽时，表面粗糙度值达到 3.2μm，可满足使用要求
2	阀杆轨道槽磨损，影响阀门的正常开关	维修方式：测绘加工更换阀杆一件，材质选用 SUS630，进行固溶时效热处理后，硬度达到 38～40HRC。加工轨道槽时，表面粗糙度值达到 3.2μm，可满足使用要求
3	阀杆楔形面长期受挤压而磨损，阀门在关闭过程中楔形面对球芯的楔紧力不够而造成阀门内漏	维修方式：测绘加工更换阀杆一件，材质选用 SUS630，进行固溶时效热处理后，硬度达到 38～40HRC。加工轨道槽时，表面粗糙度值达到 3.2μm，可满足使用要求
4	阀杆扭伤变形或断裂，阀门无法使用或开关不到位	维修方式一：校正修复阀杆，但不能从根本上解决扭伤的问题 维修方式二：测绘加工更换阀杆一件，材质选用 SUS630，进行固溶时效热处理后，硬度达到 38～40HRC。加工轨道槽时，表面粗糙度值达到 3.2μm，可满足使用要求
5	球芯密封面挤伤，阀门内漏	维修方式一：使用阀座配研球芯阀座密封面，分粗研和精研，最终使球芯密封面的表面粗糙度达到 0.8μm，可以满足使用要求 维修方式二：更换球芯一件，球芯基体材质选用 SUS316，对球芯密封面堆焊 Ni60 合金，使球芯密封面硬度达到 55～60HRC，再配研球芯阀座密封面，可满足使用要求
6	球芯上端方形孔中安装的阀芯销钉受挤压磨损或损坏	维修方式：测绘加工更换阀芯销钉，材质选用 SUS420，经调质热处理，硬度达到 28～32HRC，有最佳的综合力学性能，可满足使用要求
7	阀座密封面受挤压损伤，若为软密封，阀座软密封可能变形损坏，造成阀门内漏	（1）对于硬密封阀座 维修方式一：配研球芯阀座密封面，使球芯与阀座的配合性良好 维修方式二：更换阀座一件，球芯基体材质选用 SUS316，对球芯密封面堆焊 S101 合金，使球芯密封面硬度达到 40～45HRC，再配研球芯阀座密封面，可满足使用要求 （2）对于软密封阀座 维修方式：更换阀座软密封一件，基本要求为材质不低于原厂家出厂时的材质

（续）

序号	故障问题	维修方式
8	阀座与阀体安装时，需要使用液氮降温安装，阀座与阀体配合孔为过盈配合；维修时，阀座外圆配合面可能拉伤或损坏，造成阀门内漏	维修方式一：若发生阀座外圆面轻微拉伤的情况，可通过抛光的方式修复 维修方式二：若发生阀座外圆面拉伤严重（有深槽）的情况，会极大地影响阀门的内漏密封性能，则需要更换整个阀座
9	阀门轨道销磨损，影响阀门的正常开关	维修方式：加工更换两件阀门轨道销，材质选用 SUS420，经调质热处理，硬度达到 28～32HRC，有最佳的综合力学性能，可满足使用要求
10	阀门轨道销断裂，阀门无法正常工作	维修方式：加工更换两件阀门轨道销，材质选用 SUS420，经调质热处理，硬度达到 28～32HRC，有最佳的综合力学性能，可满足使用要求
11	缸体密封件老化磨损，缸体内壁拉伤或活塞外圆面拉伤，造成气缸漏油或动作不正常	维修方式一：测绘定制更换气缸密封件 维修方式二：用镗床加工缸体内壁，测绘定制更换气缸密封件 维修方式三：加工抛光活塞外圆面，用镗床加工缸体内壁，测绘定制更换气缸密封件
12	阀门传动梯形内螺纹磨损，阀门动作不正常	维修方式一：用车床加工修复梯形螺纹 维修方式二：加工梯形螺纹部件一件，材质选用锡青铜，有良好的耐磨性，可满足使用要求
13	上阀盖垫片损坏，造成上阀盖外漏	维修方式：更换上阀盖密封垫片，可满足使用要求
14	填料老化或损坏，造成填料外漏	维修方式：更换填料部件，若问题较大，可对填料函或填料部件进行改造

7.4.2 表面修复和性能提升法

我国自 1999 年正式提出再制造的概念以来，就开始探索自主创新的再制造模式，将表面修复和性能提升法作为再制造的主要技术方法，把先进的无损检测理论与技术、表面工程理论与技术和熔覆成形理论与技术引入再制造。这种再制造模式不仅能对表面较轻度损伤的零件进行再制造，还能对表面重度损伤及三维体积损伤的零件进行再制造；不但能恢复零件损伤部位的尺寸超差，而且明显提升了零件的整体性能（这是因为修复层的材料用量很少，可选用成本虽高但耐磨、耐蚀、抗疲劳性更好的材料，使得修复层的性能优于零件基体）。

控制阀的再制造，主要的问题是表面修复。主要的表面修复技术有超音速热喷涂技术、等离子堆焊技术和真空熔覆技术等，还有一些其他手段，包括表面渗硼、表面渗氮、电镀处理甚至碳化钨烧结。

1. 超音速火焰喷涂再制造技术

超音速火焰喷涂技术是控制阀加工及其再制造过程中的核心技术之一。利用该技术可在高端阀芯、轴类及齿类等零件表面制备耐蚀、耐磨、减摩、抗高温、抗氧化的涂层，实现产品的再制造。例如，某煤化工有限公司的2220XV－6014球阀在使用过程中发生内漏，在其维修过程中，应用了超音速火焰喷涂再制造技术。

项目中的2220KV－6014、14″CLASS900球阀，在经过40多天的使用后，出现内漏超标且卡涩等情况。对该阀拆解后，发现球芯、阀座拉伤严重，如图7-2所示。

图7-2　球芯、阀座拆解后的照片

为此，对其进行球芯、阀座密封副拉伤原因分析，发现造成泄漏的主要原因如下：

1）由于阀门应用工况的固有特性，液、固两相煤渣对球阀密封副的磨损非常严重。球阀的阀座密封面非常宽，研磨不充分，没有达到全接触，煤渣楔入密封副会使阀座的刮刀效应减弱，加剧了磨损，降低了密封副的耐磨寿命。

2）阀门拆解后，球面拉伤，涂层有轻微磨损，经检测球芯外径尺寸，磨去旧涂层后，球芯硬化层厚度已小于原阀 0.4mm 的设计厚度，造成硬度不均匀。阀座硬化层磨损严重，磨去旧涂层后，重新喷涂硬化，研磨后硬度高于球芯。

鉴于以上故障现象，对球芯和阀座采取以下针对性措施：

1）对原密封副的磨损拉伤深度大于 0.1mm 的球芯和阀座，一律磨去旧涂层，参照原球阀球芯和阀座的喷涂 CrC 硬化方式，利用超音速火焰喷涂技术重新喷涂 WC - 12Co 硬化，提高表面硬度，硬度达到 55 ~ 58HRC，厚度为 0.4mm，并确保球芯比阀座的硬度高 2 ~ 5HRC。

2）对利用喷涂加工技术再制造后的球芯进行粗磨、精磨、超精磨，与阀座对研等一系列工序，确保阀座密封面 100% 与球芯接触后，经渗透着色检查合格、静压气密检查合格、出口阀座背端面与阀体的密封面配研合格。

维修之后的球芯和阀座分别如图 7-3、图 7-4 所示。

图 7-3　维修之后的球芯　　　　　图 7-4　维修之后的阀座

在该维修过程中，通过超音速火焰喷涂再制造技术，对已损坏的球芯和阀座进行专业化修复和升级改造，使其基体材料质量特性优于原有水平，这是维修过程中的关键。最后，再通过一系列加工工序使其满足使用要求。

2. 等离子堆焊再制造技术

等离子堆焊是通过调节转移弧电流来控制熔化合金粉末和传递给工件的热量，使合金和工件表层熔合的工艺。由于等离子堆焊技术具有熔覆合金层与工件基体结合强度高，成形美观，堆焊熔覆速度快，金属零件表面不经复杂的前处理工艺即可直接进行等离子堆焊，易实现机械化、自动化，维修维护容易等优点，故常被用于产品的再制造过程。

例如，在 V 形球阀 432 - FV - 2180 的再制造过程中，应用了等离子堆焊技术。

将阀门解体后发现，一个球芯（图 7-5）轻微磨损，不影响使用；另一个球芯（图 7-6）表面的涂层脱落，经光谱分析仪分析检测，检测出球芯基体材质为 F2205 双相不锈钢，球体表面材质为 Ti 合金，阀座经光谱分析仪分析检测，检测出阀座材质为 Ti4 合金，是一种中强度合金钢。

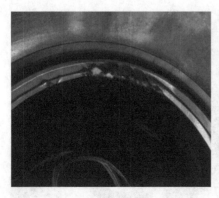 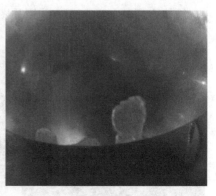

图 7-5　拆解后的球芯（一）　　　　图 7-6　拆解后的球芯（二）

在维修过程中发现，因钛合金材质密度等各种物理特性的限制，国内对球芯表面的钛合金材质熔敷、喷涂技术不成熟，只能对球芯表面的涂层进行改造：阀座材质是 Ti4 合金，为中强度合金钢，建议选择强度高于 Ti4 合金的合金钢涂层。

拟采取以下维修方案：

（1）球芯维修方案　制作球芯加工工装，去除球芯表面的现有钛合金涂层，然后在保证焊接时球芯相关尺寸不发生改变的前提下（制作专门工装），利用等离子堆焊技术在球芯表面焊接 2mm 厚的 Hastelloy C4 合金（含有 Ti 元素的哈氏 C 合金，在 CO_2 介质中具有优异的使用性能），最终加工至相关技术要求，可满足使用要求。

（2）阀座维修方案　由于阀座损坏的主要原因是冲刷，因此需要提高阀座的整体强度，选用基体加密封面堆焊形式，其中阀座基体材质选择 F2205 双相不锈钢，而阀座密封面堆焊 Ti6 或 Ti10 合金，或者 Hastelloy C4 合金，均可满足使用要求。

在该维修过程中，通过等离子堆焊再制造技术，对已损坏的球芯和阀座焊接强度较高的涂层，使其满足使用要求。

3. 真空熔覆和涂抹熔覆再制造技术

真空熔覆是在钢制零件表面制备复合涂层的方法之一，它起源于真空烧结技术，与烧结硬质合金等不同的是，它是以涂抹或热喷涂的方式将合金材料先预涂在工件表面，在真空炉内通过辐射加热使部分合金熔化并保温一段时间，合金涂层与钢基体之间发生原子扩散以及硬质相和粘结相之间充分反应，并随炉冷却至200℃左右，最后得到合金涂层与工件基体、硬质相与粘结相之间结合良好的致密涂层。

涂抹熔覆属于表面缺陷修复领域，它是采用一种膏状镍基合金粉末来修复熔覆球芯表面缺陷的方法。首先对有缺陷的熔覆球芯进行表面处理,然后将活性剂、溶剂和缓释剂按比例混合搅拌均匀并加入镍基合金粉末中制得膏状镍基合金粉,将其涂抹于缺陷处后晾干,然后进行真空热处理,最终使缺陷处得以修复。

真空熔覆的工艺技术和特性在第 3 章中已经讲解,此处不再赘述,此处重点对涂抹熔覆这一修复方法进行介绍。

(1) 涂抹熔覆的优点

1) 可操作性强。该方法用于缺陷修复,当涂层出现裂纹、鼓包、翘边等缺陷时,只需将缺陷位置打磨去除干净并圆滑过渡,即可在缺陷处进行涂抹修补。而常规火焰喷涂上粉方式存在以下问题:①因火焰喷射面广,喷涂填补缺陷位置过程中会使周边位置涂层过厚,从而使整体涂层均匀度严重下降,为后续的研磨带来了较大困难;②修复部位与原涂层边缘结合处因半冶金结合过程中的表面张力而易形成新的拉裂缺陷。

2) 涂层制备简单。火焰喷涂是将合金粉末预喷涂在工件表面,然后进炉加热至熔融状态,以获取预期涂层。本方法则是将合金粉末与准备好的有机物混合形成膏状,涂抹在工件表面后进炉加热,以获取预期涂层,在涂层的易获取性方面要优于前者。

3) 职业健康和安全性更有保障。该膏状涂层是在常温下将活性剂、溶剂、缓蚀剂与合金粉末按一定比例混合而成的。而常规火焰喷涂涂层制备过程中伴随高温、可燃、易爆、粉尘、噪声等危险源。所以在涂层获取过程中的安全性方面,前者要远胜于后者。

(2) 真空熔覆和涂抹熔覆的主要设备组成及结构　采用单室卧式内热型真空电阻炉,它是由真空炉主机、真空机组、电气控制系统、回充气体系统、气动系统、水冷却系统等组成的,如图 7-7 所示。

图 7-7　真空炉

1）真空炉主机。由炉体、炉盖、加热室、风冷系统等组成。

① 炉体和炉盖为双壁水冷夹层结构，内、外壁均由碳素钢制造。炉体与炉盖之间采用双向锁圈密封结构，保证了正反两个方向的压力密封，锁圈的启闭为气动。

② 加热室由隔热层、加热元件、炉床等部分组成，如图 7-8 所示。隔热屏为多层碳毡和陶瓷保温毡组成的圆筒形反射屏，用石墨绳固定在最外层支架上。在加热室底部设有滚轮和导轨。加热元件为石墨管，用绝缘陶瓷固定在加热室内壁上。炉床由石墨床和石墨支柱组成。加热室在炉盖端和炉体中部均设有观察孔（图 7-9），其有效直径均为 8cm 且具有隔热装置，可通过观察孔以不同视角观察零件在炉内的加热、升温和降温等状况。

2）风冷系统。由高速风机、离心式叶轮、高效换热器、加热室前后风门和导流罩等组成，用于实现快速均匀冷却。可通过调节气冷压强来调整工件冷却速度，气冷压强的调节范围为 0.08～0.2MPa。

3）真空机组。由罗茨泵（图 7-10）、机械泵（图 7-11）、真空挡板阀等组成。真空机组为顺序动作，具有互锁和安全操作功能。在机械泵工作到极限时，可通过罗茨泵将炉内真空度降到更低。

图7-8　加热室　　　　　　　　　　　图7-9　观察孔

图7-10　罗茨泵　　　　　　　　　　　图7-11　机械泵

4）回充气体系统。由快充阀、微充阀、手动开关、管路、储气罐构成的充气系统和安全阀等组成，可通过电磁阀实现自动快速充气，也可手动充气。冷却时形成强制对流循环冷却。该系统为烧结产品提供了调节真空度的功能，可在烧结过程中对真空环境进行微调，以适应不同烧结工艺的要求。

5）气动系统。由油雾器、油水分离器、换向阀、气缸、管路等组成。

6）水冷却系统。由不锈钢截止阀、电接点压力表、管路、水流观察及断电供水保护系统、冷却塔（图 7-12）等组成。该系统由主供水管将冷却水分配到各冷却部位，最后汇流到回水箱。采用开放式水循环系统集中供水，并在主供水管路上装有城市供水接口，可接入自来水，防止因意外断电对真空炉造成损害。主管路上装有水压表，可有效监控主管路水压，并在超压或欠压时发出报警信号，进而自动采取相应的保护措施。

图 7-12　冷却塔

（3）涂抹熔覆再制造技术的过程

1）球芯的表面处理。对熔覆层有缺陷的球芯，用角磨机进行打磨处理，将缺陷处的尖角打磨至圆滑过渡，并将缺陷处清洁干净，然后进行喷砂处理并清理干净。

2）制备膏状镍基合金粉。将松香酸、软脂酸、正辛酸、豆蔻酸混合，充分搅拌均匀，制得活性剂；将三丙二醇甲醚和二丙二醇混合，充分搅拌均匀，制得溶剂；将活性剂、溶剂和缓蚀剂按照 5:70:25 的质量比混合搅拌，制备混合溶液；将混合溶液和镍基合金粉按照 5:3 的质量比混合搅拌，制得膏状镍基合金粉。

3）涂层涂抹。将制备好的膏状镍基合金粉涂抹于经处理过的球芯缺陷处，对涂层进行晾干处理，也可低温烘干。

4）涂层真空热处理。调整真空度，将涂抹晾干后的球芯缺陷处朝上放置在真空炉中，进行热处理，得到修复完成的熔覆球芯。

图7-13 所示为配制好的膏状涂料，其表面成形良好、涂层平整均匀、黏性适中。图7-14 所示为膏状涂料烘干后的状态，其表面成形良好，未发现脱落、气泡等现象。图7-15 所示为在有缺陷的球芯表面进行涂抹测试。

图7-13　配制好的膏状涂料

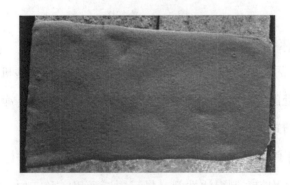

图7-14　膏状涂料烘干后的状态

图7-16 和图7-17 所示为细杆类阀芯的局部修复处理图。图中的阀芯

图7-15　缺陷球芯表面涂抹测试

因局部冲蚀后无法再使用，需要对其进行修复处理。在细杆上涂抹膏状涂料后进行烘干处理，然后进行真空热处理重熔，最后经磨削处理后重新达到了使用要求。

图 7-16　细杆类阀芯修复图　　　　图 7-17　磨削处理后的效果

7.5　激光清洗技术

再制造清洗技术是采用机械、物理、化学和电化学等方法清除产品或零部件表面各种污物（灰尘、油污、水垢、积炭、旧漆层和腐蚀层等）的技术及工艺过程。废旧产品及其零部件表面的清洗，是检测零部件表面尺寸精度、几何形状精度、表面粗糙度、表面性能、腐蚀磨损及黏着情况等的前提，是零部件进行再制造的基础。

再制造清洗是产品再制造过程中的重要工序，零件表面清洗的质量直接影响其性能分析、表面检测、再制造加工及装配等，对再制造产品的质量具有重要的影响。传统的清洗技术有机械摩擦清洗、化学腐蚀清洗和高频超声清洗等。机械摩擦清洗的清洗效果较差，而且噪声大，容易损伤基体；化学腐蚀清洗会造成严重的环境污染；高频超声清洗对清洗剂的要求很高。随着待清洗零件价值和性能要求的提高，对清洗的要求也越来越高，清洗之后不能对基体产生不利影响，包括基体材料的熔化、微观组织的相转变和热影响区的产生；不能诱发化学反应，如氧化和氮化反应；不能诱发晶体结构的热力学转变和产生残余应力等。

激光清洗是基于激光与物质之间相互作用的绿色清洗技术，它利用低功率、高能量密度的激光束照射于待清洗表面，物体表面污染物（锈层、漆层、油污、变形层等）吸收激光能量后，或气化挥发，或瞬间受热膨胀而克服表面对粒子的吸附力，使其脱离物体表面，进而达到清洗的目的。激光清洗具有无研磨、非接触、无热效应和适用于各种材质物体的清洗等特点，是可靠、有效且有利于环境保护的清洗方法。与传统的清洗技术相比，激光清洗技术具有清洗效率高、清洗质量好、控制精度高、应用范围广、对基体损伤小、不污染环境等优点，并且可以解决采用传统清洗方式无法解决的问题，因此，其在工业、军事、电子、建筑、文物保护和医疗等很多领域都可广泛应用。

由于激光清洗过程复杂，清洗过程中需要清洗的基体种类、污染物的种类和厚度、清洗要求等因素不同，激光与材料之间的相互作用不同，涉及材料的去除机理不同，因此，同一种激光清洗方法在清洗过程中可能存在多种清洗机理。激光清洗过程中可能发生的物理化学变化过程有燃烧、分解、电离、降解、熔化、气化、飞溅、膨胀、收缩、爆炸、剥离、脱落等。目前，典型的激光清洗方法可以分为激光干式清洗、蒸汽式激光清洗（激光湿式清洗）和激光冲击波式清洗。

激光干式清洗是利用激光产生的具有极高能量密度的光束直接照射在待清洗表面，其清洗机理主要是烧蚀效应和振动效应。在烧蚀效应中，主要存在燃烧、分解以及气化的物理化学变化过程，污染物吸收激光能量后温度升高，发生燃烧或者分解等物理变化过程，最终以气化的形式离开清洗表面，此过程往往需要较大的能量。在振动效应中，基体或者污染物吸收激光能量，温度快速升高，发生热膨胀，虽然热膨胀很小，但在很短的激光作用时间内会产社很大的脱离加速度，热膨胀使基体或者污染物振动，从而克服污染物与基体之间的附着力（主要有范德华力、毛细力和静电力），使得污染物脱离基体。

蒸气式激光清洗是在待清洗表面涂覆一层薄薄的液体（纯水、乙醇、乙醇＋纯水的混合液、丙酮等），形成液膜（厚度为几微米），液膜在吸收激光能量后内部形成蒸气泡，产生爆炸性气化，从而产生强大的瞬时爆炸性冲击波，克服污染物与基体之间的附着力，使得污染物在蒸气泡的作用下脱离基体。与干式激光清洗法相比，湿式激光清洗法主要是靠界面处的沸腾压强，虽然液膜的出现加强了清洗效果，但是，湿式激光清洗中表面液膜厚度的一致性较难控制，而且在清洗过程中液膜的引入可能会带来新的污染。

激光冲击波式清洗是使激光束平行于待清洗表面，利用高能激光脉冲在焦点处的高能量密度（可达 $10^{12}\,\mathrm{W/cm^2}$）击穿环境气体，产生近似球状的等离子体冲击波（等离子团边缘处的压强可达到上百兆帕），冲击波传播到待清洗表面上，将基体上的污染物移除。该方法对波长以及污染物和基材的物理性质几乎没有要求，另外，由于激光并没有直接照射在基材表面，故对基材的损伤很小。

以上三种激光清洗方法均可以实现有效的清洗，在实际清洗中，往往需要针对不同基体材料和污染物类型选择最合适的激光清洗方法。以上三种清洗方法各有优点，其中激光干式清洗由于操作简单、清洗过程易于控制，而得到了广泛的研究和应用。

7.5.1 不同污染物的激光干式清洗

当金属构件所处的工作环境比较潮湿，空气中相对湿度达到一定数值时，空气中含有污染物的水汽会吸附到材料表面，产生锈蚀，表面锈蚀会严重影响构件的使用性能。当基体表面材料发生氧化或者硫化等化学反应之后，会形成变性层，从而加速基体的磨损和点蚀，影响零件的工作效率和使用寿命。油漆涂料常用喷涂各类金属基体表面，以保护其免受空气或者各种液体的腐蚀等污染，但在长期使用过程中，漆层同样会发生老化、分解、破裂和脱落，而再喷涂新的漆层之前，则需要彻底清除原来的漆层。为了防止零件发生氧化或者脱碳等现象，往往在其表面添加涂层，而在进行焊接等工艺之前，为了保证焊接质量，则需要去除涂层。不同污染物的激光干式清洗研究总结见表7-3。

1. 锈层

俞鸿斌等使用最大输出功率为500W的光纤激光器，进行了碳钢表面锈层的激光清洗研究。在清洗过程中所使用的脉冲激光为截断式脉冲（峰值功率与设定功率一致），脉冲频率为20kHz，激光光斑直径为0.06mm，单次清洗区域面积为4mm×8mm。在激光功率为126W、清洗速度为 1100mm/s、离焦量为 +3mm 时，除锈效果最好；当离焦量为 +1mm 时，激光能量密度较大，而碳钢本身散热较慢，基材表面吸收的激光能量积累后未能及时散发，引起氧化；当离焦量为 +5mm 时，激光能量密度较低，未能达到清除锈层所需的清洗阈值。在优化参数的基础上，清洗之后表面的微观形貌如图 7-18 所示，基体上表现为排列整齐的塌陷形貌，塌陷处中部在脉冲激光高能量密度冲击波的作用下被清除干净，呈现均匀的亮泽，但中间的金属受热熔化，被迫流向四周造成堆叠而凸起。

表 7-3　不同污染物的激光干式清洗研究总结

污染层	基体	激光器（波长/nm）	工艺参数					年份
			能量密度 /(J/cm^2)	功率 /W	频率 /kHz	扫描速度 /(mm/s)	脉宽 /ns	
锈层	碳钢	光纤激光器（1080）	—	71~180	20	800~1400	—	2015
	低碳钢	光纤激光器（1064）	—	30	50		80	2018
	低碳钢	光纤激光器（1064）		10	60	750	—	2017
	Q235	Nd：YAG（1064）	0~65	—	1.8~5.3	0~2000	200	2002
	AH32	光纤激光器（1070）	2.1~5.85	1550	0.05~0.528	20	200	2016
	Q235	Nd：YAG（1064）	—	0.2~100	2~100	500~5000	100	2014
	304	纳秒激光器（523）		10^5	20	400	20~300	2016
氧化层	Q235	Nd：YAG（1064）	—	270~500	20	525~1050	120~150	2017
	铁素体型不锈钢	CO$_2$激光器（10.64μm）					10	2000
	钢	Nd：YAG 激光器（1064）					14	1995
硫化层	FV520B	光纤激光器（1064）	约82.5	20	60	1000	200	2015
α相层	Ti-6Al-4V	准分子激光器（248）	0.3~18.0	—	约0.2	—	15	2012

（续）

污染层	基体	激光器（波长/nm）	工艺参数					年份
			能量密度 /(J/cm²)	功率 /W	频率 /kHz	扫描速度 /(mm/s)	脉宽 /ns	
漆层	钢	Nd：YAG（1064）	—	5~10	15~30	50~150	100	2017
	不锈钢	光纤激光器（1064）	—	40	20~500	2100~6900	100	2018
	铝板	Nd：YAG（1064）	—	—	3.7	300	200	2000
	超低碳钢	TEA CO₂（10.6μm）	约11.43	—	20	300	—	2013
	硅片	Nd：YAG（1064）	约0.1	—	1	—	7	2015
	碳钢	Nd：YAG（1064）	—	50	0.5~50	—	300	2012
	Ti17	光纤激光器（1064）	10~20	100	6000	120	2018
Al-Si 涂层	HPF 钢板	光纤激光器（1064）	—	约100	5~200	—	100	2017
	热成形 22MnB5 钢	皮秒激光器（15，1030）	—	50	200	1~10000	约10	2017
Ti-Al-N 耐蚀涂层	Ti-6Al-4V	Ti 蓝宝石激光器（800）	—	1	1	—	120×10⁻⁶	2013
		准分子激光器（248）	—	50	200×10⁻³		20	

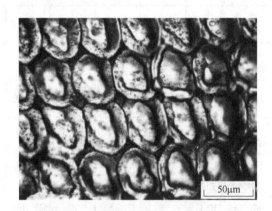

图 7-18　碳钢除锈清洗后表面的微观形貌

Narayanan V. 等采用平均功率为 30W、脉宽为 80ns、频率为 50kHz 的光纤激光器进行了低碳钢表面锈层的激光清洗试验，并研究了脉冲激光工艺参数（扫描速度、清洗道数、扫描轨迹等）对清洗深度、清洗表面的轮廓、表面粗糙度及硬度的影响。结果表明，随着扫描次数的增加和扫描速度的减小，清洗深度增加。清洗后的表面粗糙度与清洗前的表面粗糙度无关。

任志国等采用脉冲光纤激光器进行了低碳钢表面的锈层清洗研究，所使用的脉冲激光平均功率为 10W、频率为 20kHz、扫描速度为 750mm/s。锈层平均厚度为 70μm，主要由 Fe 的氧化物及其水合物的混合物组成，在对激光除锈前后试样进行能谱分析之后，发现氧元素的质量分数从 13% 下降到 1%，除锈效果良好，但是，经激光除锈后试样表面依然会存在腐蚀坑，造成表面粗糙度值增加。由于激光清洗时的激光能量大于锈层的清洗阈值而小于金属基体损伤阈值，清洗后金属基体没有发生重熔（图 7-19），微观组织依然主要由铁素体和珠光体组成，硬度、力学性能没有发生明显的改变。

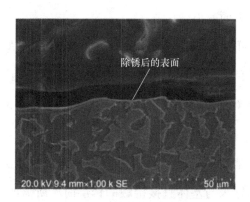

除锈后的表面

20.0 kV 9.4 mm×1.00 k SE　　50 μm

图 7-19　激光除锈后金属基体截面扫描图

Wang Z 等研究了工艺参数对 Q235 钢表面锈层激光清洗的影响，以及清洗之后的表面粗糙度、硬度和耐蚀性。试验中使用的是 Nd：YAG 激光器，在激光频率分别为 2.9kHz 和 3.3kHz 的情况下，激光能量密度分别为 26 J/cm^2 和 25.3 J/cm^2 时可以实现完全的锈层清洗。脉冲频率对于清洗表面的表面粗糙度没有明显的影响，但表面粗糙度值会随着激光能量密度的增加而增加，并且通过配合不同的工艺参数可以实现表面粗糙度保持不变。清洗表面的硬度和耐蚀性都得到了提高，并且随着激光能量密度的增加而提高。

解宇飞等利用峰值功率可达 1550W 的光纤激光器展开了船舶 AH32 船用钢板表面锈层的激光清洗研究。通过点激光试验，指出当激光的能量密度范围为 $0.5 \sim 5J/cm^2$ 时，能够清除表面锈蚀，清洁度达到 Sa1/2 级，表面粗糙度达到 $30 \sim 70\mu m$，同时表面会呈现出有规律的沟槽特征，而能量过高时会出生氧化和熔渣残留。经过激光清洗后的表面，其力学性能与基材相当，且表面形成了马氏体（马氏体相变膨胀产生的压应力有利于提高金属的力学性能）。

沈全等研究了不同激光工艺参数对激光除锈后 Q235 钢基材表面粗糙度值的影响规律，发现基材的表面粗糙度值随激光功率的增大而增大，达到一定的阈值后，基体表面出现损伤，且随扫描总次数的增大而增大，随扫描速度的增大而减小。

高雯雯等采用纳秒激光器开展了 304 不锈钢表面锈层的激光清洗研究，锈层为红棕色锈蚀物（主要成分为 Fe_2O_3），研究了激光功率、扫描次数和扫描速度对清洗效果的影响，优化的工艺参数为激光功率 26W、扫描次数 45 次、扫描速度 100mm/s。

锈层的激光清洗实际上是克服锈层与基体表面薄层之间的粘附力，实现除锈。在清除未与基体直接接触的锈层时，所需的能量远小于清除与基体直接接触的锈层时所需的能量。由于锈蚀表面疏松多孔、致密度低、对激光吸收率大，同时脉冲激光能量高、脉冲短，因此锈蚀表面温度能够很快达到其熔点，通过烧蚀机制来达到除锈效果。

2. 变性层

Tang Q 等采用脉宽为 200ns 的光纤激光器，开展了 FV（520）B 不锈钢表面硫化层的激光清洗研究，由于 Cr、Ni、Fe 元素向外扩散的速度不同，硫化层表现为明显的双层，如图 7-20 所示。上层硫化层的清洗阈值约为 $0.41J/cm^2$。当激光能量密度为 $8.25 \sim 9.90J/cm^2$ 时，下层硫化层可以实现清洗，且不损伤基体。当激光能量密度大于 $9.90J/cm^2$ 时会引起基体烧蚀，激光清洗后试样的表面粗糙度 Ra 值由 $1.270\mu m$ 减小至 $0.391\mu m$。

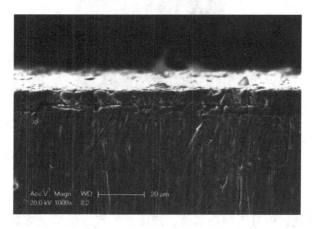

图 7-20　样品的横截面图片

佟艳群等采用脉冲激光器开展了碳钢表面氧化层的激光清洗研究，指出金属氧化物的激光去除，激光烧蚀的物理化学效应和弹性振动效应共同作用的结果，激光能量密度不同，两种效应对清洗机理的影响程度不同。氧化层的清洗阈值为 $0.65J/cm^2$，搭建了激光清洗过程的在线监测系统，建立了氧化物去除度和等离子体发光强度、声波持续时间之间的关系。

Zhang Z 等利用 100ns 的 Nd:YAG 脉冲激光器进行了 Q235 热轧钢板表面氧化层（厚度为 $25\mu m$）的激光清洗试验和清洗机制研究。利用优化的工艺参数，实现了高效、高质量的清洗，但清洗后的表面出现了很多条纹（图 7-21），分析认为，由于氧化层和基体具有接近的熔点和沸点，氧化层在剥离时，基体无法避免地会受到热损伤，而可以通过减少脉宽和光斑直径来减少这种热损伤。

Oltra R 等利用 Nd:YAG 激光器进行了钢表面氧化层（Al_2O_3、Cr_2O_3、ZrO_2）的激光清洗试验，并研究了氧化层的去除机制。他们指出，根据

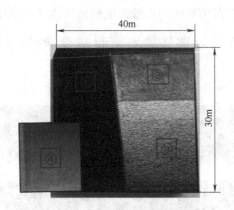

图 7-21　热轧钢板表面氧化层清洗

①—未清洗的表面　②、③—激光清洗之后的表面　④—打磨之后的表面

氧化层的种类和厚度，当激光脉冲能量为 $0.4 \sim 1 J/cm^2$ 时，可以实现氧化层的有效清洗，而且不损伤基体，清洗时没有发生熔化或者是气化，而是将氧化层剥离，如图 7-22a 所示。氧化层去除机制可以由热弹性应力的产生来解释，当氧化层和基体交界处吸收激光能量后，由于光热效应，会产生高能声脉冲，如图 7-22b 所示，声脉冲一部分传递到基体中，一部分传递到氧化层。由于反射，使得交界处的压力波变为拉力波，实现了基体表面氧化层的去除，如图 7-22c 所示。

Psyllaki P 等利用 Nd:YAG 激光器进行了不锈钢表面 Cr_2O_3、Al_2O_3 高温氧化层的激光清洗试验，并且研究了激光能量对清洗机制的影响。当激光能量密度为 $1.0 \sim 2.0 J/cm^2$ 时，可以对基体表面氧化层进行有效去除，而不损伤基体，Cr_2O_3 氧化层清洗时需要的激光能量较低，不同氧化层的去除机制如图 7-23 所示。当氧化层和基体之间的界面与激光入射方向垂直时，产生的应力场可以将氧化层全部去除而不损伤基体；当两者不垂直时，则无法实现材料的去除。激光照射待清洗表面时产生与交界处垂直的应力，应力场的扩大使得氧化层碎裂，此时，氧化层中压应力的释放促使其脱离基体。

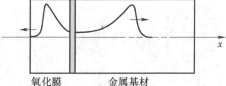

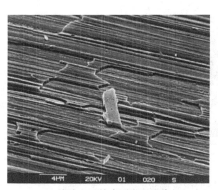

a) 清洗之后的表面微观形貌

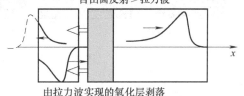

b) 氧化层和基体交界处吸收能量产生声脉冲

c) 由于反射，使得交界处的压力波变为拉力波

图 7-22　激光清洗

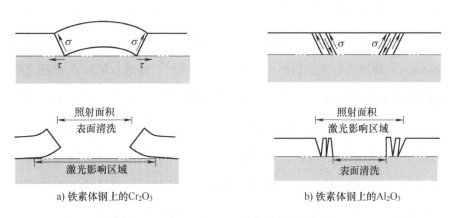

a) 铁素体钢上的 Cr_2O_3

b) 铁素体钢上的 Al_2O_3

图 7-23　Cr_2O_3 和 Al_2O_3 氧化层的去除机制

　　Yue L 等利用 15ns 的准分子激光进行了 Ti−6Al−4V 表面富氧 α 相层的激光清洗试验，研究了 α 相层的清洗效率及能量阈值。重点研究了不同烧蚀深度下材料表面裂纹的宽度和密度，根据表面粗糙度和裂纹宽度的变化建立了 α 相层厚度的预测模型。在 α 相层中，激光清洗过程会引起裂纹的产生，而在 Ti−6Al−4V 基体层中则不会出现裂纹，图 7-24 所示为激光清洗后材料横截面的宏观形貌和不同清洗深度下表面的微观

形貌。

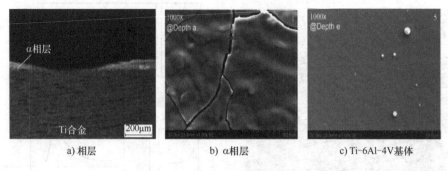

a) 相层   b) α相层   c) Ti-6Al-4V基体

图 7-24 激光清洗后的微观形貌

3. 漆层

Li X 等采用 100ns 的 Nd:YAG 脉冲激光进行了船用钢板漆层的激光清洗，该漆层厚度为 360μm。对漆层进行了三次清洗，第一次清洗时的平均功率为 10W，频率为 15kHz，能量密度为 8.5J/cm²，扫描速度为 50mm/s，清洗之后表面仍然有熔化的碎片残留，在进行第三次清洗之后（扫描速度为 150mm/s）实现了漆层的彻底去除，且没有引起基体的损伤。漆层激光清洗机制示意图如图 7-25 所示，漆层吸收激光能量，光热效应发生在很短的时间内，漆层温度快速升高，形成蒸汽，随着激光能量的进一步增加，漆层材料被电离形成等离子体，等离子体和蒸汽对漆层材料的熔池产生压力，由于等离子体的快速膨胀，冲击波引起漆层材料的振动，漆层材料飞离基体。

Zeng X 等采用脉冲光纤激光器进行了不锈钢表面灰色醇酸漆的激光清洗试验，以研究激光能量密度、扫描速度和线宽对激光清洗的影响。结果表明，清洗阈值为 10.19J/cm²，当平均功率为 40W、频率为 200kHz、扫描速度为 4200mm/s 时，清洗效果最好，并且可以在提高功率和频率的基础上，进一步增加扫描速度。当 X 和 Y 方向的搭接率均为 60% 时，清洗效果最好。

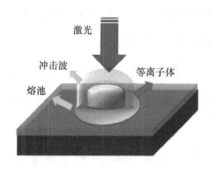

图 7-25 漆层激光清洗机制示意图

Addona D 等使用激光清洗工艺对船用碳钢板进行了焊前表面清洗，脉冲宽度为 500ns，清洗物为 20～50μm 厚的防锈底漆，研究结果表明，通过增大平均功率或者增加激光光源的方式，可以将激光清洗的工作速度提高至 1000mm/min。

王泽敏等研究了 YAG 脉冲激光去除铝板表面三种漆层的工艺参数和机理。研究指出，起始清洗阈值只取决于油漆成分，而与厚度无关。基体显露阈值、完全清洗阈值和损伤阈值随着漆层厚度的增加而增加。他们还指出了激光除漆的三种机理：①激光产生的高温导致油漆表层瞬间燃烧和气化；②油漆深层受热振动和激光脉冲的热冲击作用，使其以颗粒的形式发生飞溅；③声波的干涉作用振碎漆层。

章恒等采用低频 YAG 脉冲激光器对 FV520B 基体的表面漆层进行了激光清洗试验，并研究了激光除漆的机理。激光干式清洗漆层时，除漆机制主要水烧蚀效应，当激光扫描速度为 249mm/min、扫描道间搭接率为 0.6mm、激光能量密度为 $0.239J/cm^2$ 时，激光除漆效率达 $15.5mm^2/s$。

郭为席等采用高脉冲 TEA CO_2 激光器进行了超低碳钢表面不同漆层（红色醇酸漆、红色金属喷漆和黄色金属喷漆）的激光清洗。三种漆层的清洗阈值分别为 $10.37J/cm^2$、$9.66J/cm^2$、$10.71J/cm^2$，损伤阈值分别为 $11.43J/cm^2$、$10.37J/cm^2$、$11.07J/cm^2$。

王德良等采用 Nd:YAG 激光器开展了硅片表面漆层激光清洗的研究，

通过研究喷溅颗粒的形貌和成分，分析了除漆机制。在激光除漆过程中产生微米和纳米量级的颗粒以及纳米网状结构，随着激光能量的增大，颗粒平均尺寸增大。X 射线能谱仪的结果显示，微米量级的颗粒成分与漆层成分一致，与振动去除机制有关；纳米量级的颗粒则是由烧蚀作用引起的。

施曙东等采用 Nd:YAG 激光开展了钢表面漆层的激光清洗研究。他们指出，漆层的清洗机制是振动效应，而有基体损伤时的有效清洗机理是振动效应和烧蚀效应。在保证激光功率密度和扫描搭接率适当的情况下，通过提高输出功率、频率或增加光斑直径，可以提高清洗效果和效率。

胡太友等采用脉冲光纤激光器研究了 Ti17 合金表面丙烯酸树脂哑光黑色油漆的激光清洗机理。经过激光处理后的试样表面均出现了大量凹坑和白色褶皱硬化层，硬度提高，表面粗糙度变化不大。分析认为，凹坑的形成主要有两方面原因：一是基材表面熔融留下的熔坑；二是表面在冲击波作用下产生塑性变形而形成的凹坑。激光清洗可以实现表面材料改性，在一定程度上能够改善基材的表面质量。

4. 涂层

Li 等采用脉宽为 100ns 的光纤激光器进行了热压成形（HPF）钢板表面 Al-Si 涂层的单点清洗。他们指出，涂层有效清除的脉冲频率必须大于 5kHz，当脉冲频率为 25kHz 时，清洗阈值为 $4.4J/cm^2$。而由于累积效应，若增加脉冲频率，则可以减小清洗阈值，去除材料的机理主要为材料气化和相爆炸。图 7-26 所示为 Al-Si 涂层单点激光清洗工艺示意图。

Messaoudi H 等采用皮秒激光器进行了热成形 22MnB5 钢表面 Al-Si 涂层的激光清洗试验。在清洗时，激光输入能量和质量与波长密切相关，与波长为 1030nm 的情况相比，当波长为 515nm 时，需要增加两倍的能量

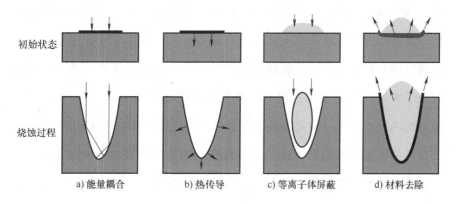

图 7-26 Al - Si 涂层单点激光清洗工艺示意图

输入来实现涂层的去除，然而也正是因为较低的去除速率，使得其清洗质量较高。

陈曦等借助高速摄像系统，观察研究了用 30ns 脉宽激光清洗热成形钢板表面 40μm 厚 Al - Si 涂层的过程，分析得出涂层的剥离机理包括涂层在激光辐照下的熔化和气化、涂层与基体之间的热膨胀差异和等离子体冲击波力去除等。

Ragusich 等利用飞秒 Ti：Sappjire 激光器和纳秒准分子激光器开展了钛合金零件表面 20μm 厚的 Ti - Al - N 耐蚀涂层的激光清洗工艺研究。结果表明，与纳秒激光器相比，飞秒激光器清洗后的表面粗糙度值降低了 35%，这是因为纳秒激光器产生的单脉冲能量更高，去除速率高一个数量级。涂层的烧蚀阈值分别为 0.63J/cm² 和 1.72J/cm²，用飞秒激光器清洗前后表面粗糙度值变化不大，均约为 1μm；用纳秒准分子激光器清洗后表面粗糙度值增大且有氧化现象发生，但是烧蚀率大，相比之下，纳秒激光器更适合剥离 20μm 厚的涂层。

7.5.2　总结

本节介绍了激光清洗技术产生的背景，简述了三种不同激光清洗方法，其中激光干式清洗法由于操作简单、清洗过程易于控制而得到了广泛的研究和应用。对激光干式清洗在除锈、除变性层、除漆和除涂层方面的应用和研究进行了分析概述，虽然国内外学者在激光清洗工艺方面开展了大量的研究工作，但是，激光清洗的理论和机理研究尚不完善。激光清洗技术作为一种先进制造技术，可以在不损伤基材表面的基础上，实现污染物的"绿色"清洗，其拥有广泛的应用前景，随着激光清洗技术的不断进步，我国传统清洗工业面临的环境污染、效率低下和自动化程度低等难题将得到解决，大力发展激光清洗技术具有非常重要的战略意义。

参考文献

［1］ AHN J，HWANG B，LEE S. Improvement of wear resistance of plasma-sprayed molyb-denum blend coatings ［J］. Journal of Thermal Spray Technology，2005，14（2）：251-257.

［2］ YANDOUZI M，SANSOUCY E，AJDELSZTAJN L，et al.，WC-based cermet coatings produced by cold gas dynamic and pulsed gas dynamic spraying processes ［J］. Surface & Coatings Technology，2007，202（2）：382-390.

［3］ JR TUCKER R C. Thermal spray coatings ［J］. Surface Engineering，1994（5）：497-509.

［4］ RICHERT M，KSIAŻEK M，LESZCZYŃSKA-MADEJ B，et al.，The Cr_3C_2 thermal spray coating on Al-Si substrate ［J］. Journal of Achievements in Materials & Manufac-turing Engineering，2010，38（1）：95-102.

［5］ 夏玲. 人工智能赋能装备制造业 ［J］. 北方经贸，2020（6）：132-134.

［6］ 李佳蒋. 控制阀性能评估和故障诊断的研究 ［D］. 杭州：杭州电子科技大学，2015.

［7］ 姚进，彭廷红，尚利，等. 知识工程在阀门智能设计中的应用研究 ［J］. 中国制造业信息化，2004（8）：101-103.

［8］ 彭廷红，潘柏松，姚进，等. 基于知识的阀门快速设计方法研究 ［J］. 机械设计与制造，2006（5）：145-146.

［9］ 钟梦妮. 减压阀智能设计方法研究 ［D］. 北京：中国航天科技集团公司第一研究院，2017.

［10］徐伟峰. 埃美柯阀门车间智能制造系统改造方法研究 ［D］. 宁波：宁波大学，2017.

[11] 杨国峰，胡守印．模式识别技术在安全级电动阀故障诊断中的应用［J］．核动力工程，2010，31（1）：79-82，87.

[12] 王新颖，张瑞程，张惠然，等．Keras 在燃气管道阀门故障诊断中的应用［J］．消防科学与技术，2020，39（4）：541-546.